广东省数字造价管理成果汇编

（2020年度）

广东省工程造价协会　主编

中国建筑工业出版社

图书在版编目（CIP）数据

广东省数字造价管理成果汇编．2020年度/广东省工程造价协会主编．—北京：中国建筑工业出版社，2020.12

ISBN 978-7-112-25680-8

Ⅰ.①广…　Ⅱ.①广…　Ⅲ.①数字技术-应用-建筑造价管理-成果-汇编-广东-2020　Ⅳ.①TU723.3-39

中国版本图书馆CIP数据核字（2020）第244038号

数字造价管理是工程造价专业创新发展的重要举措，是建筑工业化、智慧化对工程造价管理的发展要求。《广东省数字造价管理成果汇编（2020年度）》旨在通过业务牵引、成果展示，对传统业务模式进行创新改进，为工程造价专业的可持续发展提供新动能。

责任编辑：王砾瑶　范业庶
策划编辑：徐仲莉
责任校对：李美娜

广东省数字造价管理成果汇编（2020年度）
广东省工程造价协会　主编
*
中国建筑工业出版社出版、发行（北京海淀三里河路9号）
各地新华书店、建筑书店经销
唐山龙达图文制作有限公司制版
北京市密东印刷有限公司印刷
*
开本：787毫米×1092毫米　1/16　印张：22¾　字数：549千字
2020年12月第一版　2020年12月第一次印刷
定价：**150.00**元

ISBN 978-7-112-25680-8
(36688)

《广东省数字造价管理成果汇编（2020年度）》编委会

前　　言

数据发展新开元，数字政务正扬帆。2015 年以来，从《促进大数据发展行动纲要》（国发〔2015〕50 号）到《“十三五”国家信息化规划》（国发〔2016〕73 号），再到《政务信息系统整合共享实施方案》（国办发〔2017〕39 号），我们看到，“互联网＋政务服务”逐步从无到有，从有到优，从优到精，已然成为推进政府治理体系和治理能力现代化的重要途径，提升政府服务质量和增强政府公信力的重要举措。

广东省建设工程标准定额站顺应数字政务服务发展趋势，在管理体制、工作模式、运行机制等方面进行探索创新，积极打造“广东省建设工程定额动态管理系统”和“广东省建设工程造价纠纷处理系统”（以下简称“双系统”），创新构建全省统一运行、共享协同、服务集成的“数字造价管理站”线上服务模式，着力解决工程定额滞后性问题，促进工程造价纠纷处理更加高效、规范、透明运行，对工程造价领域来说，是一次具有里程碑意义的创新实践。双系统的开发建设和上线应用，更是推动广东省工程造价领域“放管服”改革向纵深发展、促进工程造价管理机构提质增效的重大举措，对于提升市场在资源配置中起决定性作用、降低财政投入成本、建设廉洁政府具有积极的意义。

双系统经过基础架构搭建、试用优化完善、集中规范应用等阶段，已基本建成为面向行业的一体化在线服务体系。截至 2020 年底，“广东省建设工程定额动态管理系统”累计回答 2123 个问题，“广东省建设工程造价纠纷处理系统”累计回答 72 个案例。这是政府服务效能的体现，这是数字政务建设的成果，更凝聚了上百名行业专家的心血。为进一步深耕数字政务资产，促进行业知识共享，我们精选部分成果形成《广东省数字造价管理成果汇编（2020 年度）》，与君共勉。

征途漫漫，惟有奋斗。今天，我们汇聚“九牛爬坡，个个出力”的奋斗合力，一点一滴地铺筑前进的方向。未来，我们承袭“千淘万漉虽辛苦，吹尽狂沙始到金”的精神气概，实现一笔一划共建“数字造价”的愿景！

目　录

第一部分

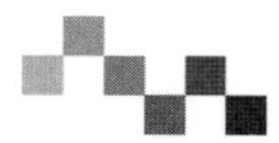

政 策 文 件

《广东省住房和城乡建设厅关于广东省建设工程定额动态管理系统和广东省建设工程造价纠纷处理系统试运行有关事项的通知》

（粤建标函〔2018〕2738号）

各市住房和城乡建设行政主管部门，各（市、县）工程造价管理机构，各有关单位：

为深入贯彻党的十九大精神，全面贯彻落实习近平总书记视察广东重要讲话精神和对广东提出的"四个走在全国前列"要求，按照省委省政府深化改革决策和"数字政府"改革的工作部署，我厅将以资源整合、共建共享、创新服务为重点，以信息化为支撑，试行推出"广东省建设工程定额动态管理系统"和"广东省建设工程造价纠纷处理系统"（以下简称"定额与纠纷系统"），使市场在资源配置中起决定性作用，着力解决工程定额滞后性问题，促进工程造价纠纷处理更加高效、规范、透明运行，更好地发挥工程造价管理机构的服务职能，切实维护建筑市场健康发展。现将试运行期间有关事项通知如下，请遵照执行，执行过程中存在问题可径直向广东省建设工程标准定额站（以下简称"省标定站"）反馈（联系方式：020-83307912，联系人：张河、方雪慧）。

一、系统应用的介绍

（一）广东省建设工程定额动态管理系统。

广东省建设工程定额动态管理系统已在广东造价信息网（http：//www.gdcost.com/）上线，可在"造价应用"功能板块中找到"建设工程定额动态管理系统"入口。该系统免费开放，将现有定额在线化、便民化，是一个集查阅定额内容、咨询定额应用、反馈定额存在问题、编制定额、发布定额于一体的综合化系统，使定额数据来源更真实、数据种类更丰富、数据积累更快速，充分体现市场决定价格的作用。

1. 查阅定额内容。可以按专业及章节进行浏览定额子目，输入关键字或编码可以快速检索定额子目，可以查看子目工作内容及明细数据，还可以对定额子目设置和消耗量进行评价，以便省标定站及时将反馈意见较多的子目重新测算修正。

2. 咨询定额应用。在使用过程中如果对定额存在疑问，可以填写并上传相关资料，由省标定站定期统一解答。

3. 反馈定额存在问题。当存在定额含量数据与实际有差距或建议补充新定额时，可以上传反馈内容以及相关支持证明资料，由省标定站联系并邀请反馈人一起完善定额。

（二）广东省建设工程造价纠纷处理系统。

广东省建设工程造价纠纷处理系统已在广东造价信息网（http：//www.gdcost.com/）上线，可在“造价应用”功能板块中找到“建设工程造价纠纷处理系统”入口。该系统免费开放，将传统的通过来电、来函、来访等方式申请处理工程计价中存在的争议问题的业务工作转移至互联网上，使工程造价纠纷处理工作留痕留迹、存档建库，充分体现工程造价管理机构高质高效和阳光透明的服务。

1. 系统受理范围。除下列情形外，涉及合同双方在工程计价中存在争议且需要工程造价管理机构出具函件予以明确的事项，均可通过系统申请受理。

（1）工程所在地不在广东省行政区域内的；

（2）仅合同一方申请的；

（3）未经合同双方及纠纷涉及相关方（如财政评审、咨询、监理、设计等）盖章共同申请的；

（4）省、市工程造价管理机构已经做出计价争议调解决定，且争议相关方同意调解意见的；

（5）已向人民法院提请诉讼的；

（6）已向仲裁机构提请仲裁的；

（7）涉及司法、纪检、监察、审计等工作的；

（8）法律法规另有规定需要保密的。

其中涉及司法、纪检、监察、审计等工作的，或者法律法规另有规定需要保密的，仍按现有模式由主办部门线下径直向工程所在地造价管理机构提出书面申请。

2. 系统征信管理。提供虚假信息的，将列入“黑名单”，并提交相关部门记录征信，其中虚假信息不仅限于个人信息、项目信息、相关单位信息、提交的文件资料信息。

3. 系统运行流程。试运行期间，系统已将省市工程造价管理机构部分业务骨干收录建库，并建立三级审核机制，运行流程如下：

（1）工程造价纠纷相关各方共同委托其中一方在线上传争议内容、各自观点以及相关支持证明资料等；

（2）系统将在业务骨干库中随机抽取一位人员作为经办人，由经办人按工程造价纠纷处理规定和程序核实情况，并草拟回复意见；

（3）系统将在业务骨干库中随机抽取两位人员作为复核人，复核经办人草拟回复意见及其相关支持资料的完整性、真实性、合理性，无异议后提交至专家委员会，如有异议则退回经办人补充完善；

（4）专家委员会审查无异议后，出具征求意见函征求工程造价纠纷相关各方，并做进一步的解读释疑，待征求意见结束后，由省标定站按内部管理程序盖章回函。

期间工程造价纠纷相关各方应按经办人要求线上补充完善资料，并可在线随时查阅进度情况，线上自行下载复函，全程事项均可在线办理。

二、有关工作要求

（一）加强组织领导。定额与纠纷系统的建设是我厅部署的重要改革任务，是我厅在管理体制、工作模式、运行机制等方面进行的探索创新，是推动我省工程造价领域“放管服”改革向纵深发展、促进工程造价管理机构提质增效的重大举措，对于提升市场在资源配置中起决定性作用、降低财政投入成本、建设廉洁政府具有积极意义。各地住房和城乡建设行政主管部门要加强领导，坚持以全面深化改革为引领，推动信息技术与政府管理深度融合，建立领导负责制，研究制定适应于定额与纠纷系统运行应用的配套制度和业务流程，主动指导工程各方应用定额与纠纷系统，确保系统顺利运行，切实解决企业和群众反映最强烈的办事难、办事慢、办事繁问题。

（二）加强统筹协调。要增强大局意识，主动参与。协同合作、共同推进定额与纠纷系统的应用。各地住房和城乡建设行政主管部门要坚持共建共治共享，切实履行指导监管职责，做好协同管理，从经费、制度、人员、岗位等方面为定额与纠纷系统应用给予必要的保障。省标定站负责统筹定额与纠纷系统的具体建设和技术支撑工作，以信息化提升公共治理和服务水平，不断完善工作机制，牵头会同各地造价管理机构部门共同负责系统的日常运营和管理，协调推动全省定额动态管理和工程造价纠纷处理线上服务业务的开展，构建全省统一运行、共享协同、服务集成的“数字造价管理站”业务体系。各地工程造价管理机构要加强人才队伍建设，安排专人负责本地区的推广应用，与省标定站共同探索建立完善系统的日常运营和管理的长效机制。

（三）加强宣传推广。试行期间，省标定站将暂停受理来电、来访、来函的定额咨询、解释和工程造价纠纷处理业务，相应工作将转移至定额与纠纷系统开展。各地住房和城乡建设行政主管部门、各级工程造价管理机构要多渠道多形式广泛开展宣传，营造全社会关注、支持定额与纠纷系统应用的良好氛围，吸引各方更多采用线上系统模式，打造共建共享共治的工程造价管理业务平台。

（四）加强督促指导。我厅把定额与纠纷系统的建设应用作为改革任务，对各地各部门贯彻落实情况适时开展专项指导，及时通报进展情况，加强总结，推动改革措施落地生效。各地各部门要建立健全工作落实机制，切实加强督促指导，对任务落实不及时、不到位的予以纠正，确保任务有落实、改革有成效、群众有获得感。

附件：定额与纠纷系统的操作指南

广东省住房和城乡建设厅

2018年11月23日

公开方式：主动公开

附件：

定额与纠纷系统的操作指南

广东省建设工程定额动态管理系统操作指南及广东省建设工程造价纠纷处理系统操作指南详见：http://www.gdcost.com/#/gdzj-second/gdzj-detail?id=ebf28715d62742908e36b40e2870af7a(后附)。

第二部分

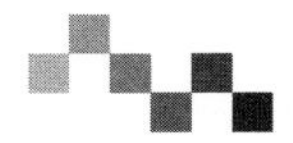

定额动态管理问题解答

关于广东省建设工程定额动态管理系统定额咨询问题解答的函（第1期）

（粤标定函〔2019〕9号）

各有关单位：

现对广东省建设工程定额动态管理系统收集的定额咨询问题（第1期）做出如下解答，已经合同双方确认的工程造价成果文件不作调整。本解答除另注明外，均适用于《广东省建设工程计价依据（2010）》的定额计价方式。

1. 在洞内、地下室内、库内或暗室内（需要照明）进行模板拆除该如何计取人工降效和照明等费用?

答：可按在洞内、地下室内、库内或暗室内（需要照明）的模板制作安装子目的人工费用增加20%，综合考虑作为拆除模板的人工降效及照明等费用。

2. 关于钢筋的计算规则，按中轴线还是按外皮长度计算，四舍五入还是向上取整?梁锚固是以柱混凝土等级计算还是以梁混凝土等级计算?

答：按钢筋中轴线并考虑弯曲调整值计算钢筋长度，计算结果按向上取整＋1取定。梁锚固入柱部分按混凝土等级较高者计算。

3. 安装工程给水排水章节的定额"C8-1-353和C8-1-354"，其注释："单件支架质量100kg以上的管道支吊架执行设备支吊架制作安装"，其中怎样才算是"单件支架"?

答：单件支架是指型钢焊接组合成型后，用于固定或支撑管道、设备的门形支架、工字形支架、L形支架。

4. 采用定额计算钢筋工程量时，是否按照定额计量规则，或按照相关图集、规范，还是按照图纸计算搭接长度?

答：采用定额计算钢筋工程量时，按相关专业计价定额的工程量计算规则计算，相关图集、规范对钢筋的要求应在该工程量计算规则指引下计算，且定额已考虑钢筋出厂定尺长度所引起的非设计搭接。

5. 请问塔式起重机的桩基础检测是否属于专项检测费，是否应由建设单位支付?

答：塔式起重机的桩基础检测费，若属施工方自检的费用，由施工单位承担；若按建设单位需求以及建设管理部门规定需要检测，并由第三方检测机构检测所发生的检测费属于专项检测费，应由建设单位支付。

6. 垂直运输计算规则，裙楼与塔楼分段计取。若当塔楼处于裙楼范围内，塔楼与裙楼交接的部分，是按裙楼高度计算垂直运输还是按塔楼高度计算垂直运输?

答：按裙楼高度计算垂直运输。

7. 执行2003清单规范或2008清单规范的项目，在编制招标清单时，清单工程量是否应包括或允许包括放坡土方量？结算时是否也要对应包括放坡土方量？

答：根据2003版或2008版的《市政工程工程量计算规范》有关规定，放坡土方量不应包含在土方清单工程量中，放坡土方量的价格应考虑在综合单价中，结算时工程量按照工程量清单计算规则规定计算，综合单价按合同单价计算。

8. 凸出外墙1.2m的有梁板阳台（门）（两端悬挑梁＋悬挑末端次梁），梁跟板是归类到有梁板一起计算，还是按雨篷、阳台板计算？

答：悬挑板伸出墙外500mm以内按挑檐计算，500mm以上、1.5m以下按雨篷计算，伸出墙外1.5m以上的按梁、板等有关规定分别计算。

9. 通用安装工程2010第二册《电气工程》，安全文明施工费、利润取费基数是否包含人工费价差？

答：包含。

10. 市政工程第一册《通用定额》D1-3-22使用咨询，排水工程在沟槽施工过程中采用打钢板桩支护形式，沟槽宽度在4m内，支护沟槽深度分为9m和12m两种，其中9m深沟槽采用一层横向支撑，12m深沟槽采用两层横向支撑，根据定额说明，4m内管沟、基坑拉森钢板桩支撑（D1-3-21）按沟槽中心线以“m”计算，是否两层横向支撑需要每层计取一次？

答：按定额规定的工程量计算规则，不调整。

11. 墙模板超高问题：假如剪力墙高度5m，墙全部面积套A21-37，然后3.6m以上的模板面积再套A21-44，这样的套法对吗？

答：柱、墙的支模高度3.6m内时，套用支模高度3.6m内相应子目；支模高度超过3.6m时，柱、墙的工程量应再计算增加1m以内子目。例如剪力墙高度5m，先以墙的全部面积套A21-37，然后再以墙的全部面积套A21-44。

12. 定额是按标准砖240mm×115mm×53mm、耐火砖230mm×115mm×65mm规格编制的，轻质砌块、多孔砖规格是按常用规格编制的。使用非标准砖时，其砌体厚度是否应按砖实际规格和设计砌体厚度计算？

答：使用非标准砖时，其砌体厚度应按砖实际规格和设计厚度计算。

13. 住宅楼小区室外污排水管网是按市政工程取费还是按安装工程取费？

答：按市政定额第五册《排水工程》册说明5.0.4.2划分标准执行，同时按采用的定额专业规定的相关费用计价。

14. 地下连续墙的成槽深度是指什么？怎么计量？是否包含空灌部分？

答：地下连续墙成槽深度是指成槽出渣的深度，按设计图示墙中心线长乘以厚度乘以槽深以体积计算，混凝土主材按实际灌注量换算，即空灌部分不计算混凝土量。

15. 外墙综合脚手架工程量，按外墙外边线的凹凸（包括凸出阳台）总长度乘以设计外地坪至外墙的顶板面或檐口的高度以面积计算，这个外墙边线的凹凸包不包括雨篷？

答：不包括雨篷。

16. A16-183“刮成品腻子粉一般型（Y）”定额没有注明完成面的厚度或遍数，当设计图纸要求2mm厚、1mm厚时应如何套价？

答：按 A16-183 套价，定额已综合考虑。

17. 在编制市政工程预算时，经常有人在其他措施项目费里面单独计算“大型机械设备进出场及安拆费”，比如：压路机每次场外运输费××台次，但根据《广东省市政工程综合定额（2010）》编制说明及计算规则第九点“……本综合定额的施工机械台班单价内容包括……(4) 安拆费及场外运费：其中安拆费指施工机械在施工现场进行安装、拆卸所需的人工费、材料费、机械费、试运转费以及安装所需的辅助设施的费用，包括安装机械的基础、底座、固定锚桩、行走轨道、枕木等的折旧费及其搭设、拆除费用；场外运费指施工机械整体或分体自停放场地运至施工地点，所发生的运距在25km 以内的机械进出场运输及转移费用，包括机械的装卸、运输、辅助材料及架线费等……”的规定，机械设备进出场及安拆费已包含在定额综合单价中的机械台班单价里。预算编制再在其他措施项目费里面单列计算“大型机械设备进出场及安拆费”是否属重复计算？

答：自重 5t 以下的机械设备已包含场外运费及安拆费，自重 5t 以上机械设备场外运费及安拆费另计，其台班单价中没有“安拆费及场外运费”，并且实际必须发生该费用的机械都可以计算“大型机械设备进出场及安拆费”。

18. 旋挖灌注桩施工，遇到地基有溶洞，在成孔过程中采用持续灌注混凝土或灌注砂浆的方法成桩，采用此方案施工时，如何计量，如何套用定额子目？

答：旋挖桩工程量，按桩长乘以设计截面面积以体积计算。混凝土或砂浆工程量按实际出槽量计算，套用旋挖灌注桩相应子目。

19. 装配式建筑定额，钢结构制作费怎么考虑？

答：根据工程实际情况按市场询价考虑。

20. 外墙是否都按底层抹灰套取？对于卫生间的内墙面是否也是按照底层抹灰套定额？

答：墙柱面块料面层均未包括抹灰底层，计算时按设计要求分别套用相应的抹灰底层子目，其中墙柱面有块料面层的套取底层抹灰，其余套取一般抹灰。

21. A10-105 子目是否适用第 10 章的章说明第七点“单块石板面积大于 0.64m^2，人工消耗量乘以系数 1.15”的调整？

答：不适用。第 10 章的章说明第七点的调整系数只适用于石材子目，A10-105 子目是钢骨架制安，不适合调整计算该系数。

22. 绿化定额 E2-136～137 公共绿化种植其他地被，以及第 251 页 E4-78～83 其他地被成活保养，其中“其他地被”是指哪些类型的植物？

答：绿化定额术语说明，地被是指植株低矮（50cm 以下），用于覆盖绿地地面的植物。执行定额时，应区别不同种植类型分别套用相对应的定额。

23. 管理人员窝工费 5 元/天是什么意思，是指在工人的工资上再加 5 元吗？

答：停工、窝工的管理费，不分地区类别，统一按照 5 元/工日计算，即每工日人工费增加 5 元管理费。

24. 计算贴瓷砖工程量时，是否需要计算因抹灰厚度增加的阳角的贴砖工程量？

答：按设计图示尺寸以镶贴表面积计算。

25. 波形护栏拆除该套什么子目呢？

答：如是公路用的波形护栏，建议参考公路专业定额相关子目。

26. 图纸标线中反光珠的含量与定额不一致，是否可以调整？

答：主材含量可以按实调整。

27. 长输管线是否适合压力超过 2.5MPa 的市政长输管道工程？

答：市政定额第六册《燃气工程》长距离输气管道只适用于压力＞0.4MPa、城市外围至城市调压站间 10km 以上的输气管道及附属工程，不适用于其他专业管道敷设工程。

28. A.2 桩基础工程中章说明第三条“有计算送桩的打（压）预制混凝土桩项目，子目桩消耗量 103.8m 改为 101m。”应如何理解？是理解为只要存在送桩，整个项目中所有的桩的定额消耗量都应由 103.8m 修改为 101m？还是仅指需要送桩的那部分桩的定额消耗量应由 103.8m 修改为 101m，不需要送桩的部分仍按 103.8m 计算？

答：仅指需要送桩的那部分桩的定额消耗量应由 103.8m 修改为 101m，不需要送桩的部分仍按 103.8m 计算。

29. 关于场地平整子目的使用，什么情况下可以计算，是否施工了大型土方的项目不可计算场地平整？或是无论有无大型土方（地下室基坑开挖）均应场地平整？

答：建筑场地土方厚度 30cm 以内的挖、填、运、找平时计算平整场地，若厚度大于 30cm 的时候，按一般土方计算；计算了一般土方的项目不可再计算场地平整，平整场地只能计算一次，不能重复计算。

30. 在套用《广东省城市轨道工程综合定额（2018）》中 MJS 全方位大直径高压旋喷桩定额时，现场实际施工是直径 2.3m，旋喷 360°，按照册说明中“本节 MJS 桩垂直按桩直径 2.0m、旋喷 160°考虑，水平按桩直径 2.0m、旋喷 160°考虑，如果设计桩径和旋喷角度不同，水泥和水的消耗量按桩截面比例换算，人工和机械按系数调整，调整系数＝0.6＋0.4×（设计桩截面/定额桩截面）”，在套取相对应的定额后，单价中水泥和水的消耗量再乘以系数（3.1416×2.3×2.3/4)/(3.1416×2×2/4×160/360)＝2.98，人工和机械再乘以系数 0.6＋0.4×2.98＝1.79，是否理解正确？

答：理解正确。

31. 《广东省市政工程综合定额（2006）》第一册《通用项目》D.1.6 围堰工程说明第七条“堰高按施工期最高水位＋50cm 计……”如果施工方提供的现场签证的堰高比定额计算结果要高出很多，要如何处理？根据《建设工程价款结算暂行办法》（财建〔2004〕369 号）第十一条“工程价款结算应按合同约定办理，合同未作约定或约定不明的，发、承包双方应依照下列规定与文件协商处理：（一）国家有关法律、法规和规章制度；（二）国务院建设行政主管部门、省、自治区、直辖市或有关部门发布的工程造价计价标准、计价办法等有关规定；（三）建设项目的合同、补充协议、变更签证和现场签证，以及经发、承包人认可的其他有效文件；（四）其他可依据的材料。”的规定，定额计价依据的解析顺序优先于现场签证。那是不是施工方提供的签证可不予支持？

答：凡属于符合合同约定办理的设计变更的签证均可予以支持，与提供方无关；另外财建〔2004〕369 号文并无明确解释顺序。

广东省建设工程标准定额站
2019 年 1 月 9 日

关于广东省建设工程定额动态管理系统定额咨询问题解答的回复（第2期）

（粤标定函〔2019〕69号）

各有关单位：

现对广东省建设工程定额动态管理系统收集的定额咨询问题（第2期）做出如下解答，已经合同双方确认的工程造价成果文件不作调整。本解答除另注明外，均适用于《广东省建设工程计价依据（2010）》的定额计价方式。

1. 锚杆二次注浆是否可以包含在A2-154定额消耗量里？

答：锚杆注浆工程量是按需要注入的数量考虑的，定额已包括因施工要求发生的二次注浆工程量。

2. 承包人按规定进行建筑材料、构配件等试样的制作、封样、送检和其他保证工程质量进行的检验试验所发生的配合费用应如何计取？

答：施工期间进行建筑材料、构配件等试样的制作、封样、送检和其他保证工程质量的检验试验所发生的需要承包人配合的费用已在管理费中考虑，不另行计算。

3. 临时宿舍、办公室的用水用电费用是否属于安全文明施工措施费的计费范围？

答：临时宿舍、办公室的用水用电费用已在管理费中考虑，不属于安全文明施工措施费的计费范围。

4.《广东省市政工程综合定额（2010）》第一册《通用项目》中D1-3-132钢护筒埋设定额中是否包含钢护筒内清土费用？

答：钢护筒内清土已在定额中综合考虑。

5. 关于墙面挂铁丝网/玻璃纤维网，设计注明采用射钉与基层固定。材料是否需要扣除膨胀螺栓M6×80镀锌连母，替换成射钉呢？

答：综合考虑，无需替换。

6.《广东省建筑与装饰工程综合定额（2010）》定额编号A4-215植筋定额是否继续使用？A4-215-2～12是否为补充定额？

答：根据粤建造函〔2014〕84号文，A4-215已取消，A4-215-1～12为补充子目。

7. 广东省住房和城乡建设厅于2018年8月28日发布的《广东省住房和城乡建设厅关于加强建筑工程材料价格风险管控的指导意见》（粤建市函〔2018〕2058号）文件，就建筑工程材料价格风险管控及建材调差做出了规定和要求。请问：当前在建工程项目，2016、2017年度完成工程量的建材调差是否适用上述文件（粤建市函〔2018〕2058号）的相关规定？

答：文件主要是应对2018年建材价格异常波动引发的风险管控，属于指导性意见，2018年前出现建材价格异常波动的由合同双方协商价款调整方法。

8.《广东省地下城市综合管廊定额（2018）》土石方工程子目“G1-1-119 大型支撑下挖土方 宽15m以内 深11m以内”，其中深11m以内是指坑底至坑顶的深度，还是与前面子目相连分段指基坑7～11m深基坑的高度？

答：定额子目的深度是指坑底至坑顶的深度，执行是按相应深度子目套用，不得分段套不同深度的子目。

9.市政工程路基土方，外借土回填方量是否考虑土方体积折算系数，填方是否按压实后的体积计算？

答：依据《广东省市政工程综合定额（2010）》D.1.1 土石方工程章说明“1.1.1.3 本章的土石方工程量除定额说明外，挖、运土石方按天然密实度体积计算，填方按压（夯）实后的体积计算。如需按天然密实体积折算时，按下表计算”执行。

10.《广东省地下城市综合管廊工程综合定额（2018）》机上人工的定额工日单价为230元/工日，而中山市造价站发布的最新综合工日为109元/工日，是否应调整为最新综合工日单价109元/工日？

答：《广东省地下城市综合管廊工程综合定额（2018）》的人工费采用系数调整，具体待各地造价管理部门制定相应的调整办法，中山市造价站发布的人工单价只适合2010年计价定额。

11.《广东省地下城市综合管廊工程综合定额（2018）》总说明注明未包括依据国家有关法律、法规和工程建设强制性标准对施工现场的材料设备、构配件的见证取样检测所发生的费用，请问应如何计取材料试验检验费？

答：该费用属于工程建设其他费用，具体按各市造价管理部门规定计取。

12.《广东省建筑与装饰工程综合定额（2010）》，园林建筑部分A.18景观工程，子目编号：A18-47布置景石单件重量（t以内）10t。若一块9t的景石，在套用定额时，工程量是否输入9？如单件40t的景石又该如何套取定额？

答：单件重量9t的景石，在套用定额时，工程数量为9；单件重量为40t的景石，暂无相应定额子目，可由发承包双方协商补充定额。

13.《广东省建筑与装饰工程综合定额（2010）》建筑工程和单独装饰装修工程两种标准的安全文明施工费、脚手架工程、垂直运输工程具体应如何区分使用，如何界定综合定额中建筑工程和单独装饰装修工程？

答：只承揽装饰装修工程时，应执行单独承包装饰装修工程的相关费用规定，否则应执行建筑工程的相关费用规定。

14.楼梯休息平台板的找平层，套取A9-1还是A9-4？楼梯休息平台板的块料面层，套取A9-64还是A9-71？

答：楼梯中间休息平台板，不与楼板相连的找平层套A9-4；楼梯中间休息平台板，不与楼板相连的块料面层套A9-71。

15.边坡绿化喷土应套什么定额？

答：属定额缺项子目，可由发承包双方参照建筑工程定额的喷射混凝土子目协商补充定额。

16.《广东省建筑工程综合定额（2006）》，现场实际回填砖渣使用机械回填，套用A4-191垫层，砖渣子目是否可换算人工含量？是否能换用A4-205垫层 填石屑子目中的人工含量？

答：属定额缺项子目，可由发承包双方参照建筑工程定额的回填土子目协商补充定额。

17.《广东省房屋建筑和市政修缮工程综合定额（2012）》第三册《市政修缮工程》R.3.1道路工程章说明3.1.3规定每一单项工程维修面积在400～1000m^2或单独维修侧平石在400m以外，属中修范围，套用《广东省市政工程综合定额（2010）》的相应项目，人工、机械乘以系数1.10。那么拆除花基，重新做混凝土路面，面积为694.2m^2，应套市政修缮定额还是市政综合定额？

答：该章说明3.1.3是以单项工程合同包含的施工内容为划分标准，若单项工程合同只有拆除花基，重新做混凝土路面，并且面积为694.2m^2，属中修范围，则套用《广东省市政工程综合定额（2010）》的相应项目，人工、机械乘以系数1.10。

18. 承台或基础梁使用砖胎膜，砖砌砖胎膜应借用哪个定额子目？

答：依据《房屋建筑与装饰工程消耗量定额》TY01—31—2015第四章“砌筑工程”章说明第二条第5点规定“地下混凝土构件所用砖模及砖砌挡土墙套用砖基础项目”，即承台或基础梁砖胎膜可套用砖基础相应子目。

19. 环卫定额中水域漂浮垃圾清除打捞适用于日常水域保洁吗？定额子目是否为每日的费用？人工材料价差是否参考按地区每月信息价？

答：应以《广东省城市环境卫生作业综合定额（2013）》H.1环境卫生清扫保洁章说明“1.12水域漂浮垃圾清除打捞子目适用于广东省城市城区内的，由环卫主管部门负责保洁的河涌、河道、河流等的水域保洁作业，城区内的公园、风景区的湖泊、景观水域等的水体保洁参照广东省其他相关定额”为依据，确认承揽的水域保洁能否采用该定额；定额子目基价费用为每一班次8小时标准工时制的作业费用；执行中人工材料价差由合同双方明确采用市场实际价格或参考各市工程造价管理部门发布的信息价格调整计算。

广东省建设工程标准定额站

2019年4月15日

关于广东省建设工程定额动态管理系统定额咨询问题解答的回复（第3期）

（粤标定函〔2020〕6号）

各有关单位：

现对广东省建设工程定额动态管理系统收集的定额咨询问题做出如下解答，已经合同双方确认的工程造价成果文件不作调整。本解答除另注明外，均适用于《广东省房屋建筑与装饰工程综合定额（2018）》的定额计价方式。

1. 定额人工费单价标注为“-”，请问人工费单价是多少？动态人工又应如何调整？

答：定额的人工费采用全费用人工薪酬方式表现，不再显示人工工日单价和人工消耗量。人工费的动态调整，由各地区工程造价管理部门颁布的人工费调整系数进行调整。

2. 人工费包括社会保险费，社会保险费的内容占人工费比例是多少？

答：社会保险费是企业按照规定的数额和期限向社会保险管理机构缴纳的费用，包括基本养老保险费、基本医疗保险费、工伤保险费、失业保险费和生育保险费，已经综合各地情况考虑列入人工费中，由于人工费用构成除了社会保险费外，还有工资性收入、住房公积金、工会经费、职工教育经费、职工福利费及特殊情况下支付的工资等，随着相关政策文件的贯彻落实和市场用工价格情况的变化，人工费各组成部分需要相应调整适应，导致各组成部分占比随之变动，因此，除当地工程造价管理部门另有规定外，不论实际缴纳多少均不得调整，亦不得按不同时期各组成部分的占比进行调整。

3. 大型机械进退场费及安拆费如何计取？

答：大型机械设备进退场费已包含在管理费中，除定额有规定外，不得另行计算。关于安拆费，根据《广东省施工机具台班费用编制规则（2018）》说明第2页“安拆费根据施工机械不同分为不需计算、计入台班单价和单独计算三种类型。不需安拆或固定在车间的，不计算施工机械安拆费；安拆简单、移动需要起重及运输机械的轻型施工机械，其安拆费计入台班单价；安拆复杂、移动需要起重及运输机械的重型施工机械，其安拆费单独计算。”需要单独计算的，安拆费详见第173～175页。

4. 定额规定“特殊环境和条件下人工降效：在生产车间边生产边施工的工程，按该项工程的人工费增加10.00%作为工效降效费”，整栋楼部分房间装修改造，其他房间有人办公，这种情况属不属于生产车间边生产边施工，还是“生产车间”仅仅指的是工厂生产物品的车间？如果仅指工厂车间，那部分装修，部分办公引起的降效如何计取降效费？

答：边生产边施工，是指在处于运营或生产状态的场所内施工的情况，并非狭义理解为工厂的生产车间，类似在不能封闭的道路上施工、在不能停业的场所施工，均可以计取该特殊环境和条件下人工降效费用，但属于修缮工程性质的，则应按修缮定额规定执行。

5. 定额子目 A1-1-1 平整场地工作内含挖、填、运土方及找平，其中运土方是否为弃土方外运还是外购土回来找平？外运土方或外购土土方运距应考虑多少距离？

答：定额子目 A1-1-1 平整场地是指标高在±30cm 以内的在施工现场内就地挖、填、运土方及找平，其中运土方指场地内挖填产生的场内土方运输，而不是指弃土方外运或外购土方。

6. A.1.1 土石方工程第三条第 8 款“地下室土方大开挖后再挖地槽、地坑，其深度按大开挖后土面至槽、坑底标高计算，加垂直运输和水平运输”，若地下室留有出土坡道还能计取垂直运输费用吗，该条款适用条件是什么？

答：若地下室土方通过出土坡道运出则不再另计垂直运输费用，但地下室因场地限制时，不能留出土坡道时则按定额土石方工程第三条第 8 款规定执行。

7. A.1.2 围护及支护工程章说明第二条第 4 点，关于超期补偿说明“钢板桩按 1kg/(t·天）费用补偿”，如何理解 1kg/t，到底是按“kg”计算还是“t”计算？

答：1kg/(t·天）的意思为：支护工程超期后，每 1t 的支护总量在每 1 天能计取的费用补偿即为相应 1kg 钢板桩的材料费。

8. 定额已考虑了钢筋出厂定尺长度所引起的非设计搭接，那么非设计接驳的钢筋接头（套筒、焊接）是否需要计算？

答：不应计算。

9. 金属结构工程的支承钢胎架和现场拼装平台摊销子目是在分部分项中计取还是在措施费中计取？

答：应在措施项目费中计取。

10. A.1.13 墙、柱面装饰与隔断、幕墙工程章说明第二条第 9 点“（4）零星抹灰和零星镶贴块料面层项目适用于挑檐”，其中关于挑檐的定义，是否按混凝土工程中的悬挑板伸出墙外 500mm 以内视为挑檐？当外墙悬挑 700mm，长 1000mm 的空调机位板顶面（即地面）抹灰，应按零星抹灰、外墙抹灰、楼地面抹灰还是应执行什么子目？

答：悬挑板伸出墙外 500mm 以内应视为挑檐；此外挑板板顶面抹灰应执行楼地面抹灰子目，沿板厚度的侧面抹灰应执行墙面零星抹灰子目。

11. 墙面需要刷界面处理剂时，应套用什么定额子目？

答：定额抹灰子目已综合考虑界面处理的工作内容，不再另行套用子目。

12. 有梁板中的梁模板，应该套用单梁、连续梁模板，还是有梁板模板？

答：应套用有梁模板相应子目。

13. 有梁板支模高度超过 3.6m，此高度按梁底还是板底计算超高增加费？

答：支模高度按章说明第五条“支模高度指楼层高度”规定确定。

14. 压顶、扶手的模板，按照长度计算，该长度是否为压顶的中心线长度？

答：压顶、扶手模板按其长度以“m”计算，是指中心线长度。

15. A1.1.21 脚手架工程，工程量计算规则第一条“外墙综合脚手架搭拆工程量，按外墙外边线的凹凸（包括凸出阳台）总长度乘以设计外地坪至外墙的顶板面或檐口的高度以‘m^2’计算”。外墙外边线是否包括外墙附属的装饰柱（墙垛）？

答：凸出外墙 60cm 以上的，可按其凹凸面长度列入外墙外边线长度内。

16. A1.1.21 脚手架工程，工具式脚手架中，附着式电动整体提升架 A1-21-201 电动整体提升架子目，是否包含搭拆费和使用费？材料消耗中提升装置及架体的消耗量 0.090，应按多少次摊销考虑？

答：定额子目包含搭拆费和使用费；摊销次数定额综合考虑，除定额另有规定外，一般不做调整。

17. A.1.22 垂直运输工程，定额子目 A1-22-3 建筑物 20m 以上的垂直运输（30m 以内）的工料机内有电动单筒快速卷扬机和卷扬机架（单笼 5t 内），但实际使用卷扬机，是否可以把卷扬机换为施工电梯或塔式起重机？

答：定额的工料机配置是综合考虑的，实际使用机械与定额不一致时，除定额另有规定外，一般不做调整。

18. 深基坑用于人员上下使用的钢爬梯是否单独计价？

答：不单独计价，以系数计算的绿色施工安全防护措施费在高空作业防护中考虑。

19. 关于其他拆除料是否可以计取垂直运输？

答：其他拆除料的垂直运输费用，可根据 A.1.22 垂直运输章说明第三条第 7 点“人工清运拆除废料的垂直运输，套用人工垂直运输中砂相应子目，人工费乘以系数 0.80”。

20. A.1.22 垂直运输工程第三条第 2 点“如果使用发包人提供的垂直运输机械运输的，扣除定额子目中相应的机械费用”，则施工方使用发包人的电梯进行单独装饰工程垂直运输，20m 以内的多层建筑物运输，是否不计算垂直运输费用？因 A1-22-22 定额中只有卷扬机的机械费用和管理费，若扣除定额子目中的机械费用，管理费也会随机械费归零而归零，是否相当于没有垂直运输费用？

答：使用发包人提供的垂直运输机械运输的，只扣减相应子目基价的机械费，但不扣减管理费金额。

21.《绿色施工安全防护措施项目费工作内容构成表》安全施工中“安全检测费用”是指：安全带、安全帽及脚手架、提升机等架体内外安全网等安全防护用品设施的检测，起重机、塔式起重机等吊装设备（按井字架、龙门架）与外用电梯的安全检测，请问说明中的安全检测是指进场前的检测还是使用过程中的检测？

答：均包含在内。

22. 成孔灌注混凝土桩设计说明要求成桩高度要比有效桩长长 800mm，请问这 800mm 的长度是否应计入桩的长度？

答：应计算。

广东省建设工程标准定额站

2020 年 1 月 10 日

关于广东省建设工程定额动态管理系统定额咨询的问题解答（第4期）

（粤标定函〔2020〕29号）

各有关单位：

现对广东省建设工程定额动态管理系统收集的定额咨询问题做出如下解答，已经合同双方确认的工程造价成果文件不作调整。本解答除另注明外，均适用于《广东省市政工程综合定额（2018）》的定额计价方式。

1.《广东省施工机具台班费用编制规则（2018）》人工单价是230元/工日，是否需要按照各市人工费调整系数对机械人工单价进行调整？

答：施工机具台班单价中的人工费可按照各地行政管理部门颁布的人工费价格指数进行调整。

2.若大型机械只能在夜间施工，现场不能放置，且每天需进退场，那么大型机械进退场费应如何计取？

答：本综合定额是完成单位工程量所需的人工、材料、机具等消耗量及管理费费用标准，该消耗量及费用标准是按正常的施工条件为基础综合确定的，大型机械进退场费已包含在管理费中，不另行计算；若项目为非正常施工条件下进行，可先按定额章节说明相关规定执行，定额没有规定的，则由双方协商解决。

3.材料中，是否已包含材料自检费、见证取样检测费用及第三方监测检测费用？

答：材料自检费和压实度自检费用已包含在定额管理费用，不另行计算。依据国家有关法律、法规和工程建设强制性标准，需要委托第三方监测检测的费用，包括材料见证取样检测、压实度第三方检测、地基压实度和弯沉值检测、现场路面抽芯检验等，由建设单位在项目的工程建设其他费中列支。

4.D.1.1土石方工程说明第二条第6点“本章土石方运输子目适用于50km以内的运输，运距超过50km的按相关管理部门的规定计算，运输之外的收纳费用等其他费用未包含在定额中。”即土石方运输子目是否包含余泥渣土排放费？

答：不包含。

5.D.1.1土石方工程中机械土方，大型支撑基坑土方子目是否适用于逆作法工作井的挖土？

答：大型支撑基坑土方开挖定额子目适用于地下连续墙、混凝土板桩、钢板桩等做围护跨度大于7m的深基坑开挖；该子目不适用于给水排水工程中的顶管工作井（逆作法）的挖土；盾构隧道的逆作法工作井挖土可参照使用该子目。

6. 道路路基填土工程，已套用 D1-1-136 压路机碾压土（石）方 填土方，是否需要再套用 D2-1-1 路床碾压检验，两个定额子目工作内容是否属于重复？

答：路基填土与路床碾压检验属于不同施工顺序，不存在重复。

7. D. 1. 2 章说明“九、块石如需冲洗时（利用旧料），每立方米块石人工费乘以系数 1. 20，用水增加 0. 5m^3。”该处每立方米块石用水增加 0. 5m^3，每立方米块石仅指块石的消耗量吗？

答：是的。

8. D. 1. 2 章说明第十一条“水平定向钻牵引管钻孔子目适用于单段钻孔牵引长度 200m 内”，若单段钻孔牵引长度超过 200m，应如何取费？

答：单段钻孔牵引长度超过 200m，可根据施工方案双方协商确定。

9. 挡土墙的砂石反滤层，可套用哪个定额子目？

答：属于定额子目缺项，可结合工程实际自行考虑。

10. 电缆沟支架混凝土构件 D1-2-48 制作与 D1-2-49 安装为预制电缆沟支架制安定额，当设计要求采用成品复合材料电缆沟支架时应如何计价？

答：当设计要求采用成品复合材料电缆沟支架时，可借用《广东省通用安装工程综合定额（2018）》相应子目。

11. D1-3-1 软基处理工程真空预压期 3 个月的定额子目，其中塑料排水管、真空泵是按每 1000m^2 处理面积测定的管材净用量、真空泵台数及机械台班数量，当设计不同时是否可调整相应消耗量？

答：该定额子目含量综合测算取定，当设计不同时，相应消耗量不做调整。

12. 水泥搅拌桩，D1-3-46 湿法喷浆单头，若实际施工工艺为双向搅拌，是否可进行调整？

答：该定额子目不适用双向搅拌桩。

13. 挡土板定额是否包含圆木支撑？双面挡土板定额工程量是按单面沟槽计算还是按双面沟槽计算？

答：已包含圆木支撑，挡土板按槽、坑壁垂直支撑面以“m^2”计算，若沟槽为双面挡土板则按双面垂直支撑面计算。

14. 预应力锚索子目中是否考虑了入岩增加费？

答：已综合考虑各类土层，不再计算入岩增加费。

15. 钢板桩定额子目，在计价时是否放在分部分项工程费中？

答：钢板桩费用列入分部分项工程费中。

16. D. 1. 5 围堰工程，工程量计算规则中第五条有关于围堰尺寸的取定范围，超过该范围的围堰应如何套用定额？

答：属于定额缺项子目，可结合工程实际自行考虑。

17. D. 1. 7 材料二次运输中有混凝土管、铸铁管、塑料管的二次转运子目，则钢管的二次运输应如何计取？

答：钢管二次运输可套用铸铁管二次转运子目。

18. D. 1. 9 施工围栏章说明第二条“施工围栏按设计文件或施工组织设计方案进行计算”，则 D1-9-4 移动式钢护栏的工程量应如何计算？

答：移动式钢护栏、塑料注水围挡按围蔽长度以“m·天”计算，如分段施工的，按各分段施工的围蔽长度乘以相应的围蔽时间。

19. 箭头、图形按外框尺寸面积以“m^2”计算；文字、字符（含自行车标记）按单体的外围矩形面积以“m^2”计算，如何理解外框尺寸面积及外围矩形面积？

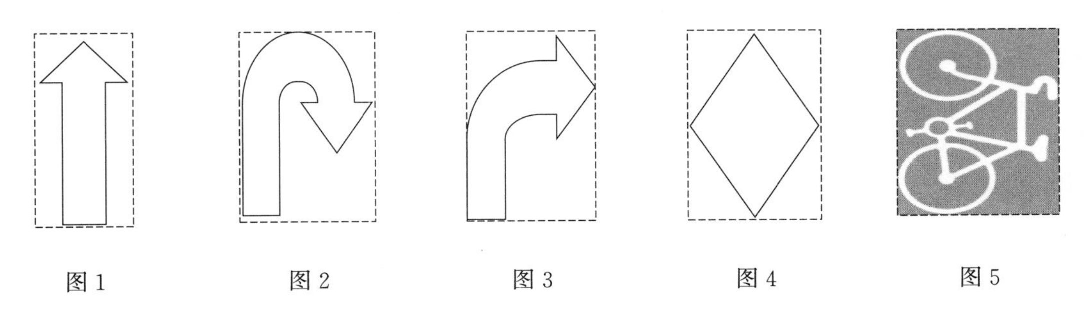

图 1　　图 2　　图 3　　图 4　　图 5

答：以上图形（图 1～图 5）中，虚线所围面积为外围矩形面积；实线所围面积为外框尺寸面积（实际施划面积）。

20. 新旧道路之间的植筋套用哪个定额？

答：套用第三册《桥涵工程》相应植筋子目。

21. Y 型板墩，计算混凝土及模板时，定额子目只有柱式墩台身子目，计价时应如何套用？

答：可套用柱式墩子目。

22. 市政项目中的悬挑式钢筋混凝土挡土墙可套用哪个定额子目？

答：可套用第三册《桥涵工程》挡墙子目。

23. D.3.6 钢筋工程章说明第六条“本章项目中钢绞线按Φ15.24mm、束长在 40m 以内考虑，如规格不同或束长超过 40m 时，应另行计算”，即超过 40m 部分应如何计算费用？

答：属于定额子目缺项，可结合工程实际自行考虑。

24.《给水工程》册说明第八条“管道安装工程量不足 50m 时，除土石方工程外，其余的项目人工费、机械费乘以 1.30”，该说明只针对《给水工程》册的定额子目，还是指整个市政专业？

答：该说明只对应《给水工程》册的管道安装，包括管道安装、管件安装、管道附属构筑物等。

25. 管径 DN100、DN70 的 UVPC 排水管，应套用市政《给水工程》相应子目，还是《广东省通用安装工程综合定额（2018）》第十册《给排水、采暖、燃气工程》相应子目？

答：按定额规定的适用范围套用相应专业定额子目。

26.《给水工程》册中的消防栓安装应套用哪个定额子目？

答：消防栓安装执行《广东省通用安装工程综合定额（2018）》相应子目。

27. 管沟有横撑支护，管道基础及管道安装是否有相应的难度系数计算？管道基础及管道埋设深浅是否综合考虑？

答：定额已综合考虑，不作调整。

28. 第五册《排水工程》，当管道接口采用橡胶圈接口，管道外部接口处按照图集还有砂浆抹口处理，该处是否需要单独套取水泥砂浆接口的定额子目？

答：不需要，已含在相应定额内。

29. 定型井定额中，C15 垫层及 C25 盖板消耗量与 06MS201 图集所给用量不同，预算时能否按图集调整？

答：定型井定额是依据 06MS201 图集编制的，若采用此图集施工，不能调整定额用量。

30. 绿色施工安全防护措施费第二条“分部分项工程总费用在 300 万元以内（含 300 万元）的项目按基本费率乘以 1.20”，这里的分部分项工程总费用是指市政部分的所有单位工程的分部分项总费用，还是包含房屋建筑与装饰工程、安装工程、市政工程等所有单位工程的分部分项总费用？

答：分部分项工程总费用是指所有单位工程的市政工程分部分项总费用。

31. 市政工程的项目，借用安装定额子目，其绿色施工安全防护措施费费率应按市政工程的费率计算，还是按安装工程的费率计算？

答：市政工程中个别子目借用其他专业定额子目的，不论金额大小，按照执行主专业定额规则的原则，均执行市政工程的绿色施工安全防护措施费。

32. 软基处理工程、雨水渠工程中绿色施工安全防护措施费应执行哪个专业工程的基本费率？

答：按单位工程所属专业计算绿色施工安全防护措施费。

33. 市政工程的土石方工程定额子目单价中，人工费、机具费占的比例大，其绿色施工安全防护措施费若按道路、管网工程的人工费、机具费之和的 16.5%计算，则该费用占分部分项工程费超过 10%；若土石方工程量大，计取的绿色施工安全防护措施费的金额也大，则土石方工程该项费率是否可按单独场地平整工程费率 4.35%计算？

答：定额规定的计算方式和费率是综合考虑的，不能因金额大小改变计算规则；只有单独承包土石方工程的绿色施工安全防护措施费是按单独场地平整工程费率 4.35%计算。

34. “营改增”后，由于小规模纳税人适用简易征税方式，计算综合单价时材料价格是否应含税，计价模式是否采用营业税模式计算？

答：参照《关于明确执行〈关于营业税改征增值税后调整广东省建设工程计价依据的通知〉有关事项的通知》（粤建造函〔2016〕234 号）的相关规定执行。

35. 电力管廊工程计价是套用《广东省市政工程综合定额（2018）》还是套用《广东省城市地下综合管廊工程综合定额》？

答：电力管廊工程套用《广东省市政工程综合定额（2018）》。

36. 30m 预应力箱梁自重荷载为 127t，套用定额子目 D3-2-23 陆上安装板梁、T 型梁、I 型梁、槽型梁、箱梁起重机 $L \leqslant 30$m 中汽车式起重机 70t 每 10m^3 混凝土消耗 0.28 个台班，能否替换为汽车式起重机 125t 每 10m^3 混凝土消耗 0.23 个台班？

答：定额的施工机具型号规格和台班消耗量是综合测定的，除定额另有规定外，不作调整。

广东省建设工程标准定额站

2020 年 3 月 4 日

关于广东省建设工程定额动态管理系统定额咨询问题的解答（第5期）

（粤标定函〔2020〕60号）

各有关单位：

现对广东省建设工程定额动态管理系统收集的定额咨询问题做出如下解答，已经合同双方确认的工程造价成果文件不作调整。本解答除另注明外，均适用于《广东省房屋建筑与装饰工程综合定额（2018）》的定额计价方式。

1. 材料检测费是否包含在建安工程造价内？

答：施工企业采购材料后，按照有关标准规定，对建筑以及材料、构件和建筑安装物进行一般鉴定、检查所发生的费用，包括自设试验室进行试验所耗用的材料等费用，已包含在定额管理费中。建设单位委托第三方实施新结构、新材料的试验费，对构件做破坏性试验及其他特殊要求检验试验的费用（如材料进场的抽检费用）由建设单位承担并在工程建设其他费用中列支。但对施工企业提供的具有合格证明的材料再次进行检测不合格的，该检测费用由施工企业支付。

2. 总说明第十四条“单体承包的建筑、装饰工程建筑面积在 $500m^2$ 以下的，其材料费增加1.5%，人工费增加10%”，单体承包是指整个项目承包中其中一个单体，还是整个项目为一个单体？

答：应按一个合同承包的建筑、装饰工程总建筑面积计算，在 $500m^2$ 以下的，其中材料费增加1.5%，人工费增加10%。

3. 土石方体积换算系数表中，虚方：夯实后体积＝1∶1.5，1.5的系数对应的是哪种程度、工艺上的夯实？是否有压实系数的要求？

答：定额已综合考虑压实度要求，无需再区分。

4. A1-2-14 高压旋喷桩双重管法，该子目是否包含因地质条件含碎石层的引孔费用？如不含，应如何计取？

答：该子目不含因地质条件需采用引孔的费用，如发生则按经审批后的施工方案按实计算。

5. 压钢管桩接桩加外套钢管时，接桩外套钢管和桩尖的重量是否一并算入压钢管桩的工程量？两根钢管桩接桩在连接处加外套钢管时，在外套钢管两头焊两道焊，接桩工程量按一个还是两个计取？

答：只有按设计图纸要求或经审定的施工方案钢管桩需要采用外套钢管接桩时，接桩外套钢管和桩尖的重量可一并算入压钢管桩的工程量；两根钢管桩接桩在连接处加外套钢管时，在外套钢管两头焊两道焊，接桩工程量按一个计算。

6. 长螺旋灌注桩在成孔过程中发现孤石，采用潜孔锤进行孤石处理，则潜孔锤二次成孔，潜孔锤击穿孤石应套用什么定额？潜孔锤桩机场外运输及装拆应如何计取？

答：定额未考虑潜孔锤二次成孔及潜孔锤桩机场外运输及装拆的费用，发生时可结合工程实际自行考虑。

7. 结算时预制管桩桩长按入土深度计算，则入土深度是否包含截桩那部分长度？

答：A.1.3 桩基础工程工程量计算规则第十条“所有桩的长度，除另有规定外，预算按设计长度；结算按实际入土桩的长度（单独制作的桩尖除外）计算，超出地面的桩长不得计算，成孔灌注混凝土桩的计算桩长以成孔长度为准”。

8. 配合桩基检测，所做的桩帽及桩的加固是否可以另外计取？

答：配合桩基检测，所做的桩帽及桩的加固在检测费中计取。

9. A.1.19 拆除工程说明第八条“装饰抹灰层与块料面层铲除不包括找平层，如需铲除找平层，每平方米增加人工费 2 元”，若装饰抹灰层与块料面层的找平层（底层抹灰）含有钢丝网，应如何计价？

答：定额已综合考虑，不再另计。

10. 温室大棚顶棚是轻钢骨架或简易镀锌钢管骨架、顶棚面铺遮阳网或塑料薄膜，顶棚高度超过 3.6m，是否可以计算满堂脚手架？

答：不可以。

11. A.1.21 脚手架工程说明第二条第 2 点“综合脚手架包括脚手架、平桥、斜桥、平台、护栏、挡脚板、安全网等，高层脚手架 50.5m 至 200.5m 还包括托架和拉杆费用”，此定额说明中未明确是否为双排脚手架，如实际采用三排是否可以调整，应如何调整？

答：定额考虑的是双排脚手架，采用非常规的施工方案，应结合项目实际情况考虑。

12. 执行《广东省建筑与装饰工程综合定额（2010）》A.1 土石方工程，如果地质资料为淤泥质土（现场施工时采用钢板进行铺垫），应套用定额 A1-18 挖土机挖土一、二类土还是套用 A1-21 挖土机挖淤泥、流砂子目套价？

答：淤泥质土为一、二类土。

广东省建设工程标准定额站

2020 年 4 月 13 日

关于广东省建设工程定额动态管理系统定额咨询问题的解答（第6期）

（粤标定函〔2020〕78号）

各有关单位：

现对广东省建设工程定额动态管理系统收集的定额咨询问题做出如下解答，已经合同双方确认的工程造价成果文件不作调整。本解答除另注明外，均适用于《广东省建设工程计价依据（2018）》的定额计价方式。

一、通用安装工程

1. 安装工程的脚手架现场未发生，是否需要计取脚手架费用?

答：安装工程综合定额的脚手架搭拆费是经测算综合取定的，除定额规定不计取脚手架费用外（如对于电气设备安装工程而言，规定10kV以下架空线路和单独承担埋地或沟槽敷设线缆工程不计取脚手架费用），不论实际施工中是否搭拆脚手架，或搭拆数量多少，均按定额规定系数计取，包干使用。

2. C4-9-18户内接地母线敷设定额应用时，如果接地母线采用复合支持绝缘子固定应如何调整定额?

答：户内接地母线敷设固定方法一般有两种，一种是采用型钢焊接固定，另一种是采用支持绝缘子固定；不论采用何种固定接地母线方式均执行C4-9-18户内接地母线敷设定额，但如采用复合支持绝缘子固定的，则可另计复合支持绝缘子材料费，其余不做调整。

3. C4-14-12送配电装置系统调试（综合）1kV以下交流供电是否包括柜断路器至低压总配电箱、分配电箱之间的低压电缆调试，低压总配电箱、分配电箱的单体调试?

答：已包含在低压送配电装置系统调试中，不另计算。

4. 改建工程或因工程变更引起管线、设备拆除的，应如何套用定额?

答：除定额另有规定外，如果采用破坏性拆除的，可按现场签证计价；如果采用保护性拆除的，可依据拆除方案结合残值的回收处置方案协商计价。

5. 电缆敷设定额和电缆头制作安装定额的截面是怎样计算的?

答：按电缆的单芯截面面积计算并套用相应的定额，不得将三芯和零线截面相加计算。

二、园林绿化工程

6. 苗木规格超出定额规定的胸径，是否可以按照比例进行换算?

答：除定额有规定外，不能按比例换算。超过定额规定规格的属于定额缺项，可按设计要求或施工组织方案计价。

7. 苗木运输章节中无运棕榈树的定额子目，若棕榈树地径超过60cm，应如何套用定额子目?

答：按下列对应表关系套用相应定额。

乔木胸径与单干棕榈地径运输对应表

乔木(胸径 cm 以内)	6	10	15	20	25	30	35	40	45	50
单干棕榈(地径 cm 以内)	20	30	40	45	50	55	60	70	75	80
土球(cm 以内)	50	70	90	110	120	140	160	180	190	200

8. 起挖乔木树蔸胸径 70cm 是指乔木树胸径，还是树蔸直径?

答：砍挖乔木树蔸胸径就是指乔木胸径。

三、城市地下综合管廊工程

9. 管廊基坑开挖设计方案的坑顶排水沟及坑底盲沟的建造费用是否包含在按费率计算的绿色施工安全防护措施费中或预算包干费中?

答：管廊基坑开挖设计方案的坑顶排水沟及坑底盲沟的建造费用不包含在按费率计算的绿色施工安全防护措施费中或预算包干费中。

10. 管廊工程，采用打桩方式的地基加固工程，是适用《广东省城市地下综合管廊工程综合定额（2018)》还是《广东省市政工程综合定额（2018)》?

答：适用《广东省城市地下综合管廊工程综合定额（2018)》。

11. 管廊工程，标准段面宽度 22m，深度 12.4m，钢筋垂直运输费应如何计算?

答：根据《广东省城市地下综合管廊工程综合定额（2018)》第一册《建筑装饰工程》G.1.5 混凝土及钢筋混凝土工程的说明，钢筋垂直运输费以设计自然地坪为界，深度 3m 以内不计垂直运输费用，当深度超过 3m 时，钢筋全部计算垂直运输费用。

12. 三轴搅拌桩采用接钻杆施工工艺，定额人工、材料、机具费如何调整?

答：定额已综合考虑，不做调整。

13. 在管廊内进行建筑装饰工程、安装工程、模板拆除施工时，必须进行通风、照明和产生的人工降效及管廊内材料二次运输如何计算?

答：根据《广东省城市地下综合管廊工程综合定额（2018)》第一册《建筑装饰工程》说明第五点规定，在管廊内部需要通风照明施工的工程，按该部分工程的人工费增加 40%作为人工降效及照明灯相关措施费用，但安装工程已包含在相应定额中，不需计取；管廊内的材料二次运输属于施工现场内的运输，已经考虑在定额中，不需计算。

14. 管廊工程的工期如何计算?

答：目前我省暂时没有适合管廊的工期定额依据，属于缺项，可依据工程实际和通过论证的施工组织方案计算。

15. G1-2-50 SWM 工法搅拌桩二搅二喷，其工作内容第 2 点说明“准备工作，安拆插拔机具，运输、定位，刷减磨剂，型钢切割、焊接及加工，插拔型钢，堆放，清理”，是否可以理解为此定额已含插拔型钢工序及其人工费与机具费?

答：G1-2-50 不包含插拔型钢工序，工作内容第 2 点为定额 G1-2-51 的工作内容，该定额已包含插拔型钢工序。

广东省建设工程标准定额站

2020 年 4 月 28 日

关于广东省建设工程定额动态管理系统定额咨询问题的解答（第7期）

（粤标定函〔2020〕97号）

各有关单位：

现对广东省建设工程定额动态管理系统收集的定额咨询问题做出如下解答，已经合同双方确认的工程造价成果文件不作调整。本解答除另注明外，均适用于《广东省房屋建筑与装饰工程综合定额（2018）》和《广东省房屋建筑与装饰工程综合定额（2010）》的定额计价方式。

一、共性问题

1. 个别子目借用其他专业定额子目的，该定额的利润应按什么专业取定？例如：市政项目工程，在借用建筑与装饰定额子目的时候，是按市政的15%取定，还是按建筑与装饰的20%取定？

答：个别子目借用其他专业定额子目的，按照执行主专业定额规则的原则。

2. 建筑（安装）工程一切险和第三者责任险的费用是否包含在管理费内？

答：建筑（安装）工程一切险和第三者责任险的费用不包含在定额管理费内，不属于建安费的范畴，其费用应列入工程建设其他费，由建设单位支付。

二、《广东省房屋建筑与装饰工程综合定额（2018）》

3. A.1.21脚手架工程外墙综合脚手架的步距和计算高度注明“有女儿墙者，高度和步距计至女儿墙顶面”，若女儿墙采用装饰玻璃栏板或钢栏杆形式的，是否需计算至玻璃栏板或钢栏杆顶标高？

答：应计算至玻璃栏板或钢栏杆顶标高。

4. A.1.21脚手架工程说明第三条建筑脚手架“14. 天面女儿墙高度超过1.2m时，女儿墙内侧按单排脚手架计算”是否单指混凝土或砖砌女儿墙？若混凝土或砖砌女儿墙为900mm，上面为玻璃栏板或钢栏杆600mm，总计为1500mm，是否需计算单排脚手架？

答：女儿墙内侧可以计算单排脚手架，定额说明中的女儿墙是指设计图纸标示的女儿墙，并非单指混凝土或砖砌女儿墙。天面女儿墙高度超过1.2m时，女儿墙内侧按单排脚手架计算。

5. 超高降效费、现浇混凝土泵送费等子目应在分部分项中计取，还是在措施费中计取？

答：采用定额计价时，超高降效费、现浇混凝土泵送费在分部分项中计算。

6. 关于人工费的问题，目前定额计算的工种人工费折算日工资单价后远低于市场实际工种日单价，定额是如何考虑的？

答：2018 定额的人工费已采用全费用人工薪酬方式表现，不再显示人工单价和消耗量，不同时期的水平差异可按各地市造价管理机构发布的动态人工调整系数进行调整。

7. 工程保修费是否已包含在管理费内？

答：定额管理费内不包含工程保修费用。

8. 定额子目 A1-1-130 回填砂与定额子目 A1-4-123 垫层 填砂均为砂基层，是否为回填厚度 300mm 以内使用定额子目 A1-4-123 垫层 填砂定额，超出 300mm 使用 A1-1-130 回填砂？

答：应根据具体使用的性质、作用和部位不同选择，定额 A1-1-130 子目用于回填，定额子目 A1-4-123 用于垫层。

9. 工程采取非标准砖尺寸，定额明确材料用量可以按实际换算调整，那么定额子目的人工费是否可以调整？

答：设计规格与定额不同时，砌体材料和砌筑（粘结）材料用量应作调整换算，人工费不调整。

10. 定额中钢筋混凝土工程和模板工程中 L 或 T 形截面混凝土（短肢剪力墙结构）按 1.5m 分界线划分的异形柱或墙项目执行，是按单向还是双向大于 1.5m 考虑？

答：钢筋混凝土工程和模板工程中 L 或 T 形截面混凝土（短肢剪力墙结构）按定额中图示单向划分异形柱或墙项目执行，单向长度大于 1.5m 时按墙计，单向长度小于 1.5m 则按异形柱计算。

三、《广东省房屋建筑与装饰工程综合定额（2010）》

11. 旋挖桩施工需要埋设护筒，A2-84 旋挖桩成孔、灌注定额子目工作内容中未提到埋设护筒，其工料机亦未有护筒材料，埋设护筒部分的费用应如何计取？

答：本定额未考虑埋设护筒，实际发生时可协商计价或参考《广东省市政工程综合定额（2010）》（第一册通用项目）的钢护筒埋设及拆除子目。

12. 天棚面不需要装饰，仅做混凝土结构楼板，但高度已超过 3.6m，能否计取满堂脚手架费用？

答：不能计取满堂脚手架费用。

13. 关于支护钢支撑，子目中含有钢板及槽钢主材价，实际为租赁，此主材价是否可调整或另行补充租赁费？

答：定额子目已综合考虑施工过程的损耗和摊销费用，无论是租赁还是自有，均不作调整。

14. 拔钢板桩子目说明含回程运输，但打钢板桩中未列明来程运输，是否需要另行计算来程运输的费用？

答：定额中的材料均采用到工地价格，不需另行计算来程运输费用。

15. A.21 模板工程工程量计算规则 21.1 现浇建筑物模板“2. 构造柱如与砌体相连的，按混凝土柱宽度每边加 20cm 乘以柱高计算……”此处“按混凝土柱宽度每边加 20cm 乘以柱高”如何理解？如构造柱尺寸为 180×180，高度为 3m，模板工程量是否为：[0.18(柱宽)＋0.2×2]×3 柱高×2(2 侧)＝3.48m^2？

答：“每边加 20cm”有误，应为“每边加 10cm”，因此构造柱模板面积＝[0.18(柱宽)+0.1×2]×3(柱高)×2(2侧)=2.28m^2。

16. 脚手架搭设采用悬挑式脚手架，每35m高度左右悬挑一次工字钢作为承托，请问此悬挑工字钢费用是否包含在相应定额子目内？

答：悬挑工字钢费用，按经批复的施工方案协商计价。

17. 一般三轴搅拌桩和深层搅拌桩施工中会产生泥浆，三轴搅拌桩和单轴搅拌桩定额的工作内容只有测量放线、桩机移位、定位钻进、喷浆（粉）搅拌、提升、调制水泥浆、输送、压浆、泥浆清除，并无余泥外运，定额消耗量里也无挖掘机、推土机和自卸汽车台班。对于三轴搅拌桩和深层搅拌桩余泥的外运是否另外单独计费？

答：定额三轴搅拌桩和深层搅拌桩子目已包括泥浆清除的费用，但不包括泥浆外运。实际发生余土外运按现场签证确定工程量另行计价。

18. 旋挖套管灌注桩桩套管压、拔应该如何套取子目？

答：本定额未包括旋挖套管灌注桩桩套管压、拔费用，实际发生时结合项目实际协商计价。

19. A.16.2.5防火漆、防火涂料，应用A16-143防火涂料子目时，是否需要同时满足耐火极限3h和厚度50mm，还是只需要满足其中一个条件就可以套用子目A16-143？

答：按满足耐火极限要求选取子目，如设计要求与定额不同时材料可调整，其他不变。

广东省建设工程标准定额站

2020年5月15日

关于广东省建设工程定额动态管理系统定额咨询问题的解答（第8期）

（粤标定函〔2020〕107号）

各有关单位：

现对广东省建设工程定额动态管理系统收集的有关市政工程专业的定额咨询问题做出如下解答，已经合同双方确认的工程造价成果文件不作调整。

一、共性问题

1.《排水工程》管道、方（拱）管涵顶进是按一般非岩层综合各类土质考虑，当遇到岩层时，是否可以增加计取入岩费用？

答：遇到岩层时应根据设计或批准的施工方案协商计取入岩费用。

2. 施工现场的施工便道是否包含在按费率计算的绿色施工安全防护（安全文明施工）措施费中？

答：不包含，由于生产需要修建的施工临时便道，按实际发生或经批准的施工组织设计方案，列入措施其他项目费用中计算。

3. 在旧路上再次开挖进行管网改造的工程，土壤类别应执行三类土还是一、二类土？

答：应根据地质勘查报告结合定额的土壤分类进行确定。

4. 施工单位进行自检的钢结构焊缝探伤检测，其费用是否可以单独计取？

答：施工企业为了确保已完工程质量，对已施工的钢结构焊缝按施工规范、行业规定或合同约定进行探伤检测，属于施工企业自检，不单独计取费用。

二、《广东省市政工程综合定额（2018）》应用问题

5. D.1.1土石方工程说明第二条第4点“平整场地、沟槽、基坑、一般土石方划分规定：场地厚度≤±30cm的就地挖、填、运、找平为平整场地；底宽≤7m且底长>3倍底宽为沟槽；底长≤3倍底宽且底面积≤150m^2为基坑；超出上述范围则为一般土石方”，该条款对基坑划分的标准适用范围是什么？

答：该条款是《通用项目》土石方工程的章说明，《通用项目》册内容适用《广东省市政工程综合定额（2018）》所有册。

6. 定额子目中是否包括零星项目中的辅助工日？其工日单价执行110元/工日还是230元/工日？

答：本定额的人工费是指直接从事施工作业的生产工人的薪酬，包括基本用工、辅助用工、人工幅度差、现场运输及清理现场等用工费用，已经综合考虑了不同工种、不同技术等级等因素。采用计日工单价计取零星项目费用的，除属地造价管理部门另有规定外，计日工单价由双方协商确定。

7. 定额 D3-7-99 水上钢平台打钢管桩子目含材料回程运输，那么钢管桩的接桩费用以及退租时的租赁损耗是否应另计？

答：定额已综合考虑。

8. 定额 D3-7-99 水上钢平台打钢管桩子目，对于工期超短的情况，是否可以采用市场询价计价？若钢材单价变化是否可以折算计价，并以租赁总费用扣残值总费用作为上限考虑？

答：定额已综合考虑进退场及租赁损耗，除定额另有规定外，不作调整。

9. 三轴搅拌桩产生的置换土是否可以按土石方外运考虑？

答：定额子目已包含三轴搅拌桩施工中场内发生的置换土，余土场外运输另行计算。

10. 定额 D1-3-196 凿桩头打入桩子目的附注说明“搅拌桩、旋喷桩的凿桩头按挖四类土计算”是否是指凿桩头挖装、运输按四类土计算，而凿桩头费用另外计算？

答：是指搅拌桩、旋喷桩的凿桩头按挖四类土计算。

11. 绿色施工安全防护措施项目费中临时设施的“配电设施、设备及防护”未提及变配电装置是否已包含在内，变配电装置包含高压柜，变压器，低压柜及配套电缆等，已超三级配电范围，则绿色施工安全防护措施项目费是否包含此费用？

答：按费率计算的绿色施工安全防护措施项目费未包含变配电装置费用，变配电装置费用属于“三通一平”范畴，在工程建设其他费用列支。

12. 只切割塑料管道不拆除，应套用什么定额子目？

答：定额是按照完整的施工工序考虑编制的，未包含单纯的切割旧有塑料管道定额子目，实际发生可由双方协商计价。

13. 顶管工程泥水平衡顶进采用刀盘式泥水平衡顶管掘进机，若设计采用盘岩机顶进（即在岩层下顶进）应如何计算？

答：顶管定额未考虑采用盘岩机顶进，实际发生可根据项目实际协商计价。

三、《广东省市政工程综合定额（2010）》应用问题

14. D2-4-16 铺设块料地砖 水泥砂浆 1∶3，该定额子目水泥砂浆考虑厚度为多少？如与设计厚度不同时，应如何调整？

答：D2-4-16 定额子目水泥砂浆厚度按 3cm 考虑，如与设计不同时，材料用量可按设计要求换算，人工及其他不变。

15. 钢板桩定额子目中，打桩定额也含有拔桩工作内容，是否与拔桩定额重复？

答：不重复，在排版上同页定额工作内容是对应打和拔两个定额不同子目。

16. 定额 D7-8-45 模板 平台、顶板子目中是否已经考虑施工支架的费用？定额中钢模支撑的含量仅为 16.92kg/10m^2，与现场实际钢管支架含量不符，实际套用定额时，是否可以套用桥梁册中 D3-7-17 满堂钢管支架子目，作为模板的支撑措施？

答：定额已综合考虑施工支架的费用，不可再套用 D3-7-17 满堂钢管支架子目；定额中钢模支撑的含量是按摊销考虑的，不得按实际用量换算。

17. 定额 D1-1-210 高压旋喷桩、双管法，旋喷桩设计注浆量为 40%，在施工过程中出现涌土返浆现象，返浆量较大，定额是否已包含清理返土及外运的工作？

答：定额子目已综合考虑现场泥浆清理费用，但土方外运另行计算。

18. 定额 D1-1-212 深层搅拌水泥桩 喷浆桩体，子目中“水泥搅拌桩机”在编制时是按两搅两喷还是四搅四喷考虑？如采用不同工艺施工机械及人工应如何换算？

答：定额子目综合考虑，除定额规定可以换算外，人工及机械不作调整。

广东省建设工程标准定额站

2020 年 5 月 26 日

关于广东省建设工程定额动态管理系统定额咨询问题的解答（第9期）

（粤标定函〔2020〕118号）

各有关单位：

现对广东省建设工程定额动态管理系统收集的有关安装工程专业的定额咨询问题做出如下解答，已经合同双方确认的工程造价成果文件不作调整。

一、《广东省通用安装工程综合定额（2018）》应用问题

1. 虹吸排水管安装应如何执行定额?

答：虹吸排水管安装应区分不同材质和连接方式执行给水排水管道安装相应项目。

2. C.4.10 10kV以下架空配电线路架设说明第六条“线路一次施工工程量按5基以上电杆考虑，如5根以内者，按本章发生项目的人工、机具乘以系数1.30”，若5基以内铁塔施工可否执行该条规定?

答：此规定仅适用于一次施工5根电杆以内的工程数量偏小的情况，不适用于铁塔的施工项目。

3. 在给水排水安装工程中，同一层操作物超过3.6m以上有多个不同高度条件时，如何计算超高增加费?

答：应区分不同管路最高操作物的高度执行相应的超高增加费。

4. 冷冻水管道、冷却水管道包裹的UPVC保护板外护，应该套哪条定额?

答：本定额未包含冷冻水管道、冷却水管道包裹的UPVC保护板外护子目，实际发生时根据项目实际协商计价。

5. 成套型电容补偿柜是否可以计算调试费?

答：成套型电容补偿柜出厂前已经厂家检测调试合格，安装时不应再计算调试费。定额中的避雷器、电容器调试是指单独安装或现场组装的情况下才可计算调试费。

6. 变压器的系统调试和10kV送配电系统调试费用，是否包含电缆的交流耐压试验和局放试验费用?

答：变压器的系统调试和10kV送配电系统调试不包括电缆的交流耐压试验和局放试验。

7. 安装工程的材料能否计算垂直和水平运输费用?

答：除定额有相应规定外，材料的垂直和水平运输费用已综合考虑在相关子目中，不另行计算。

二、《广东省通用安装工程综合定额（2010）》应用问题

8. 由同一个施工单位总承包的工程（建筑、安装），已计算建筑工程脚手架，安装工程脚手架是否要另行计算？

答：安装工程脚手架是按照使用土建专业的脚手架考虑的，不论实际是否搭拆或搭拆多少，除定额另有规定外，均按定额规定的系数计算并包干使用。

9. 电缆在桥架内敷设引上（下）时，是否要考虑预留长度？

答：不考虑。

10. 筏板基础防雷接地如何套用定额子目？

答：筏板基础采用主筋连接的，执行均压环敷设定额子目；锚杆与基础连接的，按接地跨接线定额子目执行。

11. 第二册《电气设备安装工程》工程量计算规则的表 2.8.8 电缆敷设的附加长度序号 8 说明进出箱柜盘下出线需预留 2m，若由箱上进线应如何考虑预留？

答：高压开关柜及低压配电盘、箱及箱柜上进线和箱柜下进线均适用该条。

12. 第二册《电气设备安装工程》工程量计算规则的表 2.8.8 电缆敷设的附加长度与第十一章配管配线表 2.11.13 中，出入箱柜所考虑的预留原因具体是什么？

答：按施工规范从箱柜进线接入安装到内部元器件和日后维修而预留适当的线缆长度。

13. 给水排水成品套管安装如何套用定额子目？

答：成品套管安装费用按套管制作安装定额子目乘以系数 0.30，成品套管价格另计。

14. 卫生间穿梁、穿墙带翼环钢套管制作安装如何套用定额子目？

答：执行穿楼板带翼环钢套管制作安装子目。

15. C.8.4.24 自动加压供水设备安装，此章节工作内容的“附件安装”具体是指什么附件的安装？

答：工作内容中“附件安装”是指随成套设备配套供货的自带附件。

16. 镀锌薄钢板通风管道制作安装项目中是否包括法兰、加固框和吊支架的除锈和刷油？若不包括，应如何计算？

答：镀锌薄钢板通风管道制作安装项目中不包括法兰、加固框和吊支架的除锈和刷油，应执行第十一册相应定额子目；法兰、加固框和吊支架的除锈和刷油工程量按风管道制作安装定额子目材料中的型钢（角钢、扁钢、圆钢）重量除以 1.04（即净重量）计算。

17. 空调冷冻水离心泵、冷却水离心泵应如何计价？

答：单台水泵安装应区别不同的形式、用途执行第一册《机械设备安装工程》C.1.9 章相应项目。

18. C10-2-163 阀门检查接线的电动蝶阀子目，该定额子目是否适用于给水排水用电动蝶阀和通风管道用电动蝶阀的检查接线？

答：不适用。第十册《自动化控制仪表安装工程》中 C10-2-163 子目适用于自动化控制的电动蝶阀检查接线。第二册《电气设备安装工程综合定额》C.2.4 章说明 2.4.11 条规定“电磁开关接线定额也适用于电动阀门接线”。故给水排水和通风管道（水管）用的电动蝶阀接线应执行第二册《电气设备安装工程》C2-4-162 电磁开关接线子目。

广东省建设工程标准定额站

2020 年 6 月 2 日

关于广东省建设工程定额动态管理系统定额咨询问题的解答（第10期）

（粤标定函〔2020〕128号）

各有关单位：

现对广东省建设工程定额动态管理系统收集的定额咨询问题做出如下解答，已经合同双方确认的工程造价成果文件不作调整。

一、《广东省房屋建筑与装饰工程综合定额（2018）》应用问题

1. 单独招标的幕墙工程，绿色施工安全防护措施费基本费率，适用建筑工程的19%还是适用单独装饰装修工程的13%？

答：幕墙工程属于装饰工程，单独招标的幕墙工程适用单独装饰装修工程的绿色施工安全防护措施费费率。

2. 施工现场围挡和临时占地围挡的安拆费是否包含在绿色施工安全防护措施费费率中？

答：施工现场围挡和临时占地围挡建设应在按子目计算的绿色施工安全防护措施费中单独计取；除定额另有说明外，其拆除费用已含在按费率计算的绿色施工安全防护措施费中，不需另外计算。

3. 施工现场围挡采用单层彩钢波纹板、角钢架焊接应套哪个定额子目？

答：定额未包含单层彩钢波纹板、角钢架焊接的定额子目，实际发生时双方协商计价。

二、《广东省房屋建筑与装饰工程综合定额（2010）》应用问题

4. 地下室底板通长钢筋的搭接是否应另行计算？

答：属于设计接驳的，应按A.4混凝土及钢筋混凝土工程的工程量计算规则第4.3条第3点“钢筋搭接按设计、规范规定计算。墙、柱、电梯井壁的竖向钢筋；梁、楼板及地下室底板的贯通钢筋；墙、电梯井壁的水平转角筋，以上钢筋的连接区、连接方式、连接长度均按设计图纸和有关规范、规程、国家标准图册的规定计算”；属于非设计搭接，则不能另行计算。

5. 地下室外墙混凝土模板止水螺杆是否可以另行计算？

答：应另行计算。

6. 计算外墙综合脚手架时，外墙外边线的凹凸总长度是否包括飘板？

答：不包括飘板外边线。

7. 挖土机挖土自卸汽车运土子目是否包含土方消纳费？

答：定额中土方挖运子目均未包括土方消纳费，实际发生时应根据项目的实际情况在其他项目费中单独计取。

三、《广东省房屋建筑和市政修缮工程综合定额（2012）》应用问题

8. 修缮工程的人工费还是以消耗量和单价计入，若造价管理部门不颁布人工单价后，人工单价应如何确定？

答：各地造价管理部门均有颁布适用修缮定额的人工单价，只有经测算需要调整的，才会颁布新单价。

9. 修缮工程措施项目和其他项目的取费是否使用修缮定额的取费标准？

答：计价程序、措施项目和其他项目应执行《广东省房屋建筑和市政修缮工程综合定额（2012）》配套计价程序。

10.《广东省建筑与装饰工程综合定额（2010）》中其他项目的拆除工程与修缮定额中拆除工程的适用范围应如何区分？

答：按定额适用范围的界定标准执行相应定额，定额缺项的按定额规定或指引执行，没有规定或指引的则结合工程实际协商确定。

四、《广东省城市轨道工程综合定额（2018）》应用问题

11. 第一册 M. 2. 4. 2 连续墙成槽 M1-2-99 履带式液压抓斗 25m 以内，25m 是指从场坪地面标高至槽底的距离还是导墙底至槽底的距离？

答：25m 是指场坪地面标高至槽底的距离＋0. 5m。

五、《广东省建设工程概算编制办法（2014）》应用问题

12. 2014 的概算计价依据包括两部分，上册是概算的编制办法，下册是概算定额，根据省住房城乡建设厅发布的粤建市〔2019〕6 号文对概算定额停止执行，那概算编制办法是否保留？

答：粤建市〔2019〕6 号文只明确了 2014 概算定额停止执行，但概算的编制办法仍然有效，直至新的概算编制办法出台实施。

六、《广东省城市环境卫生作业综合定额（2013）》应用问题

13. 现新项目应用 2013 年环卫定额的综合人工应如何取定？

答：2013 年环卫定额人工单价按《关于调整我省 2015 年第二季度环卫定额动态人工单价的通知（粤建造发〔2015〕1 号）》的规定执行，各地造价管理机构有发布动态人工单价，按各地发布的单价执行。

广东省建设工程标准定额站

2020 年 6 月 15 日

关于广东省建设工程定额动态管理系统定额咨询问题的解答（第11期）

（粤标定函〔2020〕138号）

各有关单位：

现对广东省建设工程定额动态管理系统收集的有关市政工程专业的定额咨询问题做出如下解答，已经合同双方确认的工程造价成果文件不作调整。

一、共性问题

1. 在通车道路上进行开挖换管施工，需要在施工区域以外设置交通标志牌及路面标线等临时交通设施，应如何计价？

答：施工区域外的交通标志牌及路面标线等临时交通疏导设施费用可按设计或经交通部门审核的方案计取。

2. 在项目实际施工中使用的施工机械与定额不同时，是否可以按实际发生计算？

答：除定额说明可以调整以外，所有机具均不作调整。

二、《广东省市政工程综合定额（2018）》应用问题

3. 危险作业意外伤害保险在定额中是如何考虑的？

答：根据《中华人民共和国社会保险法》《中华人民共和国建筑法》的规定，造价费用构成中已经取消了原规费中的危险作业意外伤害保险费，根据建标〔2013〕44号文相关规定，危险作业意外伤害保险不作为强制性缴纳的费用，属于商业保险品种之一。承包人按发承包合同约定必须办理危险作业意外伤害保险的，该商业保险费由发包人支付；但承包人自行购买的，则该商业保险费由承包人承担。

4. 钢板桩说明“打拔槽型钢板桩子目已包含支撑安拆”，在套用定额D1-3-205打桩（槽型钢板桩）子目时，工程量是否只计算槽钢的重量，不考虑钢支撑的重量？

答：打拔槽型钢板桩定额子目已包含支撑的摊销消耗量，打拔槽型钢板桩工程量按设计图示尺寸以“t”计算。钢板桩长度按入土深度（即从始挖地面至桩底）计算。

5 . 定额说明“除大型支撑基坑土方开挖定额子目外，在支撑下挖土，挖沟槽、基坑土方定额子目乘以系数1.20”，打钢板桩横支撑、支挡土板开挖沟槽、基坑土方是否可以计取？

答：在有支撑的情况下开挖才可计取。

6. 定额“D1-1-92～D1-1-96凿岩机破碎岩石”和“D1-1-97～D1-1-101岩石破碎机破碎平基岩石”及“D1-1-102～D1-1-106岩石破碎机破碎槽、坑岩石”子目是否都适用岩石的开挖？

答：定额 D1-1-92～D1-1-96 凿岩机破碎岩石子目适用于岩石的开挖；定额 D1-1-97～D1-1-106 岩石破碎机破碎岩石子目为岩石爆破后的二次破碎，不适用于直接采用机械破碎开挖石方。

7. 按费率计算的绿色施工安全防护措施费是否包含地下管线保护的具体实施措施费？

答：不包含地下管线保护的具体实施费用。

8. 管道工程中水泥砂浆抹带、钢丝网水泥砂浆接口内外抹口的费用是否可以单独计取？

答：定额已综合考虑水泥砂浆抹带、钢丝网水泥砂浆接口内外抹口费用。

三、《广东省市政工程综合定额（2010）》应用问题

9. 定额 D7-8-34 大型支撑安装、拆除子目的钢支撑和钢围令材料摊销是如何考虑的？

答：D. 7. 8 临时工程章节中材料消耗摊销量计算方法是按年计算，一年内不足一年按一年计算，超过一年按每增一季定额增加，不足一季（3 个月）按一季计算（不分月）。定额消耗量根据合理施工工期、周转次数等综合考虑摊销。本综合定额中的材料消耗量包括直接消耗在施工中的原材料、辅助材料、构配件、零件和半成品等的费用和周转使用材料的摊销（或租赁）费用。

10. 定额深层水泥搅拌桩没有双向、单向之分，若设计图纸要求采用双向的，定额应如何调整？

答：定额未包含双向深层搅拌桩，实际发生时根据设计要求协商计价。

11. 定额 D5-4-29～D5-4-37 顶进触变泥浆减阻子目是否包含压浆孔制作与封孔？

答：不包含。

四、《广东省房屋建筑和市政修缮工程综合定额（2012）》应用问题

12. 市政抢修工程是否可以执行《广东省房屋建筑和市政修缮工程综合定额（2012）》？

答：定额是按正常的施工条件、合理的施工工期、施工工艺、劳动组织为基础综合确定的。市政抢修工程应根据紧急程度结合项目特点合理选用定额。项目特性符合修缮特性的可以以修缮定额为基础结合项目实际参考使用。

广东省建设工程标准定额站

2020 年 6 月 29 日

关于广东省建设工程定额动态管理系统定额咨询问题的解答（第12期）

粤标定函〔2020〕162号

各有关单位：

现对广东省建设工程定额动态管理系统收集的有关安装工程专业的定额咨询问题做出以下解答，已经合同双方确认的工程造价成果文件不作调整。本解答均适用于《广东省通用安装工程综合定额（2018）》和《广东省安装工程综合定额（2010）》的定额计价方式。

1. 超高增加费高度界限如何划分？

答：工程超高增加费是指操作物（即安装点）距离楼地面的高度，其高度界限划分应按各专业册的有关规定确定，规定高度以下的安装项目不计算工程超高增加费，超过规定高度以上的安装项目可计算工程超高增加费，具体计算方法按各专业册定额规定。

2. 在管井内、竖井内和封闭天棚内进行施工，其人工费增加25％应如何理解？

答：在管井内、竖井内、断面小于或等于2m^{2}隧道或洞内、封闭吊顶天棚内进行安装的工程，该部分按人工费乘以系数1.25是为了计算降效和通风照明等费用。但如果先安装后封闭的不计取系数。

3. 设计管道规格与定额子目规格不相符时，应如何计算？

答：当设计管道规格与定额子目规格不相符时，应依据定额总说明“×××以内”或“×××以下”者，均包括×××本身；“×××以外”或“×××以上”者，则不包括×××本身的规定执行。超过定额最大规格时可由双方协商计价。

4. 水箱安装不包括哪些内容？

答：各种水箱连接管道、阀门、法兰安装、管道支架制作安装及水箱支架制作安装（包括混凝土或砖支架、基础）等，均未包括在定额内，可按定额的相关规定另行计算。

5. 采暖工程应计取系统调整费，热水管的安装工程是否也可以计取该项费用？

答：热水管道安装不属于采暖工程，不能计取采暖系统调整费。

6. 安装预算包干费中的“机电安装后的补洞（槽）工料费”具体包括哪些内容？

答：预算包干费中的“机电安装后的补洞（槽）工料费”是指机电安装完成后难以准确计算工程量的零星洞（槽）、眼洞和预埋箱（盒）四边空隙等修补的工料费。

7. 电气工程中，双电源系统调试应如何计算？

答：只能计取最上一级总调试，套用“备用电源自投装置调试”子目。

8. 碳钢螺纹法兰安装，可否执行铸铁螺纹法兰安装定额？

答：可执行定额铸铁法兰（螺纹连接）项目。

9. 透气帽安装执行什么定额？

答：透气帽安装已包括在室内排水管道安装项目内，不另计算。但透气帽的材料价格另行计算。

10. 上水管道绕房屋周围 1m 以内敷设，按室内还是室外定额计算？

答：给水排水管道安装与离房屋距离无关，其界线划分应根据给水排水安装工程综合定额第一章说明规定：给水管道室内外界限以建筑物外墙皮 1.5m 为界，入口处设阀门者以阀门为界；排水管道以出户第一个排水检查井为界。

11. 洗涤盆、蹲式大便器的存水弯的品种与设计要求不同时，是否可以调整？

答：卫生器具安装定额中的排水附件、存水弯均为未计价材料，应按定额规定执行。

12. 铸铁散热器安装子目里的栽钩是否包括打堵洞眼的工作内容？

答：定额已包括打堵洞眼的工作内容。

13. 供暖器具安装是否包括膨胀螺栓？如何计算？

答：各种散热器安装系参照《全国通用暖通空调标准图集》T9N112 编制的，均按人工打墙眼、栽钩卡考虑。如用膨胀螺栓安装，定额中均未包括膨胀螺栓，其耗用量可按实际计划，但应扣减定额内钩卡、水泥、沙子等填堵材料，其余不作调整。

14. 镀锌钢管的调直，定额中是否已考虑？

答：镀锌钢管和焊接钢管的调直均包括在定额内。

15. 软化水处理间管道使用什么定额？

答：可使用工业管道册相应定额。

16. 利用独立柱基础接地时，能否套用桩承台接地的子目？

答：可以。

17. 塑料排水管安装是否要扣除 H 型管所占管道长度？

答：不扣除。

广东省建设工程标准定额站
2020 年 7 月 15 日

关于广东省建设工程定额动态管理系统定额咨询问题的解答（第13期）

粤标定函〔2020〕190号

各有关单位：

现对广东省建设工程定额动态管理系统收集的有关建筑与装饰工程专业的定额咨询问题做出以下解答，已经合同双方确认的工程造价成果文件不作调整。

一、共性问题

1. 基坑支护栏杆是否包含在安全防护措施费中？

答：已包含在按系数计取的安全防护措施费内。

2. 套管全回转工法桩应如何套用定额？

答：定额未考虑该项子目，可根据项目实际协商计价。

二、《广东省房屋建筑与装饰工程综合定额（2018）》适用问题

3. A.1.15油漆涂料裝裱工程中“4金属面氟碳漆、防锈漆等”子目工作内容包括除锈，这里的除锈是指需要达到哪种程度的除锈工作？

答：是指除锈合格后的钢材表面，按常规的施工工序，在涂底漆前出现返锈而需要进行的简易擦拭除锈工作。

4. A1-15-116金属面 氟碳漆一遍，该子目一遍是指底漆还是面漆？若采用氟碳漆，材料可以进行换算吗？

答：“金属面 氟碳漆一遍”是指底漆和面漆各一道，一底一面为一遍。若设计图纸要求的材料与定额子目材料不一致时，可以换算，但材料消耗量不变。

5. A.1.19拆除工程中废弃堆放是否有考虑场内运输？若考虑，场内运输的距离为多远？

答：定额子目已综合考虑场内运输，不得再另行计算场内运输费用。

6. 三级沉淀池费用是否包含在以费率计算的绿色施工安全防护措施费中，无须另外计算费用？

答：已包含在以费率计算的绿色施工安全防护措施费的“环境保护的水污染控制”中。

7. 混凝土灌注桩要计算泵送费吗？

答：混凝土灌注桩定额子目未包含泵送费用，若根据经批准的施工方案，采用泵送方式的可计取泵送费。

8. 计取现浇混凝土泵送费可否再计取“建筑物超高增加人工、机具”？

答：±0.00 以上的现浇混凝土泵送费属于分部分项工程费，可以计算“建筑物超高增加的人工、机具”。

9. 钢结构的材料价格应如何考虑？

答：装配式钢结构按成品构件考虑，材料价格按市场询价确定。

10. A1-13-166 镶贴陶瓷面砖疏缝 墙面墙裙 建筑胶粘剂粘贴，该定额子目的粘结层厚度为多少？若设计图纸采用“专用抛光砖胶”是否可以对材料进行换算？

答：A1-13-166 子目粘结层厚度定额已综合考虑，不作调整。材料中粉状型建筑胶粘剂为综合考虑，不作换算。

三、《广东省建筑与装饰工程综合定额（2010）》适用问题

11. 钢构件焊缝无损检测费和防火涂料厚度检测费应如何计价？

答：钢构件焊缝无损检测费和防火涂料厚度检测费属于业主委托第三方检测的内容，定额子目未包含，可参考相关收费文件或市场价格行情，协商确定。

12. 材料二次运输和预算包干费中“因地形影响造成的场内料具二次运输”有何区别？

答：两者运输发生的地点范围不同。材料二次运输，是指材料不能直接运输到施工场地内，需要先运输到施工现场外指定地点，然后再次运输到施工场地内所发生的费用。而预算包干费中的“因地形影响造成的场内料具二次运输”是指由于施工现场内地形原因而产生的二次运输。

13. 为外墙综合脚手架底部加固而浇筑的混凝土垫层，能否另行计算？

答：该费用已包含在按系数计算的安全文明施工措施费里，不另行计算。

14. 定额 A22-128、A22-129 活动脚手架子目的费用是否已考虑脚手架的材料费用？

答：活动脚手架作为单位价值在 2000 元以内、使用年限在两年以内的不构成固定资产的工具、用具考虑，已计在综合定额管理费内。

广东省建设工程标准定额站
2020 年 8 月 14 日

关于广东省建设工程定额动态管理系统定额咨询问题的解答（第14期）

粤标定函〔2020〕200号

各有关单位：

现对广东省建设工程定额动态管理系统收集的有关建筑与装饰工程专业的定额咨询问题做出以下解答，已经合同双方确认的工程造价成果文件不作调整。

一、《广东省房屋建筑与装饰工程综合定额（2018）》适用问题

1. 总说明第十一条第3点“地下室内模板拆除按该模板子目中人工费的25%作为拆除费用”，那么地下室模板拆除费用的计算，是否先将模板制作安装子目乘以暗室施工增加费系数生成地下室模板制作安装子目，再以该地下室模板制作安装子目人工费的比例计算拆除费用？

答：是的，遇到两个或两个以上系数时，除另有说明外，按连乘法计算。

2. 打拔拉森钢板桩是否应另计安拆导向夹具的费用？

答：打拔拉森钢板桩定额子目中使用的打桩机械是带夹具的，不应另外计取夹具的费用。

3. 地下室顶板的加腋板混凝土工程量及模板工程量应如何计算？

答：地下室顶板加腋板的混凝土及模板工程量均并入板中计算。

4. 编制概算时已计取概算幅度差，是否还应计算预算包干费？

答：概算幅度差与预算包干费是两个不同的费用概念，概算编制时应分别计算。

5. A.1.13章说明第二条第2点“建筑物高度超过20m时，外墙抹灰子目按建筑物不同高度执行相应系数……”，这里所指的外墙抹灰子目是否包括找平层、防水层、保温层、装饰层等所有墙面抹灰？

答：该处说明所指的外墙抹灰子目单指找平层抹灰。

6. 基坑支护时，采用型钢立柱桩、H型钢的钢腰梁、圆钢管支撑等，是否可以套大型钢支撑定额？定额大型钢支撑子目，具体包含哪些类型的支撑内容？

答：A.1.2章说明第九条第2点“大型钢支撑定额适用于地下连续墙、混凝土板桩、拉森钢板桩等支撑宽度大于8m的深基坑支护钢支撑。”大型钢支撑定额指的是横向支撑（含钢围檩），不包括竖向支撑及钢腰梁。

7. A.1.20工程量计算规则第一条第2点“梁与梁、梁与墙、梁与柱交接时，净空长度以‘m’计算，不扣减接合处的模板面积。”是否理解为柱、梁、墙等接合处均不扣除模板工程量？

答：A.1.20 工程量计算规则第一条第 1 点"现浇混凝土建筑物模板工程量，除另有规定外，均按混凝土与模板的接触面积以'm^2'计算，不扣除后浇带面积。"第 2 点"梁与梁、梁与墙、梁与柱交接时，净空长度以'm'计算，不扣减接合处的模板面积。"柱与墙构件交接处的模板应扣除。

8. 根据广东省住房和城乡建设厅发布的《关于调整广东省建设工程计价依据增值税税率的通知》（粤建标函〔2019〕819 号）有关采用简易计税方法计税的，税率为 3%，现市场上有两种理解：一种理解为税率 3%的基础上再加 12%的附加税（城市维护建设税、教育费附加、地方教育附加），即得出综合税率为 3.36%；另一种理解为 3%的税率已考虑附加税的内容，即综合税率为 3%，请问哪一种理解正确？

答：依据定额总说明第十条"关于管理费"第（9）点"税金：企业按规定缴纳的房产税、非生产性车船使用税、土地使用税、印花税、消费税、资源税、环境保护税、城市维护建设税、教育费附加、地方教育附加等各项税费。"的规定，城市维护建设税、教育费附加、地方教育附加已含在管理费中，工程采用简易计税方法计税的，税率按 3%计算。

但执行《广东省建筑与装饰工程综合定额（2010）》的，采用简易计税法的，由于管理费内容未考虑附加税费，其税额应依据《关于明确执行〈关于营业税改征增值税后调整广东省建设工程计价依据的通知〉有关事项的通知》（粤建造〔2016〕234 号）规定，以增值税征收率（简易计税）×(1＋附加税费率）计算。采用一般计税法的，管理费内容已经考虑附加税费并作相应调整，其税额应依据《广东省住房和城乡建设厅关于营业税改征增值税后调整广东省建设工程计价依据的通知》（粤建市函〔2016〕1113 号）规定计算。

二、《广东省建筑与装饰工程综合定额（2010）》适用问题

9. 屋面楼梯间其中两面外墙在外墙轴线上，另外两面外墙在屋面上，楼梯间的综合脚手架工程量是把楼梯间四面墙均并入主体综合脚手架工程量内吗？其步距和计算高度是从室外地坪到女儿墙的顶面吗？

答：依据 A.22 工程量计算规则 22.1.1"屋顶上的楼梯间、水池、电梯机房等的脚手架工程量应并入主体工程量内计算"规定，楼梯间四面墙的脚手架均应并入主体工程量内，其高度和步距按 22.1.1 款中不同情况的规定计算。

10. 钢板桩子目未包括钢板桩的制作、除锈、刷油漆，此制作是否是指钢板桩的租赁费？是否需要另行计算租赁费？

答：钢板桩子目已考虑材料的摊销费用，该子目可根据《关于印发 2010 年〈广东省建筑与装饰工程综合定额〉勘误（三）的通知》（粤建标函〔2018〕163 号）进行勘误，不应另外计取制作费和租赁费。

11. 幕墙为平面铝板钢骨架幕墙，设计要求后置埋件与建筑结构采用化学螺栓进行固定。套用定额 A13-14 平面铝板幕墙钢骨架和 A4-214 化学螺栓，其中 A13-14 子目的膨胀螺栓与 A4-214 子目的化学螺栓是否重复？如果重复，则人材机应如何换算？

答：应扣除 A13-14 平面铝板幕墙钢骨架定额子目中的"膨胀螺栓 M10×110"的材料费，其余不作调整。

12. A.10 墙柱面工程章说明中，墙面垂直高度超过 20m 时，外墙抹灰厚度需套"抹灰砂浆调整"相应子目，那么外墙面装饰线及飘窗是否应计算抹灰厚度调整？

答：计算抹灰增加厚度的外墙面应为垂直方向及水平方向具有连续性的同一施工墙面，不扣除墙面装饰线的面积，飘窗下方的外墙垂直面高度超过 20m 时，可计算抹灰增加厚度。

13. 外墙拆除对拉螺栓后，要封堵对拉螺栓孔洞，此项费用是否包含在模板子目里？

答：定额已综合考虑。

三、《广东省建设工程施工标准工期定额（2011）》适用问题

14. 工期定额“±0.00 以上现浇钢筋混凝土结构工程不包括室内装饰装修的，工期按单项工程乘以 0.6 系数计算。”若项目不包括室内装饰装修，在计算建筑用综合脚手架使用费时，地上工程工期是否需要执行 0.6 的系数？

答：室内装饰装修包括楼地面工程、顶棚工程、墙柱面工程、门窗工程、隔断工程、固定家私工程以及与室内装修工程有关的水电安装。若工程项目均不包含以上室内装饰装修工程，则地上工程工期按单项工程乘以 0.6 系数计算。

15. ±0.00 以上的现浇结构住宅工程是按楼层层数及建筑面积计算标准工期，3 层以下的建筑面积开项至 4500m^2 以外，若楼层是 3 层，建筑面积为 8000m^2，应对应哪个标准工期？

答：按定额编号 A1-614（建筑面积 4500m^2 以外）计算标准工期，即建筑面积超过 4500m^2 以外的均执行该定额。

广东省建设工程标准定额站

2020 年 8 月 27 日

关于广东省建设工程定额动态管理系统定额咨询问题的解答（第15期）

粤标定函〔2020〕220号

各有关单位：

现对广东省建设工程定额动态管理系统收集的有关市政工程、城市地下综合管廊工程、城市轨道交通工程、城市环境卫生作业专业的定额咨询问题做出以下解答，已经合同双方确认的工程造价成果文件不作调整。

一、《广东省市政工程综合定额（2018）》适用问题

1. 定额D1-3-17和D1-3-18夯击能量400t・m，“4击以下”和“每增一击”的子目，如果实际为2击应如何调整？强夯机具定额最大夯击能量为4000kN・m，若设计要求采用8000kN・m的夯击能量应如何调整？

答：点夯4击以下按4击计算；设计夯击能量超过定额规定的，属于定额缺项，在未有补充颁布前，由双方协商计价。

2. 大型全地埋式污水处理厂，施工过程中采用4台塔式起重机进行垂直运输吊装，请问塔式起重机的垂直运输费用应如何计取？

答：定额已综合考虑垂直运输的费用，无须按照具体垂直运输机械的设置方案另行计算。

3. 池盖支模超高费用应套用什么定额子目？

答：池盖支模高度超过3.6m时可借用《广东省房屋建筑与装饰工程综合定额（2018）》地下室楼板模板子目。

4. D.4.2管件、阀门及附件安装章说明第十条“管件、阀门拆除，按相应安装子目的人工费、机具费计算”，那么水表是否属于该说明中的管件？拆除小口径水表闸阀、管道塞头、拆除管道等项目应如何套价？是否借用2012年修缮定额？

答：水表不属于管件。拆除工程需区分保护性拆除与破坏性拆除两种方式；若采用保护性拆除应参照相应的连接方式的管件规格，按相应安装子目的人工费、机具费计算；破坏性拆除施工一般只涉及切割管道及运输费用，可按现场签证计价。

5. 本定额的定型井定额子目是否包含06MS201图集里的所有内容？如：定额D5-3-5砖砌盖板式 适用管径600～800 井径1250子目。

答：本定额各类定型井是按《市政排水管道工程及附属设施》06MS201标准图集编制的，定型井定额子目已综合考虑钢筋混凝土盖板、井环盖安装及井筒砌筑、整座井的抹灰及基础、爬梯等图集中的所有工作内容。

6. D. 1. 3 软基处理、桩及支护工程中“一般水泥搅拌桩”的空桩应如何计价？

答：按工程量计算规则第十条第 2 点“一般水泥搅拌桩（单轴、双轴、三轴水泥搅拌桩）空搅部分按相应子目人工费及机具费乘以系数 0.5 计算，扣除材料费”。

7. D. 1. 2. 9 水平导向钻进定额子目工作内容是否包括预留孔注浆？

答：定额已综合考虑，不另行计算。

8. 基坑底面积大于 150m^2，采用钢板桩支护，深度超过 3m，应该按机械挖一般土石方计价还是按大型支撑基坑土方开挖计价？

答：如底面积大于 150m^2，采用钢板桩支护（且含有对撑时），机械在坑上作业深度超过 3m 的情况，可按章说明在支撑下挖土，相应子目乘以系数 1.2。

9. 计算管道沟槽回填工程量时，管径 DN500 以下管道所占体积是否应扣除？

答：管径 DN500 以下管道所占体积应扣除。

10. 管道沟槽回填工程量应如何计算？

答：若设计标高与原地面标高一致，管道沟槽回填工程量为挖沟槽土方×1.05－管体积－管基础及垫层体积－各种井及构件等所占体积。

二、《广东省市政工程综合定额（2010）》适用问题

11. 第一册《通用项目》工程量计算规则第三条“桩工程”第 4 款“管沟钢板桩支撑工程量计算，宽度在 4m 以内的按设计管道长度以‘m’计算；宽度在 4m 以外的按施工组织设计支撑质量以 t 计算”。定额计算规则中的“4m 宽度”是否包括围护结构自身的宽度？

答：按管沟的设计宽度计算，不包含围护结构自身宽度。

12. 定额 D. 5. 3. 12 沟渠闭水试验 D5-3-138 子目中标准砖的消耗量为 0.86 千块/100m^3，标准砖是否考虑周转？本定额子目是否适用管道永久封堵？

答：本定额计量单位 100m^3 是指沟渠闭水试验的空间体积，标准砖的消耗量为综合考虑的材料消耗，不考虑周转；此项子目不适用管道永久封堵。

三、《广东省城市地下综合管廊工程综合定额（2018）》适用问题

13. 地下连续墙成槽的渣土外运是否都按泥浆外运计价？

答：成槽所开挖出的渣土外运按地质勘查报告结合工程实际计取。

四、《广东省城市轨道交通工程综合定额（2018）》适用问题

14. 第一册 M. 2 防护、支护、围护工程，工程量计算规则第四条第（一）点“地下连续墙成槽土方量按连续墙设计长度、宽度和槽深＋0.5m（超深部分）以‘m^3’计算。混凝土浇筑量按连续墙设计长度、宽度和槽深，以‘m^3’计算。”这里的槽深是指导墙底还是导墙顶至槽底的距离？混凝土浇筑量是否考虑超灌量？

答：槽深是指从导墙底至槽底的高度；混凝土浇筑量不考虑超灌量。

15. 第五册 M. 3 铺道床，工程量计算规则第一条“道床混凝土工程量按设计图示断面乘以设计长度以‘m^3’计算”，其中道床混凝土计算时是否需要扣除混凝土轨枕所占用体积？

答：整体浇筑的道床轨枕按整体断面乘以设计长度以“m^3”计算；床枕分离的应扣除轨枕的体积。

五、《城市环境卫生作业综合定额（2013）》适用问题

16. 市内公园绿化地保洁是按全面积计算工程量，还是按需要清扫保洁面积的20%折算计算工程量?

答：根据环境卫生清扫保洁定额说明和工程量计算规则第（6）绿地和绿化分隔设施按需要清扫保洁面积的20%折算。

广东省建设工程标准定额站

2020年9月14日

关于广东省建设工程定额动态管理系统定额咨询问题的解答（第16期）

粤标定函〔2020〕221号

各有关单位：

现对广东省建设工程定额动态管理系统收集的有关安装工程专业的定额咨询问题做出以下解答，已经合同双方确认的工程造价成果文件不作调整。

一、共性问题

1. 有不同高度的塔楼商住综合楼，其高层增加费如何计算？

答：有不同高度的塔楼商住综合楼，除定额另有规定外，其高层增加费一般遵循以下原则计算：（1）高层建筑增加费的计算基础应包含六层或20m以下全部工程人工费为计算基础；（2）高层建筑增加费的计算基础不含地下室工程人工费；（3）同一建筑物有部分高度不同时，分别不同高度计算高层建筑增加费；（4）工程量按水电采暖等供应系统回路划分至相应塔楼的则列入该塔楼的高层建筑增加费计算基础，属于公共部分的（包括裙楼）工程量按最大高度计算；（5）为高层建筑供电的变电所和供水等动力工程，如装在高层建筑的底层或地下室的，均不计取高层建筑增加费。装在20m以上的变配电工程和动力工程则同样计取高层建筑增加费。

2. 电缆保护管章节中的“有混凝土包封”定额子目，其包封用的混凝土是否包括垫层的含量？若混凝土包封没有钢筋，能否调整相应人工费？包封的管材有两种不同管径时，如何套用定额？

答：不包括垫层的含量，应另行执行定额相应项目。若混凝土包封没有钢筋，人工费不作调整。包封的管材有两种不同管径时，管径大的执行相同规格的“一根”子目，管径小的执行相同规格的“每增加一根”相应子目。

3. 高压柜间的连接母线，能否再计算母线系统调试费用？

答：高压送配电系统调试试验中已经包含高压柜间连接母线的调试，不再计算高压柜间的连接母线调试费用。

4. 某工程在一、二、三层施工完成后投入使用，接下来施工四层以上属于边生产边施工吗？可以计取降效费吗？

答：定额是按正常施工方式方法考虑的，“安装与生产同时施工”也是按照通常情况下测定的费用标准计算降效费，在未竣工验收情况下使用整体或部分工程，且继续在其中施工的降效费用，应由发承包双方根据事件责任大小和各方承担比例协商确定计算方法。

5. 电井内通长敷设的接地母线工程量如何计算？如设计要求每三层桥架水平与接地

母线连通可靠接地，又该如何计算接地母线的工程量和套用定额子目？

答：电井内通长敷设的接地母线和与桥连通的水平接地母线工程量，按设计图示长度另加附加长度3.9%计算，套用接地母线敷设子目。但电缆桥架连接处的接地跨接线已含在电缆桥架安装定额内，不另计算。

6. 如何理解电缆进入建筑物预留和电缆进入沟内或吊架时引上引下预留？若电缆进出配电箱、柜时出现多个预留量的，可否重叠计算或仅选其一计算？

答：电缆从室外水平穿过建筑物自然基础（无地下室）进入室内时，可按“电缆进入建筑物”计算预留量，如电缆从室外水平穿过地下室剪力墙或桩基础梁进入室内的，则不能计算“电缆进入建筑物”的预留量。电缆垂直进出电缆沟（电缆直埋敷设和管内埋地敷设、电缆桥架内敷设除外），可按“电缆进入沟内或吊架时引上引下”计算预留量，但电缆在电缆沟内水平穿过建筑物的，不能按“电缆进入沟内或吊架时引上引下”计算预留量。若电缆进出配电箱、柜时出现多个预留量的，可按相应规则重叠计算。

7. 穿越人防区域预埋的单侧密闭防护套管、双侧密闭防护套管，如何套用定额子目？

答：单侧密闭防护套管、双侧密闭防护套管属于刚性密闭套管，按不同管径区分刚性、柔性，分别套用《工业管道安装工程》刚性防水套管和柔性防水套管制作、安装定额子目。

二、《广东省通用安装工程综合定额（2018）》适用问题

8. 阀门采用热熔连接时，定额应如何计价？

答：本定额未包含热熔连接阀门的相关子目，实际发生可由双方协商计价。

9. C.10.1给水排水、采暖、空调水、燃气管道安装章说明第三条第1点“管道安装定额中，均包括相应管道及管件安装、给水管道包括水压试验及水冲洗工作内容，排（雨）水管道包括灌水（闭水）及通球试验工作内容。”水冲洗的工作内容是否包括管道消毒？

答：给水管道安装定额工作内容的水冲洗是指管道安装完毕后的一般性冲洗，不包括管道消毒和消毒后的水冲洗，实际发生时，应另行执行消毒冲洗相应项目。排（雨）水管道不需要水冲洗，亦无须进行管道消毒。

10. 定额C1-5-13轴流风机安装和C1-6-12多级离心泵安装，其工作内容没有接地，多级离心泵和轴流风机的防雷接地，能否另行套用C.4.6电机检查接线及调试相应定额子目？

答：第一册《机械设备安装工程》的设备仅为本体安装，不包括本体接地和电源接线，发生时分别执行第四册《电气设备安装工程》C.4.6电机检查线及调试和C.4.9防雷及接地装置安装的相应项目。但本体调试已包含在定额内，不另计算。

三、《广东省安装工程综合定额（2010）》适用问题

11. 空调系统的集水器、分水器，请问是否套用给水排水章节的C.8.6小型容器制作安装（钢板水箱安装）？

答：本定额未包含空调系统的集水器、分水器定额子目，实际发生时根据项目实际可由双方协商计价。

12. C8-1-441人工打孔（洞）砖结构（洞口截面mm）300×300以上的定额子目对打洞面积是否有限制？

答：定额已综合考虑截面 300mm×300mm 以上的洞口。

13. 中央空调的冷凝器自动在线清洗装置应如何计价？

答：本定额未包含中央空调的冷凝器自动在线清洗装置的相关子目，实际发生时可由双方协商计价。

14. 生活用水检测费及永久排污检测费是否属于专项检测费？是否应由建设单位支付？

答：生活用水检测费及永久排污检测费为专项检测内容，应列入工程建设其他费的研究试验费，由建设单位承担。

15. 电缆敷设驰度、波形弯度、交叉附加长度的计算基础是否包括预留长度？

答：电缆敷设驰度、波形弯度、交叉附加长度的计算是以设计图示水平和垂直长度加全部预留量为计算基础。

广东省建设工程标准定额站
2020 年 9 月 15 日

关于广东省建设工程定额动态管理系统定额咨询问题的解答（第 17 期）

粤标定函〔2020〕232 号

各有关单位：

现对广东省建设工程定额动态管理系统收集的有关建筑与装饰工程专业的定额咨询问题做出以下解答，已经合同双方确认的工程造价成果文件不作调整。

一、《广东省房屋建筑与装饰工程综合定额（2018）》适用问题

1. 预算包干费中的工程成品保护费包括什么内容？与定额成品保护工程章节的内容有何区别？

答：预算包干费中的工程成品保护费是指对已完成施工但未验收的工程进行保护发生的费用。成品保护工程章节适用于在既有建筑内，施工过程中对原有装饰装修面进行保护所发生的费用计算。

2. 深层搅拌桩当实际空搅部分小于 0.5m 时，工程量应如何计算？

答：深层搅拌桩当实际空搅部分小于 0.5m 时，不计算空桩工程量。

3. 深层搅拌桩实际发生凿桩头时，凿桩头工程量应如何计算？

答：深层搅拌桩实际发生凿桩头时，按实际凿除量以“m^3”计算，执行桩基础工程凿桩头子目再乘以 0.65 计算。

4. 墙面镶贴陶瓷砖面层，如实际采用 10mm 厚粘结砂浆时，套用定额 A1-13-153 子目是否可以调整粘结层砂浆？

答：依据 A.1.12 楼地面工程章说明第三点“如设计抹灰厚度与定额不同时，除定额有注明厚度的子目可以换算外，其他不作调整。”定额 A1-13-153 子目已综合考虑粘结层砂浆厚度，不另行调整。

5. 楼地面混凝土找平层中内置钢丝网应如何计价？

答：定额未考虑楼地面混凝土找平层中内置钢丝网定额子目，实际发生时可根据项目要求协商计价。

6. 雨水的排除包含在绿色施工安全防护措施费中还是预算包干费中？

答：预算包干费包含施工现场雨（污）水的排除。

7. A.1.19 拆除工程说明第八条“装饰抹灰层与块料面层铲除不包括找平层，如需铲除找平层，每 m^2 增加人工费 2 元。”其中铲除找平层厚度是如何考虑的？厚度不同时是否可以调整？

答：定额已综合考虑铲除找平层的厚度，不作调整。

8. 定额总说明第十一条第1点“在生产车间边生产边施工的工程，按该项工程的人工费增加10.00%作为工效降效费。”该规定是否区分分部分项工程和措施项目工程？

答：不区分，均可计算该工效降效费。

9. 钢板桩除锈刷防锈漆费用可以另行计算吗？

答：钢板桩除锈刷防锈漆费用已经考虑在钢板桩的主材价内，不另行计算。

10. A.1.19拆除工程工程量计算规则第六条“龙骨及饰面拆除工程量，按拆除部位的平面尺寸以‘m^2’计算”，其中“拆除部位的平面尺寸”是指拆除部分的水平投影面积还是拆除部位的展开面积？是否需要扣掉天花板中大于$0.3m^2$的灯槽面积？

答：拆除部位的平面尺寸是指实际拆除的水平投影面积，不扣除天花板中大于$0.3m^2$的灯槽面积。

11. 定额A1-10-113～A1-10-128子目中“平面卷材防水按规范考虑附加层、加强层（桩、承台等处）。”定额考虑的附加层、加强层宽度是多少？若设计要求附加层卷材宽度与规范不同时，是否可以换算？

答：定额已综合考虑规范要求的附加层、加强层宽度，不作换算。

12. 土石方运输车辆定额使用的是自卸汽车运土石方，若使用全密闭式智能泥头车运土石方，应如何换算？

答：土石方外运使用全密闭式智能泥头车的，属于定额缺项，发承包双方可结合项目所在地有关规定，协商计价。

13. 满堂基础脚手架与满堂脚手架有什么区别？

答：满堂基础脚手架是指满足定额A.1.21脚手架章说明第三条第13点“整体满堂红钢筋混凝土基础、条形基础，凡其宽度超过3m以上且深度指垫层顶至基础顶面在1.5m以上时，增加的工作平台按基础底板面积计算满堂基础脚手架。”的规定，考虑其浇捣混凝土时人和混凝土振捣设备无法到达而搭设的工作平台。满堂脚手架是指楼层高度超3.6m时天棚装饰施工时需要搭设的脚手架。

14. A.1.14天棚工程章说明第十三条“轻钢龙骨和铝合金龙骨不上人型吊杆长度为0.6m，上人型吊杆长度为1.4m。”若超出这个范围是否可以换算？如何换算？

答：A.1.14天棚工程章说明“本章龙骨的种类、间距、规格和基层、面层材料的型号、规格是按常用材料的常规做法考虑的，如设计要求不同时，材料种类及用量可以调整，其他不变。”超出定额规定的范围，可按设计长度进行相应换算。

二、《广东省建筑与装饰工程综合定额（2010）》适用问题

15. A.21模板工程中“支模高度指楼层高度”，楼层高度是指楼层净高还是层高？

答：楼层高度是指层高。

16. 外购土方工程量应如何计算？

答：外购土方工程量应按购土时的土源状态和定额规定的换算系数计算。

广东省建设工程标准定额站

2020年10月9日

关于广东省建设工程定额动态管理系统定额咨询问题的解答（第18期）

粤标定函〔2020〕252号

各有关单位：

现对广东省建设工程定额动态管理系统收集的有关市政工程和城市轨道交通工程专业的定额咨询问题做出以下解答，已经合同双方确认的工程造价成果文件不作调整。

一、《广东省市政工程综合定额（2018）》适用问题

1. 定额D1-3-208陆上打拔拉森钢板桩子目是如何考虑拉伸钢板桩型号的？实际使用型号不同是否可以调整？

答：打拔拉森钢板桩定额子目已综合考虑各种桩型，消耗量不作调整。

2. 定额“大型支撑基坑土方”区分深3.5m以内、深7m以内、深11m以内、深15m以内，套用定额子目时是否需要按不同深度分段计取？还是按坑底至坑顶的深度执行相应定额？

答：定额子目的深度是指坑底至坑顶的深度，不得分段计取。

3. 定额D.1.1土石方工程章说明第三条第11点“大型支撑基坑土方开挖定额子目适用于地下连续墙、混凝土板桩、钢板桩等做围护跨度大于7m的深基坑开挖。定额中已包含人工辅助开挖、坑内排水及挖湿土。若需采用井点降水或支撑安拆需打拔中心稳定桩等，其费用另行计算。”若采用井点降水时是否需要扣减原定额中的抽水台班数？

答：不扣减原定额中的抽水台班数，井点降水费用另行计算。

4. 现浇排水箱涵工程已计算箱涵顶板模板的费用，是否还需考虑桥涵支架费用？

答：D5-6-67渠箱顶板模板子目已含相应支撑费用，无须再计算桥涵支架费用。

5. 定额中检查井、污水井、阀门井、雨水井等管道附属构筑物制作安装，是否包含防坠网？若不包含应如何计价？

答：定额中检查井、污水井、阀门井、雨水井等管道附属构筑物制作安装未包含防坠网。若设计有要求的，可计算防坠网材料价格，但定额不作调整。

6. 定额D.1.3.1软基处理工程真空预压是否可以另行计算施工密封沟？

答：真空预压定额子目已综合考虑施工密封沟的工作内容。

7. 绿色施工安全防护措施费不含吊装设备基础，吊装设备基础按相关定额子目计算，塔式起重机基础费用如何计取？

答：吊装设备基础属于按子目计算的绿色施工安全防护措施费，应根据施工图纸、方案及经审批的施工组织设计等资料，按相关定额子目计算。

8. 定额 D1-3-211 打拔拉森钢板桩子目是否包含拔除后细砂灌缝工序？若不包含应如何计价？

答：定额已综合考虑，不另行计算。

二、《广东省市政工程综合定额（2010）》适用问题

9. 第一册《通用工程》册说明工程量计算规则第一条（一）第 4 点“挖管道沟槽的长度按图示中心线计算……”是否包括检查井所占的长度？管道沟槽土方的计算长度是否需要扣除检查井所占的长度？

答：管道沟槽开挖的长度按设计图示中心线计算，包括检查井所占的长度。管道沟槽土方的计算长度按设计图示中心线计算，不应扣除检查井所占的长度。

10. 定额 D1-1-113 挖土机挖松散石方，是否适用于强风化泥岩？

答：不适用。应依据工程地勘资料并参照土壤及岩石（普氏）分类表选择适用定额。

11. 定额地下连续墙 D. 7. 3. 2 挖土成槽子目工作内容为“1. 机具就位。2. 安放跑板导轨。3. 制浆、输送、循环分离泥浆。4. 钻孔、挖土成槽、护壁整修测量。5. 场内运输、堆土。”未包含地下连续墙挖土成槽配套的泥浆池建造拆除内容，泥浆池建造及拆除实际发生时是否可以另行计价？

答：定额 D7. 3. 2 挖土成槽子目工作内容已包括泥浆制作输送及循环分离，机具费中已考虑泥浆制作循环设备的台班费用，无须另计泥浆池建造及拆除费用。

三、《广东省城市轨道交通工程综合定额（2018）》适用问题

12. 对拉螺栓堵眼增加的费用是否可以按一般抹灰计算，再替换主材为防水砂浆？

答：定额已综合考虑，不另计封堵费用。

13. 定额 M1-3-52 袖阀管制安子目，成孔及其套管护壁的费用是否包含在该子目内？若不包含应如何计价？

答：M1-3-52 子目仅为袖阀管制作、放置费用，不含注浆孔成孔费用。袖阀管成孔费用可借用 M1-3-50 压密注浆钻孔子目。

广东省建设工程标准定额站
2020 年 11 月 2 日

关于广东省建设工程定额动态管理系统定额咨询问题的解答（第19期）

粤标定函〔2020〕281号

各有关单位：

现对广东省建设工程定额动态管理系统收集的有关建筑与装饰工程和园林绿化工程专业的定额咨询问题做出以下解答，已经合同双方确认的工程造价成果文件不作调整。

一、《广东省房屋建筑与装饰工程综合定额（2018）》适用问题

1. 定额预算包干费中“完工清场后的垃圾外运”是否包含定额A.1.19拆除工程所产生的废料？

答：不包含。A.1.19拆除工程产生的废料外运费用应单独计算。

2. 定额A1-13-327幕墙防火隔断子目是否属于玻璃幕墙层间的防火封堵？

答：幕墙防火隔断子目是指幕墙层间的镀锌板防火封堵。

3. 玻璃幕墙层间做双层防火封堵是否应套用两个防火隔断的定额子目？

答：幕墙防火隔断的工程量按其设计图示镀锌板的展开面积以“m^2”计算，如设计要求与定额不同时，材料可换算，其他不变。

4. 双向深层水泥搅拌桩是否可以套用深层搅拌水泥桩子目？

答：深层搅拌水泥桩子目不适用于双向搅拌桩，可借用《广东省市政工程综合定额（2018）》D1-3-51～D1-3-52双向水泥搅拌桩子目（详见《关于印发广东省建设工程定额动态调整的通知（第一期）》粤标定函〔2020〕188号）。

5. 定额A1-15-143真石漆子目中，刷底漆、真石漆、罩面漆分别为几遍？

答：定额子目消耗量已综合考虑满足施工技术规范要求的底漆、真石漆、罩面漆。

6. 定额A1-7-128～131支承钢胎架子目，工作内容中包括的运输，具体包括哪些内容？若胎架为租赁，是否包括场外运输？

答：工作内容中的运输是指拆卸后运输到回收仓储或下一个施工地点的运输，包括场内场外的运输。定额子目按摊销综合考虑，均不作调整。

二、《广东省建筑与装饰工程综合定额（2010）》适用问题

7. 在地基承载力无法满足桩基施工机械行走的要求时，需要进行换填而产生的费用是否可以单独计取？

答：可以单独计取。

8. A1-18挖土机挖土定额子目工作内容“1. 挖土机挖土：挖土、将土堆放一边、清理机下余土、工作面内排水、修理边坡。”应如何理解？是否包含施工过程中降雨雨水的排放？

答：定额子目工作内容中的“工作面内排水”是指把积水排出工作面范围之外，不包括排出工作面后的后续排水费用。

三、《广东省园林绿化工程综合定额（2010）》适用问题

9. 定额 E2-136～137 公共绿化种植其他地被子目与定额 E2-94～103 公共绿化单一品种成片种植木本花卉和草本花卉的区别是什么？

答：根据《风景园林基本术语标准》CJJ/T 91—2017，地被植物包括贴近地面或匍匐地面生长的草本和木本植物，一般不耐践踏。狭义的地被植物指株高 50cm 以下、植株的匍匐干茎接触地面后，可以生根并且继续生长、覆盖地面的植物。广义的地被植物泛指株形低矮、枝叶茂盛，并能较密地覆盖地面，可保持水土、防止扬尘、改善气候，并具有一定的观赏价值的植物。

露地花卉：凡是整个生长发育周期在露地进行，或主要生长发育期在露地进行的花卉，称为露地花卉。定额所指的露地花卉为广义的花卉，包括观花或观叶色灌木或草本植物，定额中划分为木本花卉、草本花卉和球根块根花卉。

10. 草本花卉与木本花卉的划分依据以什么为标准？

答：根据苗木品种属于草本植物或属于木本植物来划分。草本植物本茎内木质部不发达，木质化细胞较少的植物，植株一般较小，茎干一般柔软，多数在生长季终结时，其整体或地面上部死亡。木本植物茎内木质部发达，木质化细胞较多的植物，植株茎干一般坚硬而直立，寿命较长，能逐年生长。

广东省建设工程标准定额站
2020 年 11 月 23 日

关于广东省建设工程定额动态管理系统定额咨询问题的解答（第20期）

粤标定函〔2020〕287号

各有关单位：

现对广东省建设工程定额动态管理系统收集的有关安装工程专业的定额咨询问题做出以下解答，已经合同双方确认的工程造价成果文件不作调整。

一、《广东省通用安装工程综合定额（2018）》适用问题

1. 第九册《消防工程》，消防系统调试的内容包含哪些？应如何计算消火栓灭火系统调试？

答：C.9.5消防系统调试章说明第四条“系统调试是指消防报警和防火控制装置灭火系统安装完毕且联通，并达到国家有关消防施工验收规范、标准所进行的全系统的检测、调整和试验”。依据C.9.5消防系统调试的工程量计算规则第二条“消火栓系统调试按消火栓启泵按钮数量以‘点’计算。”应根据设计图纸进行计量的总点数，执行水灭火控制装置调试相应项目。

2. 第四册《电气设备安装工程》C.4.12照明器具安装章节，路灯安装定额是否包括从杆座接线盒到灯具的灯杆内接线费用？

答：路灯的灯架安装项目已包括接线，其灯杆内导线按厂家已配有考虑。如另行配用的，则另计材料价格，其他不作调整。

3. 路灯杆座接线盒安装能否另外计算？

答：路灯杆座安装项目已包含灯座箱安装费用，灯座箱为未计价材料。如采用接线盒而不用灯座箱的，可用接线盒替换灯座箱主材，其他不作调整。

4. 给水排水管道的套管制作安装定额工作内容是否包含套管外的封堵工作？若套管需要重新钻孔，套管外的封堵费用应如何计算？

答：给水排水管道的套管制作安装项目工作内容不包括套管外的封堵，套管外的封堵属于预算包干费内容，不得单独计算。给水排水管道的套管制作安装定额按配合建筑工程施工考虑。若实际施工未配合建筑工程施工，非承包人原因造成在建筑工程完成后再实施的套管制作安装，需重新钻孔安装，应执行第四册《电气设备安装工程》C.4.13附属工程的相应项目。

5. 单臂挑灯架定额只有抱箍式和顶套式，如果是灯杆和灯泡一起购买的成套路灯，能否套用成套型双臂悬挑灯架的定额？若不能，应套用哪个定额子目？

答：成套路灯，应根据设计图纸，分别执行成套型灯架、金属立杆等相应项目。

6. 定额 C10-1-12～22 室内镀锌钢管子目中管件材料单价应如何计取？

答：管道安装定额中的管件消耗量是按综合考虑的，管件材料单价应按定额附录中相应管道安装的管件含量以工程所在地的价格计算。

7. 污水处理仪表设备，在线 COD 测定仪应套用 C6-5-19 水质分析 COD 定额子目，还是套用 C6-5-5 电化学式分析仪沉入式 pH 分析仪？

答：在线 COD 测定仪安装执行第六册《自动化控制仪表安装工程》中 C. 6. 5. 1 过程分析仪表的水质分析 COD 相应项目。

8. 室外道路中的电力及通信塑料管以排管方式（$n \times m$）进行敷设，如何套用定额？

答：室外道路中的埋地电力塑料管以排管方式（$n \times m$）进行敷设，若有混凝土包封的，按规格最大的其中一根管套用“一根”定额子目，其他按不同规格分别套用“每增加一根”相应定额子目；若是直接埋地敷设的，则按不同规格以延长米计算，套用相应规格的定额子目。室外道路中的埋地通信排管方式（$n \times m$）进行敷设，按不同孔数和管孔排列形式以整体长度套用相应定额子目。

二、《广东省安装工程综合定额（2010）》适用问题

9. 第二册《电气设备安装工程》送配电装置调试和事故照明切换装置调试如何计算系统调试工程量？送配电装置调试和备用电源调试同时计算时是否重复？

答：（1）根据工程量计算规则①“低压配电柜应按出线数（即回路数）计算工程量（包括一个照明回路）。若低压配电柜的出线直接与电动机相连，则应计算电动机的调试，而不再计算送配电装置的系统调试。”②“备用回路一般情况下自调，所以不计算系统调试费。若因建设单位原因要求系统调试且具有调试报告时，可计算系统调试费。”

（2）事故照明切换装置是指能构成交直流互相切换的一套装置，每一套按一个调试系统计算。蓄电池组及直流系统，包括蓄电池组、直流盘、直流回路及控制信号回路（包括闪光信号及绝缘监视），每组蓄电池为一个系统。

（3）送配电装置调试和备用电源调试是完全不同的两个系统，应分别计算调试费用。

10. 电缆桥架穿过楼板的防火堵洞如何计算工程量？能否套用定额 C2-8-128 电缆隧道防火涂料、堵洞子目？

答：电缆桥架穿过楼板的防火堵洞，设计有规定的按设计图示数量计算，设计无规定时可按穿过楼层洞口数量以处计算。C2-8-128 定额子目不适用电缆桥架穿过楼板的防火堵洞，若实际发生时，可由双方协商计价。

11. C. 8. 1 管道安装章说明“8. 1. 3. 3 室内 DN32 以内钢管包括管卡及托钩制作安装”，定额 C8-1-194～C8-1-203 室内钢塑给水管子目的衬塑管是否包括吊顶管道的管卡及托钩制作安装？

答：不包括。若实际发生时可执行管道支架制作安装相应项目。

广东省建设工程标准定额站
2020 年 11 月 26 日

第三部分

定额动态管理勘误

关于印发《广东省建设工程计价依据（2018）》勘误（一）的通知

（粤标定函〔2019〕163号）

各有关单位：

现将《广东省建设工程计价依据（2018）》中《广东省房屋建筑与装饰工程综合定额（2018）》《广东省市政工程综合定额（2018）》《广东省通用安装工程综合定额（2018）》《广东省园林绿化工程综合定额（2018）》《广东省城市地下综合管廊工程综合定额（2018）》《广东省城市轨道交通工程综合定额（2018）》的勘误（一）印发给你们。此次勘误与前述六套定额配套使用。各单位在执行中遇到的问题，请及时反映至广东省建设工程标准定额站。

附件：《广东省建设工程计价依据（2018）》勘误（一）

广东省建设工程标准定额站

2019年7月22日

附件：

《广东省建设工程计价依据（2018）》勘误（一）

一、《广东省房屋建筑与装饰工程综合定额（2018）》勘误表

页码	部位或子目编号	误	正
12	章说明	二、4“本章未包括现场障碍物清除、地下水位以下施工的排(降)水、地表水排除及边坡支护，发生时应另行计算” 二、5“……运距超过50km的按相关管理部门的规定计算” 三、5“推土推土、铲运机铲土的平均土层厚度小于30cm时”	二、4“本章未包括现场障碍物清除、地下水位以下施工的排(降)水、边坡支护，发生时应另行计算。” 二、5“……运距超过50km的按相关管理部门的规定计算，运输之外的消纳费用等其他费用未包含在定额中。” 三、5“推土机推土、铲运机铲土的平均土层厚度小于30cm时”
15	工程量计算规则	一、(一)《土石方体积换算系数表》 块　石 1　1.75　1.43　1.67(码方) 砂夹石 1　1.07　0.94　—	一、(一)《土石方体积换算系数表》 块　石 1.75　1.43　1　1.67(码方) 砂夹石 1.07　0.94　1　—
64	章说明	四、2“深层搅拌水泥桩的水泥掺入量按加固土重(1800kg/m³)的13%考虑，如设计不同时按实调整。” 五、3“如有发生导墙修筑时，导墙的土方开挖可套用土石方中的沟槽开挖定额子目”	四、2“深层搅拌水泥桩定额水泥损耗率按4%考虑，如设计水泥投放量与定额用量不同，根据设计要求进行调整。” 五、3“如有发生导墙修筑时，导墙土方开挖可套用土石方中的沟槽开挖定额子目。”
84	A1-2-44	80210635　预拌混凝土 单位　m³	80210180　预拌混凝土 单位　m³
90	A1-2-64		删除(与A1-5-100重复)
212	章说明	四、37“地坪子目，不包括平整场地、室内填土、夯实与运工作内容，……”	四、37“地坪子目，不包括平整场地、室内填土、夯实与外运工作内容，……”
216	工程量计算规则	(三)“二次灌、垫层、地坪的工程量，分别按以下规定计算：”	(三)“二次灌浆、垫层、地坪的工程量，分别按以下规定计算：”
231	A1-5-45	基　价(元)　2807.54 机具费(元)　676.13 管理费(元)　579.02	基　价(元)　2807.10 机具费(元)　675.79 管理费(元)　578.92
		990315010 少先吊 提升质量1t 单价 260.65　消耗量 2.390	990304004 汽车式起重机 提升质量8t 单价 919.66　消耗量 0.677
253	A1-5-104	基　价(元)　4307.59 材料费(元)　3725.90	基　价(元)　4484.79 材料费(元)　3903.10
		01010040 螺纹钢筋 Φ25以内 单价 3547.15	01010130 螺纹钢筋 Φ25以外 单价 3720.03
264	A1-5-135	基　价(元)　277.00 人工费(元)　67.14 管理费(元)　23.43	基　价(元)　282.19 人工费(元)　71.17 管理费(元)　24.59
		00010010 人工费 消耗量 67.14	00010010 人工费 消耗量 71.17

续表

页码	部位或子目编号	误	正
265	A1-5-139	基　价(元)　279.40 人工费(元)　75.77 管理费(元)　25.91	基　价(元)　284.28 人工费(元)　79.56 管理费(元)　27.00
		00010010 人工费 消耗量 75.77	00010010 人工费 消耗量 79.56
275	章说明	二、"本章垂直运输费不单独计算，含在措施项目中的垂直运输费内，考虑到预制混凝土构件构件吊装的因素，垂直运输相关定额子目内的吊装机具费应乘以系数 1.20。"	二、"本章垂直运输费不单独计算，含在措施项目中的垂直运输费内，考虑到预制混凝土构件吊装的因素，垂直运输相关定额子目内的塔式起重机、卷扬机机具费应乘以系数 1.20。"
277	章说明	九、"预制护栏安装……材料(除预制栏杆外)乘以系数 1.10"	九、"预制护栏安装……材料乘以系数 1.10"
279	工程量计算规则	四、1"承重隔墙安装工程量……。"	四、1"非承重隔墙安装工程量……。"
280		八、3"花架、葡萄架按设计图示尺寸以'm³'计算" 八、6"护栏按按设计图示尺寸以'm'计算，不扣减立柱所占长度" 八、7"栏无机高分子……"	八、3"花架、葡萄架按设计图示结构尺寸以'm³'计算" 八、6"护栏按按设计图示尺寸以'm'计算，不扣减立柱所占长度" 八、7"无机高分子……"
281	A1-6-1	04290200　混凝土构件 小型　单位　m³	04290205　混凝土柱构件　单位　m³
285	A1-6-11	04290480 混凝土夹心保温外墙板构件 消耗量【0.050】	04290480 混凝土夹心保温外墙板构件 消耗量【10.050】
314	A1-6-104	33310430　材料单位"个"	33310430　材料单位"m"
314	A1-6-105	33310440　材料单位"个"	33310440　材料单位"m"
325	章说明	二、5"定额不包括焊缝无损探伤(如:X光透视、超声波探伤、磁粉探伤、着色探伤等)" 二、8"钢檩条、柱间支撑、屋面支撑、系杆、撑杆、隅撑、墙梁、钢天窗架等安装套用相应安装定额，钢走道安装套用钢平台安装定额"	二、5"定额金属结构制作安装子目工作内容不包括焊缝无损探伤(如:X光透视、超声波探伤、磁粉探伤等)" 二、8"钢檩条、钢支撑、钢墙架、钢天窗架等安装套用相应安装定额，钢走道安装套用钢平台项目"
326		二、18"……套用拼装定额子目，"	二、18"……套用拼装定额子目。"
327	章说明	三、5"屋面板项目中，压型钢板是指屋面板材料非铝镁锰合金直立锁边板以外普通型钢板，压型钢底板是指屋面系统内保温层下面的一层钢底板。"	三、5"屋面板项目中彩钢夹心板、采光板、压型钢板子目适用于建筑高度大于 27m 住宅和建筑高度大于 24m 的厂库房及公共场馆建筑(包括体育场馆、车站码头、城市绿道、桥梁上盖)、高层建筑及超高层建筑范围内屋盖系统。其压型钢板是指屋面板材料非铝镁锰合金直立锁边板以外普通型钢板，压型钢底板是指屋面系统内保温层下面的一层钢底板。"
345	A1-7-34	33010088　钢梁 单位 t 消耗量【1.000】	删除该材料
362	A1-7-76	33010640　钢檩条 C 型 Z 型檩条	33010540　钢墙架
365	A1-7-84	33010660 钢煤斗、钢漏斗、钢烟囱(成品)	01630160　铸钢件

续表

页码	部位或子目编号	误	正
368	A1-7-90	基　价(元)　14290.62 材料费(元)　11673.51	基　价(元)　5951.12 材料费(元)　3334.01
		02050260　密封胶圈　个　单价 13.33 元	03016431　防水胶垫圈　个　单价 0.50 元
368	A1-7-91	基　价(元)　14290.62 材料费(元)　11673.51	基　价(元)　5951.12 材料费(元)　3334.01
		02050260　密封胶圈　个　单价 13.33 元	03016431　防水胶垫圈　个　单价 0.50 元
371	A1-7-98	基　价(元)　27457.41 材料费(元)　24403.66	基　价(元)　19117.91 材料费(元)　16064.16
		02050260　密封胶圈　个　单价 13.33 元	03016431　防水胶垫圈　个　单价 0.50 元
371	A1-7-99	基　价(元)　27457.41 材料费(元)　24403.66	基　价(元)　19117.91 材料费(元)　16064.16
		02050260　密封胶圈　个　单价 13.33 元	03016431　防水胶垫圈　个　单价 0.50 元
432	章说明	七、5"……附表 3 门窗小五金价格表列出了各种小五金的含量,供价格换算时使用。"	七、5"……附表 3 门窗小五金价格表列出了各种小五金的含量,供价格换算时使用。成品门窗小五金设计不同时,按设计说明调整,损耗率按 1%。"
437	A1-9-10	基　价(元)　4993.54 材料费(元)　2363.18	基　价(元)　4743.14 材料费(元)　2112.78
		06010001 平板玻璃 3 消耗量 15.650	删除该材料
454	A1-9-71	基　价(元)　162051.54 人工费(元)　131540.28 管理费(元)　19283.81	基　价(元)　101442.86 人工费(元)　78680.80 管理费(元)　11534.61
		00010010 人工费　消耗量 131540.28	00010010 人工费　消耗量 78680.80
454	A1-9-72	基　价(元)　108277.24 人工费(元)　87190.38 管理费(元)　12782.11	基　价(元)　68103.61 人工费(元)　52153.20 管理费(元)　7645.66
		00010010 人工费　消耗量 87190.38	00010010 人工费　消耗量 52153.20
454	A1-9-73	基　价(元)　90864.11 人工费(元)　72003.63 管理费(元)　10555.73	基　价(元)　57688.12 人工费(元)　43069.40 管理费(元)　6313.97
		00010010 人工费 消耗量 72003.63	00010010 人工费 消耗量 43069.40
454	A1-9-74	基　价(元)　126755.18 人工费(元)　101935.77 管理费(元)　14943.78	基　价(元)　79787.27 人工费(元)　60973.00 管理费(元)　8938.64
		00010010 人工费 消耗量 101935.77	00010010 人工费 消耗量 60973.00
455	A1-9-75	基　价(元)　116721.78 人工费(元)　92361.36 管理费(元)　13540.18	基　价(元)　74165.76 人工费(元)　55246.40 管理费(元)　8099.12
		00010010 人工费 消耗量 92361.36	00010010 人工费 消耗量 55246.40
457	A1-9-80	基　价(元)　1341.58 材料费(元)　388.57	基　价(元)　6381.58 材料费(元)　5428.57
		11010230 成品木门框 消耗量 1.000	11010230 成品木门框 消耗量 106.000

续表

页码	部位或子目编号	误	正
458	A1-9-83	基　价(元)　54599.29 材料费(元)　51130.00	基　价(元)　31649.29 材料费(元)　28180.00
		03033053 不锈钢排铰 消耗量 300.000	03033053 不锈钢排铰 消耗量 30.000
518～521	附表 3	门窗小五金价格表	详见附件 1
525	章说明	二、9"……板材可以换算、檩条用量可以调整,其他不变。"	二、9"……板材可以换算、檩条用量可以调整,其他不变,A1-10-43～A1-10-44 适用于建筑高度小于 27m 的住宅和建筑高度小于 24m 的非单层厂房。"
557	A1-10-70	基　价(元)　3136.02 人工费(元)　626.74 管理费(元)　90.63	基　价(元)　2840.63 人工费(元)　368.67 管理费(元)　53.31
		00010010 人工费 消耗量 626.74	00010010 人工费 消耗量 368.67
557	A1-10-71	基　价(元)　417.30 人工费(元)　156.74 管理费(元)　22.66	基　价(元)　273.78 人工费(元)　31.35 管理费(元)　4.53
		00010010 人工费　消耗量 156.74	00010010 人工费　消耗量 31.35
558	A1-10-72 A1-10-73	13050540　喷涂速凝橡胶防水涂料	13050540　速凝橡胶防水涂料
581	A1-10-143 A1-10-144	13050540　喷涂速凝橡胶防水涂料	13050540　速凝橡胶防水涂料
612	A1-11-7	基　价(元)　7436.77 材料费(元)　1385.08	基　价(元)　12899.71 材料费(元)　6848.02
		80070120 环氧砂浆(配合比)1∶0.07∶2∶4 单价 —　消耗量【0.510】	80070120 环氧砂浆(配合比)1∶0.07∶2∶4 单价 10711.65　消耗量 0.510
612	A1-11-8	基　价(元)　952.31 材料费(元)　21.18	基　价(元)　2044.89 材料费(元)　1113.76
		80070120 环氧砂浆(配合比)1∶0.07∶2∶4 单价 —　消耗量【0.102】	80070120 环氧砂浆(配合比)1∶0.07∶2∶4 单价 10711.65　消耗量 0.102
660	A1-11-156	子目名称"抗裂保护层 耐碱网格布抗裂砂浆 每增加 2mm"	子目名称"抗裂保护层 增加一层网格布抗裂砂浆 2mm"
667	章说明	一、"本章定额包括找平层、整体面层、块料面层、橡塑料面层、其他材料面层、踢脚线及其他、其他,共七节" 二、3"楼地面块料面层铺设包含 20mm 厚的找平层和抹结合层水泥砂浆,实际厚度不同时可按实调整,砂浆损耗详见定额附录 5。"	一、"本章定额包括找平层、整体面层、块料面层、橡塑料面层、其他材料面层、踢脚线及其他,共七节" 二、3"楼地面块料面层包含 20mm 厚结合层水泥砂浆,不包括找平层砂浆,结合层实际厚度不同时可按 A1-12-3 子目增减。"

续表

页码	部位或子目编号	误	正
795	A1-13-161	基　价(元)　14025.91 材料费(元)　8282.12	基　价(元)　9383.94 材料费(元)　3640.15
		07010023 釉面砖 380×265　单价 71.75	07010000 釉面砖 45×145　单价 26.90
795	A1-13-162	基　价(元)　9125.51 材料费(元)　3640.15	基　价(元)　13767.48 材料费(元)　8282.12
		07010000 釉面砖 45×145　单价 26.90	07010023 釉面砖 380×265 单价 71.75
795	A1-13-163	基　价(元)　14846.89 材料费(元)　8463.63	基　价(元)　10092.79 材料费(元)　3709.53
		07010023 釉面砖 380×265　单价 71.75	07010000 釉面砖 45×145　单价 26.90
795	A1-13-164	基　价(元)　9803.88 材料费(元)　3709.53	基　价(元)　14557.98 材料费(元)　8463.63
		07010000 釉面砖 45×145　单价 26.90	07010023 釉面砖 380×265　单价 71.75
936	章说明		增加:十九、油漆涂料裱糊工程子目遍数增减调整系数按下表:(表格详见附件 2)
974	A1-15-89	基　价(元)　622.36 材料费(元)　316.77	基　价(元)　546.71 材料费(元)　241.12
		13050400 防火涂料 木面 消耗量 20.600	13050400 防火涂料 木面 消耗量 15.560
974	A1-15-90	基　价(元)　311.38 材料费(元)　158.38	基　价(元)　273.86 材料费(元)　120.86
		13050400 防火涂料 木面 消耗量 10.300	13050400 防火涂料 木面 消耗量 7.800
1029	工程量计算规则	五、2"胶合体封洞工程量,按设计图示洞口面积以'm^2'计算"	五、2"胶合板封洞工程量,按设计图示洞口面积以'm^2'计算"
1104	A1-16-237～A1-16-240	计量单位:$10m^3$	计量单位:m^2
1181	章说明	八、"装饰抹灰层与块料面层铲除不包括找平层,如需铲除找平层,每平米增加人工费 2 元"	八、"装饰抹灰层与块料面层铲除不包括找平层,如需铲除找平层,每 m^2 增加人工费 2 元"
1183	工程量计算规则	九、1"栏杆栏板拆除工程量,按拆除部位的平面尺寸以'm^2'计算"	九、1" 栏杆栏板拆除工程量,按拆除部位的平面尺寸以'm'计算"
1389		三、表格	表格上方增加表头"材料二次运输损耗率表"
1488	80130140	基　价(元)　670.68 材料费(元)　670.68	基　价(元)　607.68 材料费(元)　607.68
1491		80090080　环氧砂浆　1:0.7:2.4	80070120　环氧砂浆　1:0.07:2:4
1494	80070030～80070050	重晶砂浆	重晶石砂浆
1498	80090130	基　价(元)　2429.04 材料费(元)　2429.04	基　价(元)　5872.30 材料费(元)　5872.30

《广东省房屋建筑与装饰工程综合定额（2018）》勘误附件 1：

附表 3　门窗小五金价格表

1　木门（包框扇）小五金

计量单位：100m²

材料编号				11010110	11010120	11010130	11010140
材料名称				镶板、胶合板、半截、全玻璃带纱木门（包框扇）小五金			
				带亮		无亮	
				单扇	双扇	单扇	双扇
基　价(元)				1310.79	1375.33	1404.13	1502.67
编码	名　称	单位	单价(元)	消　耗　量			
03010215	木螺钉 M3.5×22～25	十套	0.21	473.400	402.700	327.600	327.100
03033026	弓形拉手 100	百个	23.17	0.830	0.990	1.200	1.270
03033076	风钩	个	1.03	83.000	50.000	—	—
03033086	蝶式弹簧铰 100	百个	779.27	0.830	0.990	1.200	1.270
03033096	门窗铰 60	百个	49.78	3.300	1.980	—	—
03033101	门窗铰 100	百个	155.34	0.830	0.990	1.200	1.270
03033121	铁插销 100	付	0.45	165.000	75.000	120.000	32.000
03033126	铁插销 150	付	1.58	—	25.000	—	32.000
03033131	铁插销 300	付	2.57	—	25.000	—	32.000
03050041	锁牌 4 寸搭扣	个	2.20	42.000	25.000	60.00	32.000

计量单位：100m²

材料编号				11010150	11010160	11010170	11010180
材料名称				镶板、胶合板、半截、全玻璃不带纱木门（包框扇）小五金			
				带亮		无亮	
				单扇	双扇	单扇	双扇
基　价(元)				490.51	499.82	400.60	466.23
编码	名　称	单位	单价(元)	消　耗　量			
03010215	木螺钉 M3.5×22～25	十套	0.21	259.400	249.600	196.600	225.700
03033026	弓形拉手	百个	23.17	0.420	0.500	0.600	0.640
03033076	风钩	个	1.03	83.000	50.000	—	—
03033096	门窗铰 60	百个	49.78	1.650	0.990	—	—
03033101	门窗铰 100	百个	155.34	0.830	0.990	1.200	1.200
03033121	铁插销 100	付	0.45	83.000	50.000	60.000	32.000

续表

材料编号				11010150	11010160	11010170	11010180
材料名称				镶板、胶合板、半截、全玻璃不带纱木门（包框扇）小五金			
				带亮		无亮	
				单扇	双扇	单扇	双扇
基价（元）				490.51	499.82	400.60	466.23
编码	名称	单位	单价（元）	消耗量			
03033126	铁插销 150	付	1.58	—	25.000	—	32.000
03033131	铁插销 300	付	2.57	—	25.000	—	32.000
03050041	锁牌 4 寸搭扣	个	2.20	42.000	25.000	60.000	32.000

2 木自由门小五金

计量单位：$100m^2$

材料编号				11190070	11190080	11190090	11190100
材料名称				半玻木自由门小五金		全玻木自由门小五金	
				带亮	无亮	带亮	无亮
基价（元）				997.06	1274.92	745.58	961.00
编码	名称	单位	单价（元）	消耗量			
03010215	木螺钉 M3.5×22～25	十套	0.21	271.700	349.300	203.700	261.900
03033081	弹簧铰	百个	1007.55	0.830	1.060	0.620	0.800
03214061	铁角码 150	个	0.42	247.000	318.000	186.000	238.000

3 木门扇小五金

计量单位：$100m^2$

材料编号				11010190	11010200	11010210	11010220
材料名称				镶板、胶合板、半截、全玻璃不带纱木门扇小五金			
				带亮		无亮	
				单扇	双扇	单扇	双扇
基价（元）				731.55	713.94	482.07	520.58
编码	名称	单位	单价（元）	消耗量			
03010215	木螺钉 M3.5×22～25	十套	0.21	389.000	355.200	299.400	250.000
03033026	弓形拉手 100	百个	23.17	0.620	0.710	0.700	0.720
03033076	风钩	个	1.03	124.000	71.000	—	—
03033096	门窗铰 60	百个	49.78	2.470	1.410	—	—
03033101	门窗铰 100	百个	155.34	1.240	1.410	1.400	1.330
03033121	铁插销 100	付	0.45	124.000	71.000	70.000	36.000
03033126	铁插销 150	付	1.58	—	36.000	—	36.000
03033131	铁插销 300	付	2.57	—	36.000	—	36.000
03050041	锁牌 4 寸搭扣	个	2.20	62.000	36.000	70.000	36.000

4 木窗（包框扇）小五金

计量单位：100m²

材料编号				11010060	11010070	11010080	11010090
材料名称				单层普通木窗(包框扇)小五金		一玻一纱木窗(包框扇)小五金	
				带亮	无亮	带亮	无亮
基价(元)				631.78	883.11	1050.50	1576.57
编码	名称	单位	单价(元)	消耗量			
03010215	木螺钉 M3.5×22～25	十套	0.21	312.500	333.300	625.000	666.700
03033076	风钩	个	1.03	208.000	185.000	208.000	185.000
03033091	门窗铰 50	百个	29.18	2.080	—	4.170	—
03033146	门窗铰 75	百个	89.26	2.080	3.700	4.170	7.410
03033121	铁插销 100	付	0.45	52.000	—	104.000	—
03033126	铁插销 150	付	1.58	52.000	185.000	104.000	370.000

5 木窗扇小五金

计量单位：100m²

材料编号				11010100
材料名称				普通木窗扇小五金
基价(元)				1217.15
编码	名称	单位	单价(元)	消耗量
03010215	木螺钉 M3.5×22～25	十套	0.21	458.900
03033076	风钩	个	1.03	255.000
03033126	铁插销 150	付	1.58	255.000
03033146	门窗铰 75	百个	89.26	5.100

6 厂库房大门小五金

计量单位：100m²

材料编号				11010010	11010020	11010030	11010040
材料名称				厂库房木板平开大门	厂库房木板推拉大门	厂库房钢木平开大门	厂库房钢木推拉大门
基价(元)				3711.65	7397.88	1886.63	7877.31
编码	名称	单位	单价(元)	消耗量			
03010215	木螺钉 M3.5×22～25	十套	0.21	64.400	21.900	—	—
03033026	弓形拉手 100	百个	23.17	0.220	0.170	—	—
03033101	门窗铰 100	百个	155.34	0.220	0.170	—	—
03033126	铁插销 150	付	1.58	11.000	8.000	—	—
03210010	轴承 203	个	5.66	—	67.000	—	—

续表

材料编号				11010010	11010020	11010030	11010040
材料名称				厂库房木板平开大门	厂库房木板推拉大门	厂库房钢木平开大门	厂库房钢木推拉大门
基价(元)				3711.65	7397.88	1886.63	7877.31
编码	名称	单位	单价(元)	消耗量			
03210015	轴承 205	个	6.94	—	—	—	29.000
03210210	钢丝弹簧 $L=95$	个	3.94	—	—	7.000	—
03210235	小滑轮Φ50	个	16.24	—	34.000	—	—
03210240	大滑轮	个	16.24	—	34.000	—	—
03210310	钢珠 33	个	1.16	—	—	29.000	—
03213001	铁件（综合）	kg	4.84	752.370	1212.140	377.150	1585.960

7 特种门小五金

计量单位：100m²

材料编号				11230050	11230060	11230070
材料名称				冷藏库门	冷藏间冻结门	木保温门隔音门
基价(元)				4337.01	5316.52	1524.82
编码	名称	单位	单价(元)	消耗量		
03010215	木螺钉 M3.5×22～25	十套	0.21	193.700	254.300	57.200
03032051	弹子执勾锁	把	48.00	—	—	48.000
03033101	门窗铰 100	百个	155.34	—	—	0.960
03213121	镀锌铁件	kg	4.55	944.250	1156.730	—

计量单位：100m²

材料编号				11230080	11010050
材料名称				变电室门	木折叠门
基价(元)				5068.75	1566.13
编码	名称	单位	单价(元)	消耗量	
03010215	木螺钉 M3.5×22～25	十套	0.21	193.700	—
03213001	铁件（综合）	kg	4.84	1043.380	323.580

《广东省房屋建筑与装饰工程综合定额（2018）》勘误附件2：

A.1.15　油漆涂料裱糊工程的章说明，增加：

十九、油漆涂料裱糊工程子目遍数增减调整系数按下表：

序号	子目编号	子目名称	遍数使用情况说明	人工费系数	材料费系数
1	A1-15-91	喷(刷)涂料 水性饰面型防火涂料(木材面)二遍	每增减一遍时	0.85	0.80
2	A1-15-92	喷(刷)涂料 溶剂饰面型防火涂料(木材面)二遍			
3	A1-15-100	金属面调和漆　调和漆　一遍	每增加一遍时	0.95	1.00
4	A1-15-102	金属面油醇酸磁漆　一遍			
5	A1-15-101	金属面喷调和漆　调和漆　一遍	每增加一遍时	1.00	0.85
6	A1-15-103	金属面油喷醇酸磁漆　一遍			
7	A1-15-116	金属面氟碳漆　一遍	每增加一遍面漆时	0.80	材料费中的13090030和14350680消耗量×1.0，其余材料×0
8	A1-15-117	金属面喷氟碳面漆　一遍			
9	A1-15-118	金属面环氧富锌漆　一遍	每增加一遍面漆时	1.00	0.95
10	A1-15-120	喷水性无机富锌底漆　一遍	每增加一遍底漆时	0.95	0.85
11	A1-15-121	喷无机富锌底漆　一遍			
12	A1-15-123	喷环氧富锌底漆(封闭漆)　一遍			
13	A1-15-122	机喷环氧富锌漆　防锈漆　一遍	每增加一遍防锈漆时	0.95	0.90
14	A1-15-124	防锈漆　一遍			
15	A1-15-125	机喷防锈漆　一遍			
16	A1-15-136	环氧云铁漆　一遍	每增加一遍油漆时	0.95	0.85
17	A1-15-137	机喷环氧云铁漆　一遍			
18	A1-15-138	喷环氧云母氧化铁中间漆　一遍	每增加一遍中间漆时	0.95	0.90
19	A1-15-139	喷聚氨酯面漆　一遍	每增加一遍面漆时	0.95	0.95
20	A1-15-140	喷聚硅氧烷面漆　一遍			
21	A1-15-150～A1-15-153	成品腻子粉墙面/天棚面 满刮　一遍	每增加一遍腻子时	0.80	1.00
22	A1-15-154～A1-15-157	成品腻子膏墙面/天棚面 满刮　一遍			
23	A1-15-158	抹灰面乳胶漆墙柱面面漆　一遍	每增加一遍面漆时	1.05	1.00
24	A1-15-159	抹灰面乳胶漆天棚面面漆　一遍			
25	A1-15-170	抗碱底漆一遍　墙柱面	每增加一遍底漆时	0.95	0.85
26	A1-15-171	抗碱底漆一遍　天棚面			

二、《广东省市政工程综合定额（2018）》勘误表

（第一册　通用项目）勘误表

页码	部位或子目编号	误	正
8	册说明		补充：七、本册混凝土模板项目按第三册《桥涵工程》中相应模板子目进行计算
54	计量单位	1000m^3 自然方	1000m^3 天然密实方
56		100m^3 天然方	100m^3 天然密实方
77	D1-2-37 D1-2-38	80210635　预拌混凝土　单位　m^3	80210180　预拌混凝土　单位　m^3
89	章说明	十二、1“一般水泥搅拌桩按一喷二搅考虑，施工为二喷二搅时，按一喷二搅子目计算。施工为二喷四搅、四喷四搅时，人工费、机具费乘以系数1.43计算。”	删除
90		十二、4“三轴水泥搅拌桩水泥掺入量按加固土重（1800kg/m^3）的20%考虑，……人工费及搅拌桩机台班乘以系数0.50……”	十二、4“三轴水泥搅拌桩水泥掺入量按加固土重（1800kg/m^3）的15%考虑，……人工费及机具费乘以系数0.50……”
91			增加：二十三、3“预制混凝土桩和钢管桩送桩时，不计算预制混凝土桩和钢管桩的材料费用。” 二十四、“有计算送桩的打（压）预制混凝土桩项目，子目桩消耗量103.8m改为101m。”（后面序号顺延）
92	三十六表中	桩径（cm）80的每米护筒质量（kg/m）为102kg/m	桩径（cm）80的每米护筒质量（kg/m）为138.79kg/m
137	D1-3-97～ D1-3-99		删除这三个定额子目
153	D1-3-145	基　价（元）　248.79 机具费（元）　176.78 管理费（元）　33.03	基　价（元）　263.68 机具费（元）　189.56 管理费（元）　35.14
		990901015 交流弧焊机　消耗量0.015	990901015 交流弧焊机　消耗量0.150

续表

<table>
<tr><th>页码</th><th>部位或
子目编号</th><th>误</th><th>正</th></tr>
<tr><td>186</td><td>下注</td><td>注:1. 定额……
2. 钢支撑……</td><td>删除注</td></tr>
<tr><td rowspan="2">186</td><td rowspan="2">D1-3-220</td><td>基　价(元)　　8391.55
材料费(元)　　3509.54</td><td>基　价(元)　　6971.70
材料费(元)　　2089.69</td></tr>
<tr><td>01000001 型钢 综合 消耗量 766.420</td><td>01000001 型钢 综合 消耗量 345.100</td></tr>
<tr><td rowspan="2">188</td><td rowspan="2">D1-3-226</td><td>基　价(元)　　3724.60
材料费(元)　　3271.11</td><td>基　价(元)　　472.40
材料费(元)　　18.91</td></tr>
<tr><td>80210200　普通预拌混凝土　C20
单价　322.00　消耗量　10.100</td><td>80210180　预拌混凝土
单价　—　消耗量(10.100)</td></tr>
<tr><td>245</td><td rowspan="2">工程量
计算规则</td><td>三、“围堰工程 50m 范围以内取土、砂、砂砾,均不计土方和砂、砂砾的材料价格。取 50m 范围以外的土方、砂、砂砾,应计算土方和砂、砂砾材料的挖、运或外购费用,扣除相应定额子目中挖运人工费(4928 元/100m³)。”</td><td>三、“围堰工程包括 50m 范围内人工取、装、运土(砂、砂砾)的费用。如现场不发生此费用,则扣除相应定额子目中的挖运人工费 4928 元/100m³。”</td></tr>
<tr><td>339</td><td>五、“监控测试以一个施工区域内监控的测定项目划分为三项以内、六项以内和六项以外。测试时间根据设计图纸及施工方案确定以‘组日’计算。”</td><td>删除该条计算规则</td></tr>
<tr><td>补充</td><td>附表</td><td></td><td>混凝土及砂浆配合比(详见附件)</td></tr>
</table>

(第五册　排水工程)勘误表

<table>
<tr><th>页码</th><th>部位或
子目编号</th><th>误</th><th>正</th></tr>
<tr><td>11</td><td>目录排
列顺序</td><td>“第二部分措施项目”</td><td>将第 11 页目录中的文字“第二部分措施项目”移至第 9 页目录中“D.5.6 模板、井字架工程”的上方</td></tr>
<tr><td>175</td><td>D5-2-405</td><td>基　价(元)　　11689.75
机具费(元)　　2582.07
管理费(元)　　1733.50</td><td>基　价(元)　　11690.08
机具费(元)　　2582.35
管理费(元)　　1733.55</td></tr>
</table>

续表

页码	部位或子目编号	误	正
175	D5-2-405	990304016 汽车式起重机 提升质量16t 消耗量 0.455 990315010 少先吊 提升质量 1t 消耗量 5.000	990304016 汽车式起重机 提升质量16t 消耗量 1.582 990315010 少先吊 提升质量 1t 消耗量 —
175	D5-2-406	基　价(元)　14269.64 机具费(元)　3266.25 管理费(元)　2109.63	基　价(元)　14269.37 机具费(元)　3266.02 管理费(元)　2109.59
		990304028 汽车式起重机 提升质量30t 消耗量 0.549 990315010 少先吊 提升质量 1t 消耗量 6.100	990304028 汽车式起重机 提升质量30t 消耗量 1.720 990315010 少先吊 提升质量 1t 消耗量 —

(第七册　隧道工程)勘误表

页码	部位或子目编号	误	正
5	目录排列顺序	"第二部分措施项目"	将第 5 页目录中的文字"第二部分措施项目"移至第 4 页目录中"D.7.7 临时工程"的上方
55	章说明		补充:十、"本章中的混凝土、砂浆均按现场拌和编制,当采用预拌混凝土或砂浆时,应扣除相应子目中水泥、砂、碎石的消耗量。"
59	D7-2-1	基　价(元)　4328.13 材料费(元)　3331.46	基　价(元)　4556.70 材料费(元)　3560.03
		35010010 钢模板　消耗量　0.520	35010010 钢模板　消耗量　52.000 增加:"80210180 预拌混凝土 单位 m^3 单价— 消耗量 (11.700)"
59	D7-2-2		增加:"80210180 预拌混凝土 单位 m^3 单价— 消耗量 (11.700)"

续表

页码	部位或子目编号	误	正
59	D7-2-3		增加："80210180 预拌混凝土 单位 m^3 单价— 消耗量（10.400）"
65	D7-2-20	基　价(元)　10428.42 材料费(元)　6709.60	基 价(元)　6947.79 材料费(元)　3228.97
		80210690 细石混凝土 C25 单位 m^3 单价 331.00 消耗量 10.200 99450760 其他材料费 消耗量 195.43	80210180 预拌混凝土 单位 m^3 单价— 消耗量（10.200） 99450760 其他材料费 消耗量 91.00

《广东省市政工程综合定额（2018）》勘误附件：

附表　混凝土及砂浆配合比

1　砌筑砂浆

计量单位：m^3

材料编号				80050001	80050010	80050020	80050030	80050040
材料名称				砌筑用混合砂浆				
				M1	M2.5	M5	M7.5	M10
基价（元）				176.21	179.59	185.19	193.21	207.22
其中	人工费(元)			—	—	—	—	—
	材料费(元)			176.21	179.59	185.19	193.21	207.22
	机具费(元)			—	—	—	—	—
	管理费(元)			—	—	—	—	—
编码	名称	单位	单价(元)	消耗量				
04010015	复合普通硅酸盐水泥 P·C 32.5	t	319.11	0.100	0.141	0.207	0.273	0.334
04030015	中砂	m^3	78.68	1.198	1.198	1.198	1.198	1.198
04090015	生石灰	t	303.17	0.159	0.127	0.076	0.033	0.015
34110010	水	m^3	4.58	0.400	0.400	0.400	0.400	0.400

计量单位：m³

材料编号				80010060	80010070	80010080	80010090
材料名称				砌筑用水泥砂浆			
				M2.5	M5	M7.5	M10
基价(元)				140.17	161.23	182.29	201.76
其中	人工费(元)			—	—	—	—
	材料费(元)			140.17	161.23	182.29	201.76
	机具费(元)			—	—	—	—
	管理费(元)			—	—	—	—
编码	名称	单位	单价(元)	消耗量			
04010015	复合普通硅酸盐水泥 P·C 32.5	t	319.11	0.141	0.207	0.273	0.334
04030015	中砂	m³	78.68	1.198	1.198	1.198	1.198
34110010	水	m³	4.58	0.200	0.200	0.200	0.200

2 抹灰砂浆

计量单位：m³

材料编号				80030010	80030020	80030030	80030040
材料名称				抹灰用石灰砂浆			
				1∶1.5	1∶2	1∶2.5	1∶3
基价(元)				195.45	179.31	168.70	157.79
其中	人工费(元)			—	—	—	—
	材料费(元)			195.45	179.31	168.70	157.79
	机具费(元)			—	—	—	—
	管理费(元)			—	—	—	—
编码	名称	单位	单价(元)	消耗量			
04030015	中砂	m³	78.68	1.062	1.198	1.198	1.198
04090015	生石灰	t	303.17	0.36	0.273	0.238	0.202
34110010	水	m³	4.58	0.600	0.500	0.500	0.500

计量单位：m³

材料编号				80010190	80010210	80010220	80010230
材料名称				抹灰用水泥砂浆			
				1∶1	1∶2	1∶2.5	1∶3
基　价(元)				325.02	259.55	241.03	223.91
其中	人工费(元)			—	—	—	—
	材料费(元)			325.02	259.55	241.03	223.91
	机具费(元)			—	—	—	—
	管理费(元)			—	—	—	—
编码	名　称	单位	单价(元)	消　耗　量			
04010015	复合普通硅酸盐水泥P·C 32.5	t	319.11	0.815	0.543	0.466	0.402
04030015	中砂	m³	78.68	0.808	1.079	1.156	1.198
34110010	水	m³	4.58	0.300	0.300	0.300	0.300

计量单位：m³

材料编号				80010260	80010280	80010290	80010300
材料名称				白水泥砂浆			
				1∶1	1∶2	1∶2.5	1∶3
基　价(元)				525.29	392.98	355.54	322.70
其中	人工费(元)			—	—	—	—
	材料费(元)			525.29	392.98	355.54	322.70
	机具费(元)			—	—	—	—
	管理费(元)			—	—	—	—
编码	名　称	单位	单价(元)	消　耗　量			
04010045	白色硅酸盐水泥 32.5	t	564.84	0.815	0.543	0.466	0.402
04030015	中砂	m³	78.68	0.808	1.079	1.156	1.198
34110010	水	m³	4.58	0.300	0.300	0.300	0.300

计量单位：m³

材料编号				80050350	80050360	80050370	80050380	80050390
材料名称				抹灰用混合砂浆				
				1∶0.3∶4	1∶1∶6	1∶2∶8	1∶3∶9	1∶0.5∶1
基　价(元)				206.41	190.85	187.64	192.17	311.59
其中	人工费(元)			—	—	—	—	—
	材料费(元)			206.41	190.85	187.64	192.17	311.59
	机具费(元)			—	—	—	—	—
	管理费(元)			—	—	—	—	—
编码	名　称	单位	单价(元)	消　耗　量				
04010015	复合普通硅酸盐水泥 P·C 32.5	t	319.11	0.302	0.201	0.151	0.131	0.652
04030015	中砂	m³	78.68	1.198	1.198	1.198	1.121	0.649
04090015	生石灰	t	303.17	0.046	0.101	0.140	0.196	0.164
34110010	水	m³	4.58	0.400	0.400	0.600	0.600	0.600

计量单位：m³

材料编号				80010450	80010460	80010470	80010480
材料名称				水泥防水砂浆			
				1∶1	1∶2	1∶2.5	1∶3
基　价(元)				410.60	316.58	289.92	266.17
其中	人工费(元)			—	—	—	—
	材料费(元)			410.60	316.58	289.92	266.17
	机具费(元)			—	—	—	—
	管理费(元)			—	—	—	—
编码	名　称	单位	单价(元)	消　耗　量			
04010015	复合普通硅酸盐水泥 P·C 32.5	t	319.11	0.815	0.543	0.466	0.402
04030015	中砂	m³	78.68	0.808	1.079	1.156	1.198
13350020	防水粉	kg	2.10	40.75	27.16	23.28	20.12
34110010	水	m³	4.58	0.300	0.300	0.300	0.300

计量单位：m³

材料编号				80030070	80030130	80050400	80110001
材料名称				麻刀石灰浆	纸筋石灰浆	水泥石灰麻刀浆	石膏纸筋浆
基价(元)				260.66	325.87	279.26	1219.26
其中	人工费(元)			—	—	—	—
	材料费(元)			260.66	325.87	279.26	1219.26
	机具费(元)			—	—	—	—
	管理费(元)			—	—	—	—
编码	名称	单位	单价(元)	消耗量			
02290130	幼麻筋(麻刀)	kg	6.02	12.400	—	16.600	—
04010015	复合普通硅酸盐水泥 P·C 32.5	t	319.11	—	—	0.134	—
04030015	中砂	m³	78.68	—	—	1.198	—
04090015	生石灰	t	303.17	0.606	0.606	0.132	—
04090160	石膏粉	kg	1.37	—	—	—	817
34090320	纸筋	kg	3.70	—	37.800	—	26.400
34110010	水	m³	4.58	0.500	0.500	0.500	0.500

计量单位：m³

材料编号				80110180	80110200	80110040	80110250	80110010
材料名称				水泥膏	白水泥膏	白水泥浆	素水泥浆	素石膏浆
基价(元)				604.77	1068.71	867.72	486.47	522.95
其中	人工费(元)			—	—	—	—	—
	材料费(元)			604.77	1068.71	867.72	486.47	522.95
	机具费(元)			—	—	—	—	—
	管理费(元)			—	—	—	—	—
编码	名称	单位	单价(元)	消耗量				
04010015	复合普通硅酸盐水泥 P·C 32.5	t	319.11	1.888	—	—	1.517	—
04010045	白色硅酸盐水泥 32.5	t	564.84	—	1.888	1.532	—	—
04090115	石膏	kg	0.60	—	—	—	—	867.00
34110010	水	m³	4.58	0.500	0.500	0.520	0.520	0.600

计量单位：m³

材料编号				80130001	80130010	80130020	80130030	80130040
材料名称				水磨石子浆				
				1∶1	1∶1.25	1∶1.5	1∶1.75	1∶2
基　价(元)				590.72	585.61	580.49	598.24	615.98
其中	人工费(元)			—	—	—	—	—
	材料费(元)			590.72	585.61	580.49	598.24	615.98
	机具费(元)			—	—	—	—	—
	管理费(元)			—	—	—	—	—
编码	名　称	单位	单价(元)	消　耗　量				
04010015	复合普通硅酸盐水泥P·C 32.5	t	319.11	0.934	0.835	0.736	0.694	0.652
04050001	白石子	t	245.20	1.188	1.296	1.404	1.531	1.658
34110010	水	m³	4.58	0.300	0.300	0.298	0.300	0.300

计量单位：m³

材料编号				80130050	80130060	80130070	80130080	80130090
材料名称				白水泥石子浆				
				1∶1	1∶1.25	1∶1.5	1∶1.75	1∶2
基　价(元)				820.21	790.79	761.36	768.77	673.66
其中	人工费(元)			—	—	—	—	—
	材料费(元)			820.21	790.79	761.36	768.77	673.66
	机具费(元)			—	—	—	—	—
	管理费(元)			—	—	—	—	—
编码	名　称	单位	单价(元)	消　耗　量				
04010045	白色硅酸盐水泥 32.5	t	564.84	0.934	0.835	0.736	0.694	0.652
04050001	白石子	t	245.20	1.188	1.296	1.404	1.531	1.658
34110010	水	m³	4.58	0.296	0.300	0.300	0.300	0.300

计量单位：m³

材料编号				80130140	80130150	80130160	80130170	80130180
材料名称				水刷石子浆				
				1∶1	1∶1.25	1∶1.5	1∶1.75	1∶2
基价(元)				607.68	602.45	596.89	615.25	630.83
其中	人工费(元)			—	—	—	—	—
	材料费(元)			607.68	602.45	596.89	615.25	630.83
	机具费(元)			—	—	—	—	—
	管理费(元)			—	—	—	—	—
编码	名称	单位	单价(元)	消耗量				
04010015	复合普通硅酸盐水泥 P·C 32.5	t	319.11	0.467	0.418	0.368	0.347	0.326
04050001	白石子	t	245.20	1.131	1.234	1.337	1.458	1.569
04050165	黑石米 1# 2#	t	382.58	0.057	0.062	0.067	0.073	0.079
14230040	福粉(干磨白石粉)	t	328.81	0.481	0.430	0.379	0.358	0.335
34110010	水	m³	4.58	0.300	0.300	0.300	0.300	0.300

计量单位：m³

材料编号				80130190	80130200
材料名称				水泥碎石子浆	
				1∶1.5	1∶2
基价(元)				384.83	371.38
其中	人工费(元)			—	—
	材料费(元)			384.83	371.38
	机具费(元)			—	—
	管理费(元)			—	—
编码	名称	单位	单价(元)	消耗量	
04010015	复合普通硅酸盐水泥 P·C 32.5	t	319.11	0.795	0.689
04050025	碎石 10	t	96.55	1.344	1.555
34110010	水	m³	4.58	0.300	0.300

计量单位：m³

材料编号				80130300	80130280	80130310	80130320	80130330
材料名称				大小石级配水磨石子浆				
				1∶1	1∶1.25	1∶1.5	1∶1.75	1∶2
基　价(元)				493.21	479.26	465.27	472.58	479.89
其中	人工费(元)			—	—	—	—	—
	材料费(元)			493.21	479.26	465.27	472.58	479.89
	机具费(元)			—	—	—	—	—
	管理费(元)			—	—	—	—	—
编码	名　称	单位	单价(元)	消　耗　量				
04010015	复合普通硅酸盐水泥P·C 32.5	t	319.11	0.934	0.835	0.736	0.694	0.652
04050170	小石子	t	192.38	0.356	0.389	0.421	0.459	0.497
04050175	大石子	t	150.60	0.832	0.907	0.983	1.072	1.161
34110010	水	m³	4.58	0.300	0.300	0.300	0.300	0.300

3　其他砂浆

计量单位：m³

材料编号				80050440
材料名称				石灰麻刀砂浆
				1∶3
基　价(元)				256.95
其中	人工费(元)			—
	材料费(元)			256.95
	机具费(元)			—
	管理费(元)			—
编码	名　称	单位	单价(元)	消　耗　量
02290130	幼麻筋(麻刀)	kg	6.02	16.600
04030015	中砂	m³	78.68	1.198
04090015	生石灰	t	303.17	0.198
34110010	水	m³	4.58	0.596

计量单位：m³

材料编号				80130290
材料名称				豆石浆
				1∶1.25
基价(元)				424.57
其中	人工费(元)			—
	材料费(元)			424.57
	机具费(元)			—
	管理费(元)			—
编码	名称	单位	单价(元)	消耗量
04010015	复合普通硅酸盐水泥 P·C 32.5	t	319.11	1.135
04050140	豆石	m^3	88.41	0.690
34110010	水	m^3	4.58	0.300

计量单位：m³

材料编号				80090030	80090040	80070070
材料名称				108胶混合砂浆	TG胶素水泥砂浆	TG砂浆
						1∶6∶0.2
基价(元)				505.33	1893.31	641.28
其中	人工费(元)			—	—	—
	材料费(元)			505.33	1893.31	641.28
	机具费(元)			—	—	—
	管理费(元)			—	—	—
编码	名称	单位	单价(元)	消耗量		
04010015	复合普通硅酸盐水泥 P·C 32.5	t	319.11	0.453	0.300	0.264
04030015	中砂	m^3	78.68	0.760	—	1.020
04090055	石灰膏	m^3	378.64	0.190	—	—
14410010	108胶	kg	6.86	33.000	—	—
14410630	胶粘剂	kg	8.97	—	200.00	53.000
34110010	水	m^3	4.58	0.580	0.780	0.300

计量单位：m³

材料编号				80090060	80070120
材料名称				环氧树脂底料	环氧砂浆
				1∶1∶0.07∶0.15	1∶0.07∶2∶4
基　价(元)				41900.84	10711.65
其中	人工费(元)			—	—
	材料费(元)			41900.84	10711.65
	机具费(元)			—	—
	管理费(元)			—	—
编码	名　称	单位	单价(元)	消　耗　量	
04030050	石英砂	t	410.26	—	1.336
04090020	石英粉 100 目	t	471.22	0.175	0.668
14210050	环氧树脂综合	kg	24.89	1174.00	337.00
14330030	丙酮	kg	9.74	1174.00	67.000
14330300	乙二胺	kg	14.18	82.000	57.000

计量单位：m³

材料编号				80090250	80090260
材料名称				石英耐酸砂浆	耐酸水泥石英砂浆
基　价(元)				1293.26	1589.88
其中	人工费(元)			—	—
	材料费(元)			1293.26	1589.88
	机具费(元)			—	—
	管理费(元)			—	—
编码	名　称	单位	单价(元)	消　耗　量	
04010065	耐酸水泥	t	875.39	—	0.535
04030050	石英砂	t	410.26	1.198	1.348
04090020	石英粉 100 目	t	471.22	0.637	—
14310100	氟硅酸钠	kg	2.20	52.00	60.30
14310130	硅酸钠(水玻璃)	kg	1.10	352.00	395.00
34110010	水	m³	4.58	—	0.296

计量单位：m³

材料编号				80090270	80090280
材料名称				石油沥青耐酸砂浆	
				1∶2∶0.13	1∶2∶1
基　价(元)				1733.25	2373.26
其中	人工费(元)			—	—
	材料费(元)			1733.25	2373.26
	机具费(元)			—	—
	管理费(元)			—	—
编码	名　称	单位	单价(元)	消　耗　量	
04030050	石英砂	t	410.26	1.278	0.961
804090020	石英粉 100 目	t	471.22	0.632	0.479
13310080	石油沥青 60#	kg	3.63	251.00	483.00

计量单位：m³

材料编号				80090290	80090210
材料名称				石油沥青耐酸砂浆	沥青滑石粉砂浆
				1∶2∶7	
基　价(元)				1292.76	949.28
其中	人工费(元)			—	—
	材料费(元)			1292.76	949.28
	机具费(元)			—	—
	管理费(元)			—	—
编码	名　称	单位	单价(元)	消　耗　量	
04030015	中砂	m³	78.68	1.270	1.180
13310060	石油沥青 10#	kg	1.70	—	234.00
13310070	石油沥青 30#	kg	3.10	240.00	—
14230060	滑石粉	kg	0.98	458.00	468.00

计量单位：m^3

材料编号				80150420	80150430
材料名称				耐酸沥青玛蹄脂	石油沥青玛蹄脂
基　价(元)				1312.55	3014.00
其中	人工费(元)			—	—
	材料费(元)			1312.55	3014.00
	机具费(元)			—	—
	管理费(元)			—	—
编码	名　称	单位	单价(元)	消　耗　量	
04030050	石英砂	t	410.26	0.758	—
04090020	石英粉 100 目	t	471.22	0.276	—
13310070	石油沥青 30#	kg	3.10	248.00	830.00
14230060	滑石粉	kg	0.98	—	450.00
15010310	石棉泥	t	1070.00	0.096	—

计量单位：m^3

材料编号				80070010	80070020
材料名称				重晶石砂浆	
				1∶0.2∶4	1∶0.05∶4
基　价(元)				794.92	770.19
其中	人工费(元)			—	—
	材料费(元)			794.92	770.19
	机具费(元)			—	—
	管理费(元)			—	—
编码	名　称	单位	单价(元)	消　耗　量	
04010015	复合普通硅酸盐水泥 P·C 32.5	t	319.11	0.450	0.442
04090015	生石灰	t	303.17	0.049	0.014
04090085	重晶石粉	t	350.43	1.811	1.778
34110010	水	m^3	4.58	0.400	0.400

计量单位：m^3

材料编号				80070030	80070040	80070050
材料名称				重晶石砂浆		
				1∶4	1∶2∶1	1∶0.25∶4
基价(元)				828.59	576.03	806.27
其中	人工费(元)				—	—
	材料费(元)			828.59	576.03	806.27
	机具费(元)				—	—
	管理费(元)				—	—
编码	名称	单位	单价(元)	消耗量		
04010015	复合普通硅酸盐水泥P·C 32.5	t	319.11	0.478	0.537	0.458
04030015	中砂	m^3	78.68	—	0.430	—
04090015	生石灰	t	303.17	—	—	0.063
04090085	重晶石粉	t	350.43	1.924	1.053	1.824
34110010	水	m^3	4.58	0.400	0.400	0.400

计量单位：m^3

材料编号				80070100	80070110
材料名称				耐碱砂浆	
				1∶1	1∶2
基价(元)				1321.12	1707.71
其中	人工费(元)			—	—
	材料费(元)			1321.12	1707.71
	机具费(元)			—	—
	管理费(元)			—	—
编码	名称	单位	单价(元)	消耗量	
04010015	复合普通硅酸盐水泥P·C 32.5	t	319.11	0.936	0.682
04030080	方解石砂	kg	1.08	945.00	1378.00
34110010	水	m^3	4.58	0.400	0.400

计量单位：100kg

材料编号				80150450	80150460
材料名称				煤沥青汽油冷底子油	石油沥青汽油冷底子油
				55∶45	30∶70
基　价(元)				345.18	591.10
其中	人工费(元)			—	—
	材料费(元)			345.18	591.10
	机具费(元)			—	—
	管理费(元)			—	—
编码	名　称	单位	单价(元)	消　耗　量	
13310040	煤油沥青 1#	t	517.38	0.058	—
13310070	石油沥青 30#	kg	3.10	—	32.000
14030040	汽油 综合	kg	6.38	49.400	77.100

计量单位：m^3

材料编号				80150470
材料名称				石油沥青嵌缝膏
基　价(元)				2909.01
其中	人工费(元)			—
	材料费(元)			2909.01
	机具费(元)			—
	管理费(元)			—
编码	名　称	单位	单价(元)	消　耗　量
13310070	石油沥青 30#	kg	3.10	652.00
14070050	机油 综合	kg	6.96	59.230
14230060	滑石粉	kg	0.98	355.35
15010310	石棉泥	t	1070.00	0.119

计量单位：m^3

材料编号				80070150	80070090	80010320
材料名称				耐热砂浆	铁屑水泥砂浆	膨胀水泥砂浆
						1∶1
基　价(元)				586.82	2643.54	668.05
其中	人工费(元)				—	—
	材料费(元)			586.82	2643.54	668.05
	机具费(元)				—	—
	管理费(元)				—	—
编码	名　称	单位	单价(元)	消　耗　量		
01630020	钢屑(铁屑)	kg	1.37	—	1660.00	—
04010015	复合普通硅酸盐水泥 P·C 32.5	t	319.11	0.603	1.089	—
04010055	膨胀水泥	kg	0.74	—	—	815.00
04030015	中砂	m^3	78.68	—	0.260	0.808
15050070	矿渣沫	kg	0.43	914.00	—	—
34110010	水	m^3	4.58	0.300	0.300	0.300

计量单位：m^3

材料编号				80090330
材料名称				不发火花沥青砂浆
基　价(元)				2429.04
其中	人工费(元)			—
	材料费(元)			2429.04
	机具费(元)			—
	管理费(元)			—
编码	名　称	单位	单价(元)	消　耗　量
13310080	石油沥青 60#	kg	3.63	429.00
14230040	福粉(干磨白石粉)	t	328.81	1.209
15010310	石棉泥	t	1070.00	0.156
15190050	矽藻土粉	kg	1.97	156.00

计量单位：m^3

材料编号				80030120	80090010
材料名称				珠光灰砂浆	沥青珍珠岩
基　价(元)				256.20	469.11
其中	人工费(元)				—
	材料费(元)			256.20	469.11
	机具费(元)				—
	管理费(元)				—
编码	名　称	单位	单价(元)	消　耗　量	
04010015	复合普通硅酸盐水泥 P·C 32.5	t	319.11	0.700	—
13310060	石油沥青 10#	kg	1.70	—	70.000
14350470	泡沫剂	g	0.02	346.00	—
15090010	珍珠岩	m^3	223.00	0.110	1.570
34110010	水	m^3	4.58	0.300	—

计量单位：m^3

材料编号				80110080	80070060
材料名称				水泥珍珠岩浆	石油沥青砂浆
				1∶8	1∶1.25∶6.25
基　价(元)				314.12	838.89
其中	人工费(元)			—	—
	材料费(元)			314.12	838.89
	机具费(元)			—	—
	管理费(元)			—	—
编码	名　称	单位	单价(元)	消　耗　量	
04010015	复合普通硅酸盐水泥 P·C 32.5	t	319.11	0.168	0.279
04030015	中砂	m^3	78.68	—	1.020
13310070	石油沥青 30#	kg	3.10	—	216.00
15090010	珍珠岩	m^3	223.00	1.160	—
34110010	水	m^3	4.58	0.400	—

计量单位：m³

材料编号				80090130
材料名称				环氧煤焦油砂浆
				0.5∶0.5∶0.04∶0.1∶2∶4∶0.04
基　价(元)				5872.30
其中	人工费(元)			—
	材料费(元)			5872.30
	机具费(元)			—
	管理费(元)			—
编码	名　称	单位	单价(元)	消　耗　量
04030050	石英砂	t	410.26	1.310
04090020	石英粉 100 目	t	471.22	0.655
14050010	煤焦油	kg	2.03	166.00
14210050	环氧树脂综合	kg	24.89	165.00
14330030	丙酮	kg	9.74	14.000
14330180	甲苯	kg	7.50	33.000
14330300	乙二胺	kg	14.18	14.000

计量单位：m³

材料编号				80070160
材料名称				沥青膨胀珍珠岩
				1∶0.8
基　价(元)				1204.26
其中	人工费(元)			—
	材料费(元)			1204.26
	机具费(元)			—
	管理费(元)			—
编码	名　称	单位	单价(元)	消　耗　量
13310070	石油沥青 30#	kg	3.10	140.00
15090001	膨胀珍珠岩	m³	354.96	2.170

计量单位：m³

材料编号				80090140
材料名称				水玻璃砂浆
				1∶0.17∶1.1∶2.6
基价(元)				1533.16
其中	人工费(元)			—
	材料费(元)			1533.16
	机具费(元)			—
	管理费(元)			—
编码	名称	单位	单价(元)	消耗量
04030050	石英砂	t	410.26	1.082
04090020	石英粉100目	t	471.22	0.458
14230180	铸石粉	kg	0.64	416.00
14310100	氟硅酸钠	kg	2.20	70.00
14310130	硅酸钠(水玻璃)	kg	1.10	412.00

计量单位：m³

材料编号				80150240	80150250
材料名称				辉绿岩耐酸胶泥	过氯乙烯耐酸胶泥
				1∶0.39∶0.058	1∶3
基价(元)				1828.54	12339.12
其中	人工费(元)			—	—
	材料费(元)			1828.54	12339.12
	机具费(元)			—	—
	管理费(元)			—	—
编码	名称	单位	单价(元)	消耗量	
04090125	辉绿岩粉	kg	0.70	1455.00	1506.00
13030220	过氯乙烯清漆 综合	kg	21.87	—	516.00
14310100	氟硅酸钠	kg	2.20	84.200	—
14310130	硅酸钠(水玻璃)	kg	1.10	568.00	—

计量单位：m³

材料编号				80150180	80150190
材料名称				石英耐酸胶泥	
				1∶1∶0.15	1∶0.4∶0.06
基　价(元)				1366.84	1500.01
其中	人工费(元)			—	—
	材料费(元)			1366.84	1500.01
	机具费(元)			—	—
	管理费(元)			—	—
编码	名　称	单位	单价(元)	消　耗　量	
04090020	石英粉 100 目	t	471.22	0.852	1.439
14310100	氟硅酸钠	kg	2.20	12.800	86.100
14310130	硅酸钠(水玻璃)	kg	1.10	852.00	575.00

计量单位：m³

材料编号				80150200	80150210	80150220	80150230
材料名称				耐酸沥青胶泥			
				1∶0.3∶0.05	1∶0.8∶0.05	1∶1∶0.05	1∶2∶0.05
				隔离层用	灌缝用	砌块材用	灌缝法平面
基　价(元)				3330.80	3030.50	2921.70	2564.16
其中	人工费(元)			—	—	—	—
	材料费(元)			3330.80	3030.50	2921.70	2564.16
	机具费(元)			—	—	—	—
	管理费(元)			—	—	—	—
编码	名　称	单位	单价(元)	消　耗　量			
04090020	石英粉 100 目	t	471.22	0.293	0.665	0.783	1.220
13310070	石油沥青 30#	kg	3.10	1013.00	862.00	810.00	631.00
15010310	石棉泥	t	1070.00	0.049	0.042	0.039	0.031

计量单位：m³

材料编号				80150001	80150010
材料名称				水玻璃胶泥	
				1∶0.6∶0.5∶0.5	1∶0.15∶0.5∶0.5
基　价(元)				1797.99	1814.66
其中	人工费(元)			—	—
	材料费(元)			1797.99	1814.66
	机具费(元)			—	—
	管理费(元)			—	—
编码	名　称	单位	单价(元)	消　耗　量	
04090020	石英粉 100 目	t	471.22	0.445	0.460
14230180	铸石粉	kg	0.64	445.00	460.00
14310100	氟硅酸钠	kg	2.20	140.00	137.00
14310130	硅酸钠(水玻璃)	kg	1.10	905.00	911.00

计量单位：m³

材料编号				80150020	80150280
材料名称				水玻璃胶泥	酚醛树脂胶泥
				1∶0.18∶1.2∶1.1	1∶0.06∶0.08∶1.8
基　价(元)				1768.56	13739.87
其中	人工费(元)			—	—
	材料费(元)			1768.56	13739.87
	机具费(元)			—	—
	管理费(元)			—	—
编码	名　称	单位	单价(元)	消　耗　量	
04090020	石英粉 100 目	t	471.22	0.770	1.158
14210001	酚醛树脂	kg	18.74	—	649.00
14230180	铸石粉	kg	0.64	708.00	—
14310020	苯磺酰氯	kg	14.34	—	52.000
14310100	氟硅酸钠	kg	2.20	115.00	—
14310130	硅酸钠(水玻璃)	kg	1.10	636.00	—
14350360	酒精	kg	7.34	—	39.000

计量单位：m^3

材料编号				80150290	80150300	80150310
材料名称				酚醛树脂胶泥		
				1#	2#	3#
基　价(元)				11339.93	8754.24	11318.73
其中	人工费(元)				—	—
	材料费(元)			11339.93	8754.24	11318.73
	机具费(元)				—	—
	管理费(元)				—	—
编码	名　称	单位	单价(元)	消　耗　量		
04090020	石英粉100目	t	471.22	0.924	0.261	—
04090085	重晶石粉	t	350.43	—	0.919	1.182
14210001	酚醛树脂	kg	18.74	461.00	348.00	461.00
14330020	苯甲醇	kg	36.70	51.000	26.000	51.000
14330110	对位氯磺酰基甲苯	kg	2.96	133.00	133.00	133.00
14330160	甘油二氯丙醇	kg	4.27	—	103.00	—

计量单位：m^3

材料编号				80150080	80150090
材料名称				环氧树脂胶泥	
				1：0.08：0.1：1	1：0.1：0.08：2
基　价(元)				19639.51	18208.50
其中	人工费(元)			—	—
	材料费(元)			19639.51	18208.50
	机具费(元)			—	—
	管理费(元)			—	—
编码	名　称	单位	单价(元)	消　耗　量	
04090020	石英粉100目	t	471.22	0.708	1.294
14210050	环氧树脂综合	kg	24.89	715.00	652.00
14330030	丙酮	kg	9.74	72.000	65.000
14330300	乙二胺	kg	14.18	57.000	52.000

计量单位：m³

材料编号				80150320	80150330
材料名称				环氧呋喃胶泥 0.7∶0.3∶0.06∶0.05∶1.7	环氧酚醛胶泥
基　价(元)				17990.36	17108.66
其中	人工费(元)			—	—
	材料费(元)			17990.36	17108.66
	机具费(元)			—	—
	管理费(元)			—	—
编码	名　称	单位	单价(元)	消　耗　量	
04090020	石英粉100目	t	471.22	1.190	1.231
14210001	酚醛树脂	kg	18.74	—	205.00
14210010	呋喃树脂	kg	20.38	212.00	—
14210050	环氧树脂综合	kg	24.89	495.00	479.00
14330030	丙酮	kg	9.74	30.000	29.000
14330300	乙二胺	kg	14.18	35.000	34.000

计量单位：m³

材料编号				80090090
材料名称				环氧呋喃树脂砂浆
基　价(元)				9564.13
其中	人工费(元)			—
	材料费(元)			9564.13
	机具费(元)			—
	管理费(元)			—
编码	名　称	单位	单价(元)	消　耗　量
04030050	石英砂	t	410.26	1.324
04090020	石英粉100目	t	471.22	0.663
14210010	呋喃树脂	kg	20.38	108.00
14210050	环氧树脂综合	kg	24.89	233.49
14330030	丙酮	kg	9.74	46.700
14330300	乙二胺	kg	14.18	17.000

计量单位：m^3

材料编号				80150490
材料名称				聚氯乙烯胶泥
基　价(元)				3583.80
其中	人工费(元)			—
	材料费(元)			3583.80
	机具费(元)			—
	管理费(元)			—
编码	名　称	单位	单价(元)	消　耗　量
14050010	煤焦油	kg	2.03	897.00
14210060	聚氯乙烯树脂	kg	8.55	89.700
14230060	滑石粉	kg	0.98	134.60
14330010	苯二甲酸二丁酯	kg	7.06	89.700
14330330	硬脂酸钙	kg	25.64	9.000

计量单位：m^3

材料编号				80150340	80150350	80150370
材料名称				硫黄胶泥		沥青稀胶泥
				6∶4∶0.2	1∶0.35∶0.6∶0.06	
基　价(元)				10259.09	6937.49	3330.98
其中	人工费(元)				—	—
	材料费(元)			10259.09	6937.49	3330.98
	机具费(元)				—	—
	管理费(元)				—	—
编码	名　称	单位	单价(元)	消　耗　量		
02000001	聚硫橡胶综合	kg	15.73	45.000	68.000	—
04030050	石英砂	t	410.26	—	0.672	—
04090020	石英粉100目	t	471.22	0.864	0.391	0.299
13310070	石油沥青30#	kg	3.10	—	—	1029.06
14310210	硫黄	kg	4.79	1909.00	1129.00	—

4 多合土

计量单位：m^3

材料编号				80330001	80330010	80330060	80330070
材料名称				碎石三合土		碎砖三合土	
				1∶3∶6	1∶4∶8	1∶3∶6	1∶4∶8
基价(元)				184.90	178.83	119.03	115.12
其中	人工费(元)			—	—	—	—
	材料费(元)			184.90	178.83	119.03	115.12
	机具费(元)			—	—	—	—
	管理费(元)			—	—	—	—
编码	名称	单位	单价(元)	消耗量			
04030015	中砂	m^3	78.68	0.625	0.637	0.696	0.708
04050040	碎石 40	m^3	104.24	1.030	1.050	—	—
04070020	碎砖	m^3	29.91	—	—	1.150	1.170
04090015	生石灰	t	303.17	0.089	0.059	0.094	0.076
34110010	水	m^3	4.58	0.300	0.300	0.300	0.300

计量单位：m^3

材料编号				80330020	80330030	80330040	80330050
材料名称				碎石四合土			
				1∶1∶4∶8	1∶1∶6∶10	1∶1∶6∶12	1∶1∶8∶14
基价(元)				187.11	178.83	174.88	167.20
其中	人工费(元)			—	—	—	—
	材料费(元)			187.11	178.83	174.88	167.20
	机具费(元)			—	—	—	—
	管理费(元)			—	—	—	—
编码	名称	单位	单价(元)	消耗量			
04010015	复合普通硅酸盐水泥 P•C 32.5	t	319.11	0.125	0.102	0.087	0.071
04030015	中砂	m^3	78.68	0.498	0.506	0.517	0.568
04050040	碎石 40	m^3	104.24	0.840	0.860	0.880	0.840
04090015	生石灰	t	303.17	0.063	0.051	0.044	0.036
34110010	水	m^3	4.58	0.300	0.297	0.300	0.300

计量单位：m³

材料编号				80330080	80330090	80330100	80330110
材料名称				碎砖四合土			
				1∶1∶4∶8	1∶1∶5∶10	1∶1∶6∶12	1∶1∶8∶14
基价(元)				134.53	124.78	120.65	115.02
其中	人工费(元)			—	—	—	—
	材料费(元)			134.53	124.78	120.65	115.02
	机具费(元)			—	—	—	—
	管理费(元)			—	—	—	—
编码	名称	单位	单价(元)	消耗量			
04010015	复合普通硅酸盐水泥P·C 32.5	t	319.11	0.126	0.102	0.087	0.071
04030015	中砂	m³	78.68	0.566	0.578	0.602	0.649
04070020	碎砖	m³	29.91	0.980	0.990	1.030	0.970
04090015	生石灰	t	303.17	0.063	0.052	0.044	0.036
34110010	水	m³	4.58	0.300	0.300	0.300	0.300

计量单位：m³

材料编号				80330120	80330130	80330140	80330150
材料名称				炉渣四合土			
				1∶1∶4∶8	1∶1∶6∶10	1∶1∶6∶12	1∶1∶8∶14
基价(元)				169.86	160.47	157.78	149.99
其中	人工费(元)			—	—	—	—
	材料费(元)			169.86	160.47	157.78	149.99
	机具费(元)			—	—	—	—
	管理费(元)			—	—	—	—
编码	名称	单位	单价(元)	消耗量			
04010015	复合普通硅酸盐水泥P·C 32.5	t	319.11	0.126	0.102	0.087	0.071
04030015	中砂	m³	78.68	0.566	0.578	0.602	0.649
04090015	生石灰	t	303.17	0.063	0.052	0.044	0.036
34110010	水	m³	4.58	0.300	0.300	0.300	0.300
80030290	炉(矿)渣综合	m³	65.96	0.980	0.990	1.030	0.970

计量单位：m³

材料编号				80330241
材料名称				石灰炉(矿)渣
				1∶3
基　价(元)				151.01
其中	人工费(元)			—
	材料费(元)			151.01
	机具费(元)			—
	管理费(元)			—
编码	名　称	单位	单价(元)	消　耗　量
04090015	生石灰	t	303.17	0.194
34110010	水	m³	4.58	0.400
80030290	炉（矿）渣综合	m³	65.96	1.370

5　特种混凝土

计量单位：m³

材料编号				80230060	80230070	80230080	80230090
材料名称				炉(煤)渣混凝土			
				C3.5	C5	C7.5	C10
基　价(元)				169.70	181.68	198.60	212.73
其中	人工费(元)			—	—	—	—
	材料费(元)			169.70	181.68	198.60	212.73
	机具费(元)			—	—	—	—
	管理费(元)			—	—	—	—
编码	名　称	单位	单价(元)	消　耗　量			
04010015	复合普通硅酸盐水泥P·C 32.5	t	319.11	0.116	0.146	0.188	0.220
04090015	生石灰	t	303.17	0.085	0.106	0.135	0.161
34110010	水	m³	4.58	0.300	0.300	0.300	0.300
80030290	炉(矿)渣 综合	m³	65.96	1.600	1.540	1.460	1.400

计量单位：m^3

材料编号				80230030	80230050
材料名称				陶粒混凝土	
				C25	C35
基　价(元)				424.35	419.81
其中	人工费(元)				—
	材料费(元)			424.35	419.81
	机具费(元)				—
	管理费(元)				—
编码	名　称	单位	单价(元)	消　耗　量	
04010015	复合普通硅酸盐水泥 P·C 32.5	t	319.11	0.091	0.125
04070001	黏土陶粒	m^3	307.69	1.280	1.230
34110010	水	m^3	4.58	0.320	0.320

计量单位：m^3

材料编号				80270120	80270130	80270140
材料名称				粉煤灰混凝土		
				C10	C15	C20
基　价(元)				220.72	221.26	232.61
其中	人工费(元)			—	—	—
	材料费(元)			220.72	221.26	232.61
	机具费(元)			—	—	—
	管理费(元)			—	—	—
编码	名　称	单位	单价(元)	消　耗　量		
04010015	复合普通硅酸盐水泥 P·C 32.5	t	407.59	0.184	0.200	0.237
04030015	中砂	m^3	78.68	0.550	0.532	0.532
04050040	碎石 40	m^3	104.24	0.725	0.701	0.701
04090001	粉煤灰	m^3	138.10	0.188	0.173	0.146
34110010	水	m^3	4.58	0.200	0.200	0.200

计量单位：m³

材料编号				80230160	80230170
材料名称				轻质混凝土	
				1∶1∶10∶10	1∶2∶20
基 价(元)				148.73	158.59
其中	人工费(元)			—	—
	材料费(元)			148.73	158.59
	机具费(元)			—	—
	管理费(元)			—	—
编码	名 称	单位	单价(元)	消 耗 量	
04010015	复合普通硅酸盐水泥 P·C 32.5	t	319.11	0.111	0.080
04090015	生石灰	t	303.17	0.074	0.108
34090160	锯木屑	m³	23.54	1.000	—
34110010	水	m³	4.58	0.300	0.300
80030290	炉(矿)渣 综合	m³	65.96	1.000	1.500

计量单位：m³

材料编号				80230100	80230110	80230120
材料名称				泡沫混凝土		
				300kg/m³	400kg/m³	500kg/m³
基 价(元)				83.03	115.26	141.10
其中	人工费(元)			—	—	—
	材料费(元)			83.03	115.26	141.10
	机具费(元)			—	—	—
	管理费(元)			—	—	—
编码	名 称	单位	单价(元)	消 耗 量		
04010015	复合普通硅酸盐水泥 P·C 32.5	t	407.59	0.248	0.349	0.430
13350260	腻子膏防水型	kg	5.15	0.350	0.350	0.350
14010040	松香	kg	5.15	0.190	0.190	0.190
14310400	氢氧化钠(烧碱)	kg	2.70	0.070	0.070	0.070
34110010	水	m³	4.58	0.200	0.200	0.200

计量单位：m³

材料编号				80230130	80230140
材料名称				加气混凝土	
				500kg/m³	1000kg/m³
基　价(元)				110.60	125.58
其中	人工费(元)			—	—
	材料费(元)			110.60	125.58
	机具费(元)			—	—
	管理费(元)			—	—
编码	名　称	单位	单价(元)	消　耗　量	
04010015	复合普通硅酸盐水泥P·C 32.5	t	319.11	0.251	0.223
04030015	中砂	m³	78.68	0.190	0.600
14230001	白铝粉	kg	14.64	0.880	0.310
14310400	氢氧化钠(烧碱)	kg	2.70	0.650	0.650
34110010	水	m³	4.58	0.200	0.200

计量单位：m³

材料编号				80270010	80270020
材料名称				耐酸混凝土	
				1∶1∶1.5	1∶1∶2
基　价(元)				1584.34	1561.77
其中	人工费(元)			—	—
	材料费(元)			1584.34	1561.77
	机具费(元)			—	—
	管理费(元)			—	—
编码	名　称	单位	单价(元)	消　耗　量	
04030050	石英砂	t	410.26	0.673	0.520
04050065	石英石	t	800.00	0.772	1.021
04090020	石英粉100目	t	471.22	0.663	0.510
14310100	氟硅酸钠	kg	2.20	40.000	31.000
14310130	硅酸钠(水玻璃)	kg	1.10	263.00	202.00
34110010	水	m³	4.58	0.200	0.200

计量单位：m³

材料编号				80270030	80270040
材料名称				铁屑混凝土	
				1∶1∶1	1∶1∶2
基　价(元)				1597.59	2387.47
其中	人工费(元)			—	—
	材料费(元)			1597.59	2387.47
	机具费(元)			—	—
	管理费(元)			—	—
编码	名　称	单位	单价(元)	消　耗　量	
01630020	钢屑(铁屑)	kg	1.37	915.00	1532.00
04010015	复合普通硅酸盐水泥 P·C 32.5	t	319.11	0.915	0.766
04030015	中砂	m³	78.68	0.650	0.550
34110010	水	m³	4.58	0.200	0.200

计量单位：m³

材料编号				80270050	80270070
材料名称				耐碱混凝土	耐油混凝土
基　价(元)				311.08	295.77
其中	人工费(元)			—	—
	材料费(元)			311.08	295.77
	机具费(元)			—	—
	管理费(元)			—	—
编码	名　称	单位	单价(元)	消　耗　量	
04010015	复合普通硅酸盐水泥 P·C 32.5	t	319.11	0.452	0.342
04030015	中砂	m³	78.68	0.530	0.530
04050040	碎石 40	m³	104.24	0.870	0.870
04090110	白坩土	t	512.82	—	0.104
14230040	福粉(干磨白石粉)	t	328.81	0.102	—
34110010	水	m³	4.58	0.200	0.200

计量单位：m^3

材料编号				80270080
材料名称				耐热混凝土
基　价(元)				1104.05
其中	人工费(元)			—
	材料费(元)			1104.05
	机具费(元)			—
	管理费(元)			—
编码	名　称	单位	单价(元)	消　耗　量
14310100	氟硅酸钠	kg	2.20	44.00
14310130	硅酸钠(水玻璃)	kg	1.10	382.00
15530001	黏土集料	t	854.70	0.390
15530010	黏土熟粗集料	t	341.88	0.738
15570040	黏土熟粉料中粒	t	0.81	0.615
34110010	水	m^3	4.58	0.200

计量单位：m^3

材料编号				80270090
材料名称				重晶石混凝土
基　价(元)				1033.70
其中	人工费(元)			—
	材料费(元)			1033.70
	机具费(元)			—
	管理费(元)			—
编码	名　称	单位	单价(元)	消　耗　量
04010015	复合普通硅酸盐水泥 P·C 32.5	t	319.11	0.342
04050105	重晶石	kg	0.28	1867.00
04090085	重晶石粉	t	350.43	1.144
34110010	水	m^3	4.58	0.200

计量单位：m³

材料编号				80250270	80250280	80250290
材料名称				耐酸石油沥青混凝土		
				粗粒	中粒	细粒
基　价(元)				1893.59	1887.13	1832.35
其中	人工费(元)			—	—	—
	材料费(元)			1893.59	1887.13	1832.35
	机具费(元)			—	—	—
	管理费(元)			—	—	—
编码	名　称	单位	单价(元)	消　耗　量		
04030050	石英砂	t	410.26	0.754	0.854	1.078
04050065	石英石	t	800.00	1.228	1.067	0.782
04090020	石英粉100目	t	471.22	0.172	0.213	0.254
13310070	石油沥青30#	kg	3.10	168.00	188.00	208.00

计量单位：m³

材料编号				80250300	80250320	80250340
材料名称				石油沥青混凝土		
				粗粒	中粒	细粒
基　价(元)				954.37	1071.58	1172.07
其中	人工费(元)			—	—	—
	材料费(元)			954.37	1071.58	1172.07
	机具费(元)			—	—	—
	管理费(元)			—	—	—
编码	名　称	单位	单价(元)	消　耗　量		
04030015	中砂	m³	78.68	0.710	0.680	0.500
04050035	碎石 20	m³	96.60	—	—	0.880
04050040	碎石 40	m³	104.24	0.770	0.760	—
13310080	石油沥青60#	kg	3.63	132.00	152.00	172.00
14230060	滑石粉	kg	0.98	346.00	395.00	432.00

计量单位：m³

材料编号				80090050
材料名称				硫黄混凝土
基　价(元)				4498.67
其中	人工费(元)			—
	材料费(元)			4498.67
	机具费(元)			—
	管理费(元)			—
编码	名　称	单位	单价(元)	消　耗　量
02000001	聚硫橡胶综合	kg	15.73	28.00
04030050	石英砂	t	410.26	0.339
04050065	石英石	t	800.00	1.382
04090020	石英粉 100 目	t	471.22	0.197
14310210	硫黄	kg	4.79	568.00

6　普通混凝土

计量单位：m³

材料编号				80210385	80210390	80210395	80210400
材料名称				混凝土 10 石			
				C10	C15	C20	C25
基　价(元)				227.78	234.32	246.45	255.22
其中	人工费(元)			—	—	—	—
	材料费(元)			227.78	234.32	246.45	255.22
	机具费(元)			—	—	—	—
	管理费(元)			—	—	—	—
编码	名　称	单位	单价(元)	消　耗　量			
04010015	复合普通硅酸盐水泥 P·C 32.5	t	319.11	0.302	0.328	0.366	0.402
04030015	中砂	m³	78.68	0.640	0.630	0.630	0.620
04050025	碎石 10	m³	96.55	0.830	0.820	0.820	0.800
34110010	水	m³	4.58	0.200	0.200	0.200	0.200

计量单位：m³

材料编号				80210405	80210410	80210415
材料名称				混凝土 10 石		
				C30	C35	C40
基　价(元)				272.77	282.35	306.08
其中	人工费(元)			—	—	—
	材料费(元)			272.77	282.35	306.08
	机具费(元)			—	—	—
	管理费(元)			—	—	—
编码	名　称	单位	单价(元)	消　耗　量		
04010015	复合普通硅酸盐水泥 P·C 32.5	t	319.11	0.457	0.512	—
04010030	复合普通硅酸盐水泥 P·O 42.5	t	365.46	—	—	0.512
04030015	中砂	m³	78.68	0.620	0.580	0.580
04050025	碎石 10	m³	96.55	0.800	0.750	0.750
34110010	水	m³	4.58	0.200	0.200	0.200

计量单位：m³

材料编号				80210420	80210425	80210430	80210435
材料名称				混凝土 20 石			
				C10	C15	C20	C25
基　价(元)				225.36	230.62	240.20	251.37
其中	人工费(元)			—	—	—	—
	材料费(元)			225.36	230.62	240.20	251.37
	机具费(元)			—	—	—	—
	管理费(元)			—	—	—	—
编码	名　称	单位	单价(元)	消　耗　量			
04010015	复合普通硅酸盐水泥 P·C 32.5	t	319.11	0.286	0.311	0.341	0.387
04030015	中砂	m³	78.68	0.600	0.590	0.590	0.570
04050035	碎石 20	m³	96.60	0.890	0.870	0.870	0.850
34110010	水	m³	4.58	0.200	0.200	0.200	0.200

计量单位：m³

材料编号				80210440	80210445	80210450	80210455
材料名称				混凝土 20 石			
				C30	C35	C40	C45
基　价(元)				269.39	277.69	300.49	312.95
其中	人工费(元)			—	—	—	—
	材料费(元)			269.39	277.69	300.49	312.95
	机具费(元)			—	—	—	—
	管理费(元)			—	—	—	—
编码	名　称	单位	单价(元)	消　耗　量			
04010015	复合普通硅酸盐水泥 P·C 32.5	t	319.11	0.452	0.492	—	—
04010030	复合普通硅酸盐水泥 P·O 42.5	t	365.46	—	—	0.492	0.540
04030015	中砂	m^3	78.68	0.560	0.540	0.540	0.500
04050035	碎石 20	m^3	96.60	0.830	0.800	0.800	0.780
34110010	水	m^3	4.58	0.200	0.200	0.200	0.200

计量单位：m³

材料编号				80210460	80210465	80210470
材料名称				混凝土 20 石		
				C50	C55	C60
基　价(元)				335.70	351.60	362.20
其中	人工费(元)			—	—	—
	材料费(元)			335.70	351.60	362.20
	机具费(元)			—	—	—
	管理费(元)			—	—	—
编码	名　称	单位	单价(元)	消　耗　量		
04010040	复合普通硅酸盐水泥 P·O 52.5	t	407.59	0.540	0.579	0.605
04030015	中砂	m^3	78.68	0.500	0.500	0.500
04050035	碎石 20	m^3	96.60	0.780	0.780	0.780
34110010	水	m^3	4.58	0.200	0.200	0.200

计量单位：m^3

材料编号				80210475	80210480	80210485	80210490
材料名称				混凝土 40 石			
				C10	C15	C20	C25
基　价(元)				223.23	225.55	241.50	250.35
其中	人工费(元)			—	—	—	—
	材料费(元)			223.23	225.55	241.50	250.35
	机具费(元)			—	—	—	—
	管理费(元)			—	—	—	—
编码	名　称	单位	单价(元)	消　耗　量			
04010015	复合普通硅酸盐水泥 P·C 32.5	t	319.11	0.249	0.271	0.321	0.361
04030015	中砂	m^3	78.68	0.610	0.590	0.590	0.580
04050040	碎石 40	m^3	104.24	0.910	0.880	0.880	0.850
34110010	水	m^3	4.58	0.200	0.200	0.200	0.200

计量单位：m^3

材料编号				80210495	80210500	80210505	80210510
材料名称				混凝土 40 石			
				C30	C35	C40	C45
基　价(元)				264.56	279.56	301.49	306.80
其中	人工费(元)			—	—	—	—
	材料费(元)			264.56	279.56	301.49	306.80
	机具费(元)			—	—	—	—
	管理费(元)			—	—	—	—
编码	名　称	单位	单价(元)	消　耗　量			
04010015	复合普通硅酸盐水泥 P·C 32.5	t	319.11	0.417	0.473	—	—
04010030	复合普通硅酸盐水泥 P.O 42.5	t	365.46	—	—	0.473	0.494
04030015	中砂	m^3	78.68	0.560	0.550	0.550	0.520
04050040	碎石 40	m^3	104.24	0.830	0.810	0.810	0.810
34110010	水	m^3	4.58	0.200	0.200	0.200	0.200

计量单位：m³

材料编号				80210515	80210520	80210525
材料名称				混凝土40石		
				C50	C55	C60
基　价(元)				327.61	341.06	354.11
其中	人工费(元)			—	—	—
	材料费(元)			327.61	341.06	354.11
	机具费(元)			—	—	—
	管理费(元)			—	—	—
编码	名　称	单位	单价(元)	消　耗　量		
04010040	复合普通硅酸盐水泥P・O 52.5	t	407.59	0.494	0.527	0.559
04030015	中砂	m³	78.68	0.520	0.520	0.520
04050040	碎石 40	m³	104.24	0.810	0.810	0.810
34110010	水	m³	4.58	0.200	0.200	0.200

计量单位：m³

材料编号				80210530	80210535	80210540
材料名称				混凝土80石		
				C10	C15	C20
基　价(元)				224.02	225.92	241.88
其中	人工费(元)			—	—	—
	材料费(元)			224.02	225.92	241.88
	机具费(元)			—	—	—
	管理费(元)			—	—	—
编码	名　称	单位	单价(元)	消　耗　量		
04010015	复合普通硅酸盐水泥P・C 32.5	t	319.11	0.240	0.261	0.311
04030015	中砂	m³	78.68	0.620	0.600	0.600
04050050	碎石 80	m³	107.40	0.910	0.880	0.880
34110010	水	m³	4.58	0.200	0.200	0.200

计量单位：m³

材料编号				80210545	80210550	80210555
材料名称				混凝土80石		
				C25	C30	C35
基　价(元)				248.00	258.95	276.66
其中	人工费(元)			—	—	—
	材料费(元)			248.00	258.95	276.66
	机具费(元)			—	—	—
	管理费(元)			—	—	—
编码	名　称	单位	单价(元)	消　耗　量		
04010015	复合普通硅酸盐水泥P·C 32.5	t	319.11	0.336	0.382	—
04010030	复合普通硅酸盐水泥P·O 42.5	t	365.46	—	—	0.382
04030015	中砂	m³	78.68	0.590	0.570	0.570
04050050	碎石 80	m³	107.40	0.870	0.850	0.850
34110010	水	m³	4.58	0.200	0.200	0.200

计量单位：m³

材料编号				80210560	80210570	80210575
材料名称				水下混凝土40石		
				C15	C20	C25
基　价(元)				261.01	267.25	280.56
其中	人工费(元)			—	—	—
	材料费(元)			261.01	267.25	280.56
	机具费(元)			—	—	—
	管理费(元)			—	—	—
编码	名　称	单位	单价(元)	消　耗　量		
04010015	复合普通硅酸盐水泥P·C 32.5	t	319.11	0.432	0.454	0.499
04030015	中砂	m³	78.68	0.560	0.550	0.550
04050040	碎石 40	m³	104.24	0.750	0.750	0.740
34110010	水	m³	4.58	0.200	0.200	0.200

计量单位：m³

材料编号				80210580	80210585
材料名称				水下混凝土 40 石	
				C30	C35
基　价(元)				303.69	324.72
其中	人工费(元)			—	—
	材料费(元)			303.69	324.72
	机具费(元)			—	—
	管理费(元)			—	—
编码	名　称	单位	单价(元)	消　耗　量	
04010030	复合普通硅酸盐水泥 P·O 42.5	t	365.46	0.499	—
04010040	复合普通硅酸盐水泥 P·O 52.5	t	407.59	—	0.499
04030015	中砂	m³	78.68	0.550	0.550
04050040	碎石 40	m³	104.24	0.740	0.740
34110010	水	m³	4.58	0.200	0.200

计量单位：m³

材料编号				80210590	80210595	80210600	80210605	80210610
材料名称				防水混凝土 20 石(S6～S8)				
				C15	C20	C25	C30	C35
基　价(元)				259.36	271.70	287.13	311.16	323.15
其中	人工费(元)			—	—	—	—	—
	材料费(元)			259.36	271.70	287.13	311.16	323.15
	机具费(元)			—	—	—	—	—
	管理费(元)			—	—	—	—	—
编码	名　称	单位	单价(元)	消　耗　量				
04010015	复合普通硅酸盐水泥 P·C 32.5	t	319.11	0.311	0.341	0.387	0.452	0.492
04030015	中砂	m³	78.68	0.590	0.590	0.570	0.560	0.540
04050035	碎石 20	m³	96.60	0.870	0.870	0.850	0.830	0.800
14350670	无机铝盐防水剂	kg	4.62	6.220	6.820	7.740	9.040	9.840
34110010	水	m³	4.58	0.200	0.200	0.200	0.200	0.200

计量单位：m^3

材料编号				80210615	80210620	80210625
材料名称				防水混凝土20石(S6～S8)		
				C40	C45	C50
基　价(元)				345.95	362.85	385.60
其中	人工费(元)			—	—	—
	材料费(元)			345.95	362.85	385.60
	机具费(元)			—	—	—
	管理费(元)			—	—	—
编码	名　称	单位	单价(元)	消　耗　量		
04010030	复合普通硅酸盐水泥P·O 42.5	t	365.46	0.492	0.540	—
04010040	复合普通硅酸盐水泥P·O 52.5	t	407.59	—	—	0.540
04030015	中砂	m^3	78.68	0.540	0.500	0.500
04050035	碎石20	m^3	96.60	0.800	0.780	0.780
14350670	无机铝盐防水剂	kg	4.62	9.840	10.800	10.800
34110010	水	m^3	4.58	0.200	0.200	0.200

三、《广东省通用安装工程综合定额（2018）》勘误表

页码	部位或子目编号	误	正
第一册P581 第二册P265 第三册P907 第四册P801 第五册P425 第六册P333 第七册P229 第八册P981 第九册P157 第十册P593 第十一册P327 第十二册P321	措施其他项目费用标准	赶工措施费＝(1－δ)×分部分项的(人工费＋施工机具费)×3.44％	赶工措施费＝(1－δ)×分部分项的(人工费＋施工机具费)×0.344

(第一册　机械设备安装工程）勘误表

页码	部位或子目编号	误	正
559	分部分项工程增加费说明	三、“分部分项工程增加费的费率测算时已经综合考虑各种因素，其计算结果均作为人工费。”	三、“分部分项工程增加费的费率测算时已经综合考虑各种因素。”

(第四册　电气设备安装工程）勘误表

页码	部位或子目编号	误	正
8	册说明	26“《建设工程工程量计价规范》GB 50500—2013”	26“《建设工程工程量清单计价规范》GB 50500—2013”
49	C4-2-59～C4-2-62	计量单位：见表	计量单位：台
57	章说明	十一、“带型母线安装，定额已包括刷分相漆的人工和材料，如使用热缩绝缘塑料保护套管的，可换算材料，其余不变。”	十一、“带型母线安装，定额已包括刷分相漆的人工和材料，如使用热缩绝缘塑料保护套管的，则扣除定额中相应的材料，人工乘以系数 0.90，其余不变，热缩绝缘塑料保护套管另执行 C.4.8 章相应项目。”
259	工程量计算规则	十四、“防火堵洞区别不同部位，按设计图示数量以‘处’计算。”	十四、“防火堵洞区别不同部位，按设计图示数量以‘kg’计算。”
333	章说明	十、“成品或购买避雷针安装，执行避雷针安装相应项目，另计材价。”	十、“成品避雷针安装，执行避雷针安装相应项目，另计材价。”
452	标题	(2)砖、混凝土结构暗配(会后调整人工)	(2) 砖、混凝土结构暗配
525	C4-12-15	普通座灯头：方型	普通座灯头：方形
607	C4-12-261	基　价(元)　2909.09 材料费(元)　688.32	基　价(元)　2927.13 材料费(元)　706.36
		03010855　六角螺栓　M12×14～75 单价 2.88	03012545　六角螺栓　M12×14～75 单价 7.30
607	C4-12-262	基　价(元)　3271.41 材料费(元)　700.80	基　价(元)　3289.45 材料费(元)　718.84
		03010855　六角螺栓　M12×14～75 单价 2.88	03012545　六角螺栓　M12×14～75 单价 7.30
607	C4-12-263	基　价(元)　3660.39 材料费(元)　700.80	基　价(元)　3678.43 材料费(元)　718.84
		03010855　六角螺栓　M12×14～75 单价 2.88	03012545　六角螺栓　M12×14～75 单价 7.30
610	C4-12-269	基　价(元)　1410.47 材料费(元)　51.14	基　价(元)　1428.50 材料费(元)　69.17
		03010855　六角螺栓　M12×14～75 单价 2.88	03012545　六角螺栓　M12×14～75 单价 7.30

续表

页码	部位或子目编号	误	正
610	C4-12-270	基　价(元)　1713.47 材料费(元)　51.14	基　价(元)　1731.50 材料费(元)　69.17
		03010855　六角螺栓　M12×14～75 单价 2.88	03012545　六角螺栓　M12×14～75 单价 7.30
610	C4-12-271	基　价(元)　1974.45 材料费(元)　51.14	基　价(元)　1992.48 材料费(元)　69.17
		03010855　六角螺栓　M12×14～75 单价 2.88	03012545　六角螺栓　M12×14～75 单价 7.30
611	C4-12-272	基　价(元)　1993.28 材料费(元)　12.25	基　价(元)　2011.31 材料费(元)　30.28
		03010855　六角螺栓　M12×14～75 单价 2.88	03012545　六角螺栓　M12×14～75 单价 7.30
611	C4-12-273	基　价(元)　2208.03 材料费(元)　12.25	基　价(元)　2226.06 材料费(元)　30.28
		03010855　六角螺栓　M12×14～75 单价 2.88	03012545　六角螺栓　M12×14～75 单价 7.30
611	C4-12-274	基　价(元)　2469.43 材料费(元)　12.25	基　价(元)　2487.46 材料费(元)　30.28
		03010855　六角螺栓　M12×14～75 单价 2.88	03012545　六角螺栓　M12×14～75 单价 7.30
612	C4-12-275	基　价(元)　1945.59 材料费(元)　12.25	基　价(元)　1963.62 材料费(元)　30.28
		03010855　六角螺栓　M12×14～75 单价 2.88	03012545　六角螺栓　M12×14～75 单价 7.30
612	C4-12-276	基　价(元)　2152.09 材料费(元)　12.25	基　价(元)　2170.12 材料费(元)　30.28
		03010855　六角螺栓　M12×14～75 单价 2.88	03012545　六角螺栓　M12×14～75 单价 7.30
612	C4-12-277	基　价(元)　2432.96 材料费(元)　12.25	基　价(元)　2450.99 材料费(元)　30.28
		03010855　六角螺栓　M12×14～75 单价 2.88	03012545　六角螺栓　M12×14～75 单价 7.30
613	C4-12-278	基　价(元)　2304.24 材料费(元)　57.87	基　价(元)　2322.27 材料费(元)　75.90
		03010855　六角螺栓　M12×14～75 单价 2.88	03012545　六角螺栓　M12×14～75 单价 7.30
613	C4-12-279	基　价(元)　2551.43 材料费(元)　57.87	基　价(元)　2569.46 材料费(元)　75.90
		03010855　六角螺栓　M12×14～75 单价 2.88	03012545　六角螺栓　M12×14～75 单价 7.30

续表

页码	部位或子目编号	误	正
613	C4-12-280	基　价(元)　2846.33 材料费(元)　57.87	基　价(元)　2864.36 材料费(元)　75.90
		03010855　六角螺栓　M12×14～75 单价 2.88	03012545　六角螺栓　M12×14～75 单价 7.30
614	C4-12-281	基　价(元)　2234.08 材料费(元)　57.87	基　价(元)　2252.11 材料费(元)　75.90
		03010855　六角螺栓　M12×14～75 单价 2.88	03012545　六角螺栓　M12×14～75 单价 7.30
614	C4-12-282	基　价(元)　2470.03 材料费(元)　57.87	基　价(元)　2488.06 材料费(元)　75.90
		03010855　六角螺栓　M12×14～75 单价 2.88	03012545　六角螺栓　M12×14～75 单价 7.30
614	C4-12-283	基　价(元)　2752.27 材料费(元)　57.87	基　价(元)　2770.30 材料费(元)　75.90
		03010855　六角螺栓　M12×14～75 单价 2.88	03012545　六角螺栓　M12×14～75 单价 7.30
616	C4-12-286	基　价(元)　1220.12 材料费(元)　2.85	基　价(元)　1223.73 材料费(元)　6.46
		03010855　六角螺栓　M12×14～75 单价 2.88	03012545　六角螺栓　M12×14～75 单价 7.30
616	C4-12-287	基　价(元)　1396.74 材料费(元)　2.85	基　价(元)　1400.35 材料费(元)　6.46
		03010855　六角螺栓　M12×14～75 单价 2.88	03012545　六角螺栓　M12×14～75 单价 7.30
616	C4-12-288	基　价(元)　1612.60 材料费(元)　2.85	基　价(元)　1616.21 材料费(元)　6.46
		03010855　六角螺栓　M12×14～75 单价 2.88	03012545　六角螺栓　M12×14～75 单价 7.30
617	C4-12-289	基　价(元)　2019.35 材料费(元)　2.85	基　价(元)　2022.96 材料费(元)　6.46
		03010855　六角螺栓　M12×14～75 单价 2.88	03012545　六角螺栓　M12×14～75 单价 7.30
617	C4-12-290	基　价(元)　2352.02 材料费(元)　2.85	基　价(元)　2355.63 材料费(元)　6.46
		03010855　六角螺栓　M12×14～75 单价 2.88	03012545　六角螺栓　M12×14～75 单价 7.30
617	C4-12-291	基　价(元)　2767.92 材料费(元)　2.85	基　价(元)　2771.53 材料费(元)　6.46
		03010855　六角螺栓　M12×14～75 单价 2.88	03012545　六角螺栓　M12×14～75 单价 7.30

续表

<table>
<tr><th>页码</th><th>部位或子目编号</th><th>误</th><th>正</th></tr>
<tr><td rowspan="2">618</td><td rowspan="2">C4-12-292</td><td>基　价(元)　　1402.98
材料费(元)　　　2.85</td><td>基　价(元)　　1406.59
材料费(元)　　　6.46</td></tr>
<tr><td>03010855　六角螺栓　M12×14～75
单价 2.88</td><td>03012545　六角螺栓　M12×14～75
单价 7.30</td></tr>
<tr><td rowspan="2">618</td><td rowspan="2">C4-12-293</td><td>基　价(元)　　1624.42
材料费(元)　　　2.85</td><td>基　价(元)　　1628.03
材料费(元)　　　6.46</td></tr>
<tr><td>03010855　六角螺栓　M12×14～75
单价 2.88</td><td>03012545　六角螺栓　M12×14～75
单价 7.30</td></tr>
<tr><td rowspan="2">618</td><td rowspan="2">C4-12-294</td><td>基　价(元)　　1923.66
材料费(元)　　　2.85</td><td>基　价(元)　　1927.27
材料费(元)　　　6.46</td></tr>
<tr><td>03010855　六角螺栓　M12×14～75
单价 2.88</td><td>03012545　六角螺栓　M12×14～75
单价 7.30</td></tr>
<tr><td rowspan="2">619</td><td rowspan="2">C4-12-295</td><td>基　价(元)　　2237.25
材料费(元)　　　2.85</td><td>基　价(元)　　2240.86
材料费(元)　　　6.46</td></tr>
<tr><td>03010855　六角螺栓　M12×14～75
单价 2.88</td><td>03012545　六角螺栓　M12×14～75
单价 7.30</td></tr>
<tr><td rowspan="2">619</td><td rowspan="2">C4-12-296</td><td>基　价(元)　　2793.12
材料费(元)　　　2.85</td><td>基　价(元)　　2796.73
材料费(元)　　　6.46</td></tr>
<tr><td>03010855　六角螺栓　M12×14～75
单价 2.88</td><td>03012545　六角螺栓　M12×14～75
单价 7.30</td></tr>
<tr><td rowspan="2">619</td><td rowspan="2">C4-12-297</td><td>基　价(元)　　3313.79
材料费(元)　　　2.85</td><td>基　价(元)　　3317.40
材料费(元)　　　6.46</td></tr>
<tr><td>03010855　六角螺栓　M12×14～75
单价 2.88</td><td>03012545　六角螺栓　M12×14～75
单价 7.30</td></tr>
<tr><td rowspan="2">620</td><td rowspan="2">C4-12-298</td><td>基　价(元)　　1444.56
材料费(元)　　　2.85</td><td>基　价(元)　　1448.17
材料费(元)　　　6.46</td></tr>
<tr><td>03010855　六角螺栓　M12×14～75
单价 2.88</td><td>03012545　六角螺栓　M12×14～75
单价 7.30</td></tr>
<tr><td rowspan="2">620</td><td rowspan="2">C4-12-299</td><td>基　价(元)　　1583.34
材料费(元)　　　2.85</td><td>基　价(元)　　1586.95
材料费(元)　　　6.46</td></tr>
<tr><td>03010855　六角螺栓　M12×14～75
单价 2.88</td><td>03012545　六角螺栓　M12×14～75
单价 7.30</td></tr>
<tr><td rowspan="2">620</td><td rowspan="2">C4-12-300</td><td>基　价(元)　　1902.74
材料费(元)　　　2.85</td><td>基　价(元)　　1906.35
材料费(元)　　　6.46</td></tr>
<tr><td>03010855　六角螺栓　M12×14～75
单价 2.88</td><td>03012545　六角螺栓　M12×14～75
单价 7.30</td></tr>
<tr><td rowspan="2">621</td><td rowspan="2">C4-12-301</td><td>基　价(元)　　2286.91
材料费(元)　　　2.85</td><td>基　价(元)　　2290.52
材料费(元)　　　6.46</td></tr>
<tr><td>03010855　六角螺栓　M12×14～75
单价 2.88</td><td>03012545　六角螺栓　M12×14～75
单价 7.30</td></tr>
</table>

续表

页码	部位或子目编号	误	正
621	C4-12-302	基　价(元)　　2688.83 材料费(元)　　2.85	基　价(元)　　2692.44 材料费(元)　　6.46
		03010855　六角螺栓　M12×14～75 单价 2.88	03012545　六角螺栓　M12×14～75 单价 7.30
621	C4-12-303	基　价(元)　　3187.20 材料费(元)　　2.85	基　价(元)　　3190.81 材料费(元)　　6.46
		03010855　六角螺栓　M12×14～75 单价 2.88	03012545　六角螺栓　M12×14～75 单价 7.30
622	C4-12-304	基　价(元)　　1681.82 材料费(元)　　2.85	基　价(元)　　1685.43 材料费(元)　　6.46
		03010855　六角螺栓　M12×14～75 单价 2.88	03012545　六角螺栓　M12×14～75 单价 7.30
622	C4-12-305	基　价(元)　　1981.84 材料费(元)　　2.85	基　价(元)　　1985.45 材料费(元)　　6.46
		03010855　六角螺栓　M12×14～75 单价 2.88	03012545　六角螺栓　M12×14～75 单价 7.30
622	C4-12-306	基　价(元)　　2216.88 材料费(元)　　2.85	基　价(元)　　2220.49 材料费(元)　　6.46
		03010855　六角螺栓　M12×14～75 单价 2.88	03012545　六角螺栓　M12×14～75 单价 7.30
623	C4-12-307	基　价(元)　　2712.19 材料费(元)　　2.85	基　价(元)　　2715.80 材料费(元)　　6.46
		03010855　六角螺栓　M12×14～75 单价 2.88	03012545　六角螺栓　M12×14～75 单价 7.30
623	C4-12-308	基　价(元)　　3213.74 材料费(元)　　2.85	基　价(元)　　3217.35 材料费(元)　　6.46
		03010855　六角螺栓　M12×14～75 单价 2.88	03012545　六角螺栓　M12×14～75 单价 7.30
623	C4-12-309	基　价(元)　　3837.19 材料费(元)　　2.85	基　价(元)　　3840.80 材料费(元)　　6.46
		03010855　六角螺栓　M12×14～75 单价 2.88	03012545　六角螺栓　M12×14～75 单价 7.30
625	C4-12-312	基　价(元)　　4183.20 材料费(元)　　2.85	基　价(元)　　4186.81 材料费(元)　　6.46
		03010855　六角螺栓　M12×14～75 单价 2.88	03012545　六角螺栓　M12×14～75 单价 7.30
625	C4-12-313	基　价(元)　　4430.25 材料费(元)　　2.85	基　价(元)　　4433.86 材料费(元)　　6.46
		03010855　六角螺栓　M12×14～75 单价 2.88	03012545　六角螺栓　M12×14～75 单价 7.30

续表

页码	部位或子目编号	误	正
625	C4-12-314	基　价(元)　　4703.40 材料费(元)　　　2.85	基　价(元)　　4707.01 材料费(元)　　　6.46
		03010855　六角螺栓　M12×14～75 单价 2.88	03012545　六角螺栓　M12×14～75 单价 7.30
626	C4-12-315	基　价(元)　　6121.54 材料费(元)　　　2.85	基　价(元)　　6125.15 材料费(元)　　　6.46
		03010855　六角螺栓　M12×14～75 单价 2.88	03012545　六角螺栓　M12×14～75 单价 7.30
626	C4-12-316	基　价(元)　　6402.04 材料费(元)　　　2.85	基　价(元)　　6405.65 材料费(元)　　　6.46
		03010855　六角螺栓　M12×14～75 单价 2.88	03012545　六角螺栓　M12×14～75 单价 7.30
626	C4-12-317	基　价(元)　　6722.06 材料费(元)　　　2.85	基　价(元)　　6725.67 材料费(元)　　　6.46
		03010855　六角螺栓　M12×14～75 单价 2.88	03012545　六角螺栓　M12×14～75 单价 7.30
629	C4-12-324	基　价(元)　　4327.63 材料费(元)　　　2.85	基　价(元)　　4331.24 材料费(元)　　　6.46
		03010855　六角螺栓　M12×14～75 单价 2.88	03012545　六角螺栓　M12×14～75 单价 7.30
629	C4-12-325	基　价(元)　　4588.07 材料费(元)　　　2.85	基　价(元)　　4591.68 材料费(元)　　　6.46
		03010855　六角螺栓　M12×14～75 单价 2.88	03012545　六角螺栓　M12×14～75 单价 7.30
629	C4-12-326	基　价(元)　　4877.34 材料费(元)　　　2.85	基　价(元)　　4880.95 材料费(元)　　　6.46
		03010855　六角螺栓　M12×14～75 单价 2.88	03012545　六角螺栓　M12×14～75 单价 7.30
630	C4-12-327	基　价(元)　　6313.98 材料费(元)　　　2.85	基　价(元)　　6317.59 材料费(元)　　　6.46
		03010855　六角螺栓　M12×14～75 单价 2.88	03012545　六角螺栓　M12×14～75 单价 7.30
630	C4-12-328	基　价(元)　　6543.89 材料费(元)　　　2.85	基　价(元)　　6547.50 材料费(元)　　　6.46
		03010855　六角螺栓　M12×14～75 单价 2.88	03012545　六角螺栓　M12×14～75 单价 7.30
630	C4-12-329	基　价(元)　　6954.64 材料费(元)　　　2.85	基　价(元)　　6958.25 材料费(元)　　　6.46
		03010855　六角螺栓　M12×14～75 单价 2.88	03012545　六角螺栓　M12×14～75 单价 7.30

续表

页码	部位或子目编号	误	正
631	C4-12-330	基　价(元)　4810.86 材料费(元)　31.86 03010855　六角螺栓　M12×14～75 单价 2.88	基　价(元)　4814.46 材料费(元)　35.46 03012545　六角螺栓　M12×14～75 单价 7.30
631	C4-12-331	基　价(元)　5116.42 材料费(元)　31.86 03010855　六角螺栓　M12×14～75 单价 2.88	基　价(元)　5120.02 材料费(元)　35.46 03012545　六角螺栓　M12×14～75 单价 7.30
631	C4-12-332	基　价(元)　5455.54 材料费(元)　31.86 03010855　六角螺栓　M12×14～75 单价 2.88	基　价(元)　5459.14 材料费(元)　35.46 03012545　六角螺栓　M12×14～75 单价 7.30
632	C4-12-333	基　价(元)　6959.59 材料费(元)　43.02 03010855　六角螺栓　M12×14～75 单价 2.88	基　价(元)　6963.19 材料费(元)　46.62 03012545　六角螺栓　M12×14～75 单价 7.30
632	C4-12-334	基　价(元)　7318.54 材料费(元)　43.02 03010855　六角螺栓　M12×14～75 单价 2.88	基　价(元)　7322.14 材料费(元)　46.62 03012545　六角螺栓　M12×14～75 单价 7.30
632	C4-12-335	基　价(元)　7727.76 材料费(元)　43.02 03010855　六角螺栓　M12×14～75 单价 2.88	基　价(元)　7731.36 材料费(元)　46.62 03012545　六角螺栓　M12×14～75 单价 7.30
668	C.4.13.7	“注:如现场制作的,则执行铁构件相应项目。”	“注:如现场制作的,则执行铁构件制作相应项目。”
677	章说明		补充:“二十六、双电源系统调试只能计收最上一级总调试,执行备用电源自投装置调试定额子目。”
679	工程量计算规则	四、“特殊保护装调试……”	四、“特殊保护装置调试……”
681	工程量计算规则	十九、“三相电动机的调试,按设计图示数量以‘台’计算。”	删除该条计算规则

(第五册　建筑智能化工程) 勘误表

页码	部位或子目编号	误	正
7	册说明	6“《建设工程量清单计价规范》GB 50500—2013”	6“《建设工程工程量清单计价规范》GB 50500—2013”

(第七册　通风空调工程) 勘误表

页码	部位或子目编号	误	正
52	工程量计算规则	十三、“装配式镀锌薄钢板通风管道、装配式镀锌薄钢板矩形通风管道……”	十三、“装配式镀锌薄钢板圆形通风管道、装配式镀锌薄钢板矩形通风管道……”

续表

页码	部位或子目编号	误	正
52	工程量计算规则	十四、“装配式镀锌薄钢板通风管道安装中已包括法兰、加固框和吊托支架，不得另行计算。”	删除该条计算规则
60	C7-2-28	表格内子目名称“装配式风管支架安装” 未计价材料名称“装配式风管成品风管支架”	表格内子目名称修改为“装配式风管成品支架安装” 未计价材料名称修改为“装配式风管成品支架”
103	章说明	一、“……通风管道皮带防护罩……”	一、“……皮带防护罩……”
105	工程量计算规则	四、“碳钢各种风口的安装依据类型、规格尺寸按设计图示数量以‘个’计算。”	四、“各种风口的安装依据类型、规格尺寸按设计图示数量以‘个’计算。”
186	C7-3-225	基　价(元)　688.86 材料费(元)　243.64	基　价(元)　699.89 材料费(元)　254.67
		03010855　六角螺栓　M12×14～75 单价 2.88	03012545　六角螺栓　M12×14～75 单价 7.30
186	C7-3-226	基　价(元)　960.89 材料费(元)　394.43	基　价(元)　971.92 材料费(元)　405.46
		03010855　六角螺栓　M12×14～75 单价 2.88	03012545　六角螺栓　M12×14～75 单价 7.30
195	章说明	四、“成品风管支架安装材料按成品考虑。”	删除该条说明
197	工程量计算规则	四、“成品风管支架安装按质量区分以‘套’计算。”	删除该条计算规则(后面序号顺延)
207	分部分项工程增加费说明	三、“分部分项工程增加费的费率测算时已经综合考虑各种因素，其计算结果均作为人工费。”	三、“分部分项工程增加费的费率测算时已经综合考虑各种因素。”

(第九册　消防工程) 勘误表

页码	部位或子目编号	误	正
16	章说明	五、3“……定额子目已包括沟槽管件的相应卡箍，卡箍按管件形式实际配置数量计算本身价值。”	五、3“……定额子目已包括沟槽管件的相应卡箍安装，卡箍按管件形式实际配置数量计算本身价值。”
95	章说明	四、2“电气火灾监控系统：温度传感器执行线性……”	四、2“电气火灾监控系统：温度传感器执行线型……”

(第十册　给排水、采暖、燃气工程) 勘误表

页码	部位或子目编号	误	正
9	册说明	四、1“给水、采暖管道以与市政管线碰头点或以计量表、阀门(井)为界。”	四、1“给水、采暖管道以计量表、阀门(井)为界；无计量表、阀门(井)的，以与市政管线碰头点为界。”

续表

页码	部位或子目编号	误	正
16、18、19	章说明	P16第五点第六条、P18第五点第六条、P19第五点第四条："安装带保温层的管道时，可执行相应材质及连接形式的管道安装项目，其人工乘以系数1.10；管道接头保温执行第十二册《刷油、防腐蚀、绝热工程》，其人工、机具乘以系数2.00。"	"安装带预制保温层的成品管道时：可执行相应材质及连接形式的管道安装项目，其人工乘以系数1.10；管道连接处(DN≥50mm的法兰阀门和法兰除外)保温执行第十二册《刷油、防腐蚀、绝热工程》，其人工、机具乘以系数2.00。"
71	C10-1-201	基　价(元)　795.44 材料费(元)　350.47	基　价(元)　825.06 材料费(元)　380.09
		03010855　六角螺栓　M12×14～75 单价2.88	03012545　六角螺栓　M12×14～75 单价7.30
296	C10-3-23	基　价(元)　25.38 材料费(元)　3.90	基　价(元)　29.02 材料费(元)　7.54
		03010855　六角螺栓　M12×14～75 单价2.88	03012545　六角螺栓　M12×14～75 单价7.30
296	C10-3-24	基　价(元)　25.75 材料费(元)　4.12	基　价(元)　29.39 材料费(元)　7.76
		03010855　六角螺栓　M12×14～75 单价2.88	03012545　六角螺栓　M12×14～75 单价7.30
296	C10-3-25	基　价(元)　32.34 材料费(元)　4.63	基　价(元)　35.98 材料费(元)　8.27
		03010855　六角螺栓　M12×14～75 单价2.88	03012545　六角螺栓　M12×14～75 单价7.30
319	C10-3-108	基　价(元)　418.50 材料费(元)　108.42	基　价(元)　433.07 材料费(元)　122.99
		03010855　六角螺栓　M12×14～75 单价2.88	03012545　六角螺栓　M12×14～75 单价7.30
319	C10-3-109	基　价(元)　451.29 材料费(元)　117.67	基　价(元)　465.86 材料费(元)　132.24
		03010855　六角螺栓　M12×14～75 单价2.88	03012545　六角螺栓　M12×14～75 单价7.30
325	C10-3-121	基　价(元)　503.05 材料费(元)　181.42	基　价(元)　721.57 材料费(元)　399.94
		03010855　六角螺栓　M12×14～75 单价2.88	03012545　六角螺栓　M12×14～75 单价7.30
325	C10-3-122	基　价(元)　525.75 材料费(元)　185.46	基　价(元)　744.27 材料费(元)　403.98
		03010855　六角螺栓　M12×14～75 单价2.88	03012545　六角螺栓　M12×14～75 单价7.30

续表

页码	部位或子目编号	误	正
325	C10-3-123	基　价(元)　656.76 材料费(元)　281.49	基　价(元)　766.02 材料费(元)　390.75
		03010855　六角螺栓　M12×14～75 单价 2.88	03012545　六角螺栓　M12×14～75 单价 7.30
325	C10-3-124	基　价(元)　751.46 材料费(元)　324.04	基　价(元)　824.30 材料费(元)　396.88
		03010855　六角螺栓　M12×14～75 单价 2.88	03012545　六角螺栓　M12×14～75 单价 7.30
325	C10-3-125	基　价(元)　888.60 材料费(元)　375.10	基　价(元)　925.02 材料费(元)　411.52
		03010855　六角螺栓　M12×14～75 单价 2.88	03012545　六角螺栓　M12×14～75 单价 7.30
327	C10-3-126	基　价(元)　1018.68 材料费(元)　401.78	基　价(元)　1055.10 材料费(元)　438.20
		03010855　六角螺栓　M12×14～75 单价 2.88	03012545　六角螺栓　M12×14～75 单价 7.30
327	C10-3-127	基　价(元)　1334.62 材料费(元)　598.39	基　价(元)　1371.04 材料费(元)　634.81
		03010855　六角螺栓　M12×14～75 单价 2.88	03012545　六角螺栓　M12×14～75 单价 7.30
327	C10-3-128	基　价(元)　1743.36 材料费(元)　853.56	基　价(元)　1779.78 材料费(元)　889.98
		03010855　六角螺栓　M12×14～75 单价 2.88	03012545　六角螺栓　M12×14～75 单价 7.30
445	C10-5-2	基　价(元)　325.70 材料费(元)　83.36	基　价(元)　353.02 材料费(元)　110.68
		03010855　六角螺栓　M12×14～75 单价 2.88	03012545　六角螺栓　M12×14～75 单价 7.30
451	C10-5-15	基　价(元)　359.78 材料费(元)　30.48	基　价(元)　364.20 材料费(元)　34.90
		03010855　六角螺栓　M12×14～75 单价 2.88	03012545　六角螺栓　M12×14～75 单价 7.30
451	C10-5-16	基　价(元)　382.21 材料费(元)　32.64	基　价(元)　386.63 材料费(元)　37.06
		03010855　六角螺栓　M12×14～75 单价 2.88	03012545　六角螺栓　M12×14～75 单价 7.30
451	C10-5-17	基　价(元)　397.19 材料费(元)　34.80	基　价(元)　401.61 材料费(元)　39.22
		03010855　六角螺栓　M12×14～75 单价 2.88	03012545　六角螺栓　M12×14～75 单价 7.30
460	C10-5-42	基　价(元)　189.77 材料费(元)　16.57	基　价(元)　191.59 材料费(元)　18.39
		03010855　六角螺栓　M12×14～75 单价 2.88	03012545　六角螺栓　M12×14～75 单价 7.30

续表

<table>
<tr><th>页码</th><th>部位或
子目编号</th><th>误</th><th>正</th></tr>
<tr><td rowspan="2">460</td><td rowspan="2">C10-5-43</td><td>基　价(元)　　191.73
材料费(元)　　16.57</td><td>基　价(元)　　193.55
材料费(元)　　18.39</td></tr>
<tr><td>03010855　六角螺栓　M12×14～75
单价 2.88</td><td>03012545　六角螺栓　M12×14～75
单价 7.30</td></tr>
<tr><td rowspan="2">460</td><td rowspan="2">C10-5-44</td><td>基　价(元)　　273.86
材料费(元)　　16.57</td><td>基　价(元)　　275.68
材料费(元)　　18.39</td></tr>
<tr><td>03010855　六角螺栓　M12×14～75
单价 2.88</td><td>03012545　六角螺栓　M12×14～75
单价 7.30</td></tr>
<tr><td rowspan="2">460</td><td rowspan="2">C10-5-45</td><td>基　价(元)　　384.99
材料费(元)　　16.57</td><td>基　价(元)　　386.81
材料费(元)　　18.39</td></tr>
<tr><td>03010855　六角螺栓　M12×14～75
单价 2.88</td><td>03012545　六角螺栓　M12×14～75
单价 7.30</td></tr>
</table>

（第十二册　刷油、防腐蚀、绝热工程）勘误表

页码	部位或子目编号	误	正
53	C12-2-52 C12-2-53	13010155　醇酸清漆 kg	13010055　醇酸清漆 kg
59	C12-2-75 C12-2-76	13010155　醇酸清漆 kg	13010055　醇酸清漆 kg
64	C12-2-97 C12-2-98 C12-2-99	13010155　醇酸清漆 kg	13010055　醇酸清漆 kg
70	C12-2-120 C12-2-121	13010155　醇酸清漆 kg	13010055　醇酸清漆 kg
75	C12-2-136 C12-2-137	13010155　醇酸清漆 kg	13010055　醇酸清漆 kg
78	C12-2-148 C12-2-149	13010155　醇酸清漆 kg	13010055　醇酸清漆 kg
81	C12-2-160 C12-2-161	13010155　醇酸清漆 kg	13010055　醇酸清漆 kg
84	C12-2-172 C12-2-173	13010155　醇酸清漆 kg	13010055　醇酸清漆 kg
89	C12-2-189 C12-2-190	13010155　醇酸清漆 kg	13010055　醇酸清漆 kg
90	C12-2-193 C12-2-194	13010155　醇酸清漆 kg	13010055　醇酸清漆 kg
92	C12-2-199 C12-2-200	13010155　醇酸清漆 kg	13010055　醇酸清漆 kg
94	C12-2-205 C12-2-206	13010155　醇酸清漆 kg	13010055　醇酸清漆 kg
96	C12-2-211 C12-2-212	13010155　醇酸清漆 kg	13010055　醇酸清漆 kg

四、《广东省园林绿化工程综合定额（2018）》勘误表

页码	部位或子目编号	误	正
13	工程量计算规则	二、5"起挖散生竹按设计图示数量以'株'计算，起挖散生竹按设计图示数量以"丛"计算。"	二、5"起挖散生竹按设计图示数量以'株'计算，起挖丛生竹按设计图示数量以"丛"计算。"

五、《广东省城市地下综合管廊工程综合定额（2018）》（建筑工程册）勘误表

页码	部位或子目编号	误	正
65	G1-1-177	基　价(元)　7255.01 材料费(元)　2.16	基　价(元)　7272.63 材料费(元)　19.78
		03139531 合金钎头Φ150 单价　15.11	03139531 合金钎头Φ150 单价　141.03
65	G1-1-178	基　价(元)　10740.90 材料费(元)　3.56	基　价(元)　10769.99 材料费(元)　32.65
		03139531 合金钎头Φ150 单价　15.11	03139531 合金钎头Φ150 单价　141.03
65	G1-1-179	基　价(元)　17695.17 材料费(元)　8.90	基　价(元)　17767.96 材料费(元)　81.69
		03139531 合金钎头Φ150 单价　15.11	03139531 合金钎头Φ150 单价　141.03
65	G1-1-180	基　价(元)　22294.76 材料费(元)　17.80	基　价(元)　22440.20 材料费(元)　163.24
		03139531 合金钎头Φ150 单价　15.11	03139531 合金钎头Φ150 单价　141.03
66	G1-1-181	基　价(元)　6691.23 材料费(元)　2.16	基　价(元)　6708.85 材料费(元)　19.78
		03139531 合金钎头Φ150 单价　15.11	03139531 合金钎头Φ150 单价　141.03
66	G1-1-18	基　价(元)　10465.95 材料费(元)　3.56	基　价(元)　10495.04 材料费(元)　32.65
		03139531 合金钎头Φ150 单价　15.11	03139531 合金钎头Φ150 单价　141.03
66	G1-1-183	基　价(元)　15204.33 材料费(元)　8.90	基　价(元)　15277.12 材料费(元)　81.69
		03139531 合金钎头Φ150 单价　15.11	03139531 合金钎头Φ150 单价　141.03

续表

页码	部位或子目编号	误	正
66	G1-1-184	基　价(元)　18919.28 材料费(元)　17.80	基　价(元)　19064.72 材料费(元)　163.24
		03139531 合金钎头Φ150 单价　15.11	03139531 合金钎头Φ150 单价　141.03
67	G1-1-185	基　价(元)　5473.61 材料费(元)　2.16	基　价(元)　5491.23 材料费(元)　19.78
		03139531 合金钎头Φ150 单价　15.11	03139531 合金钎头Φ150 单价　141.03
67	G1-1-186	基　价(元)　6429.66 材料费(元)　3.56	基　价(元)　6458.75 材料费(元)　32.65
		03139531 合金钎头Φ150 单价　15.11	03139531 合金钎头Φ150 单价　141.03
67	G1-1-187	基　价(元)　9623.67 材料费(元)　8.90	基　价(元)　9696.46 材料费(元)　81.69
		03139531 合金钎头Φ150 单价　15.11	03139531 合金钎头Φ150 单价　141.03
67	G1-1-188	基　价(元)　13263.80 材料费(元)　17.80	基　价(元)　13409.24 材料费(元)　163.24
		03139531 合金钎头Φ150 单价　15.11	03139531 合金钎头Φ150 单价　141.03
101	G1-2-9	基　价(元)　19074.05 材料费(元)　9294.66	基　价(元)　18413.43 材料费(元)　8634.04
		04050180 片石　单价　97.16	04050180 片石　单价　58.30
103	G1-2-14	基　价(元)　1774.41 材料费(元)　1142.95	基　价(元)　1346.95 材料费(元)　715.49
		04050180 片石　单价　97.16	04050180 片石　单价　58.30
103	G1-2-15	基　价(元)　1274.61 材料费(元)　1142.95	基　价(元)　847.15 材料费(元)　715.49
		04050180 片石　单价　97.16	04050180 片石　单价　58.30
104	G1-2-17	基　价(元)　4252.65 材料费(元)　1559.31	基　价(元)　4249.37 材料费(元)　1556.03
		17010080 钢管　单价　4.20	17010049 焊接钢管 综合 单价　4.06
104	G1-2-18	基　价(元)　4768.32 材料费(元)　1609.31	基　价(元)　4763.41 材料费(元)　1604.40
		17010080 钢管　单价　4.20	17010049 焊接钢管 综合　单价 4.06

续表

页码	部位或子目编号	误	正
130	G1-2-86	基　价(元)　4980.55 材料费(元)　4541.04	基　价(元)　4826.96 材料费(元)　4387.45
		17010090 钢管 单价　4200.00	17010050 焊接钢管 综合 单价　4055.10
147	G1-3-17	基　价(元)　23073.19 材料费(元)　18637.42	基　价(元)　29386.30 材料费(元)　24950.53
		04290030 预应力混凝土管桩Φ500 单价　173.05 消耗量 103.800	04290040 预应力混凝土管桩Φ600 单价　233.87 消耗量 103.800
147	G1-3-18	基　价(元)　24613.69 材料费(元)　18637.42	基　价(元)　30926.80 材料费(元)　24950.53
		04290030 预应力混凝土管桩Φ500 单价　173.05　消耗量 103.800	04290040 预应力混凝土管桩Φ600 单价　233.87　消耗量 103.800
149	G1-3-23	基　价(元)　16379.86 材料费(元)　10793.44	基　价(元)　18858.61 材料费(元)　13272.19
		04290130 预制钢筋混凝土方桩 400×400　单价　96.12	04290135 预制钢筋混凝土方桩 500×500　单价　120.00
149	G1-3-24	基　价(元)　16519.14 材料费(元)　10793.44	基　价(元)　18997.89 材料费(元)　13272.19
		04290130 预制钢筋混凝土方桩 400×400　单价　96.12	04290135 预制钢筋混凝土方桩 500×500　单价　120.00
165	G1-3-67	基　价(元)　8844.34 材料费(元)　4323.42	基　价(元)　8840.42 材料费(元)　4319.50
		17010080 钢管 单价　4.20	17010049 焊接钢管 综合 单价　4.06
165	G1-3-68	基　价(元)　10382.55 材料费(元)　4383.76	基　价(元)　10376.68 材料费(元)　4377.89
		17010080 钢管 单价　4.20	17010049 焊接钢管 综合 单价　4.06
166	G1-3-69	基　价(元)　9108.42 材料费(元)　4383.94	基　价(元)　9102.55 材料费(元)　4378.07
		17010080 钢管 单价　4.20	17010049 焊接钢管 综合 单价　4.06
167	G1-3-71	基　价(元)　4975.96 材料费(元)　181.36	基　价(元)　4970.09 材料费(元)　175.49
		17010080 钢管 单价　4.20	17010049 焊接钢管 综合 单价　4.06

续表

页码	部位或子目编号	误	正
173	G1-3-87	基　价(元)　5656.55 材料费(元)　4651.96	基　价(元)　5507.03 材料费(元)　4502.44
		17010080 钢管 单价　4.20	17010049 焊接钢管 综合 单价　4.06
195	G1-3-145	基　价(元)　2581.59 材料费(元)　2123.05	基　价(元)　2754.37 材料费(元)　2295.83
		17010060 焊接钢管 DN50 单价　19.21	17010060 焊接钢管 DN50 单价　20.84
242	G1-5-48	基　价(元)　9444.30 材料费(元)　5409.48	基　价(元)　9461.76 材料费(元)　5426.94
		17070020 热轧无缝钢管综合 单价　4.84	17070020 热轧无缝钢管综合 单价　5.18
242	G1-5-49	基　价(元)　8001.16 材料费(元)　4953.93	基　价(元)　8012.39 材料费(元)　4965.16
		17070020 热轧无缝钢管综合 单价　4.84	17070020 热轧无缝钢管综合 单价　5.18
242	G1-5-50	基　价(元)　7274.58 材料费(元)　4833.32	基　价(元)　7282.34 材料费(元)　4841.08
		17070020 热轧无缝钢管综合 单价　4.84	17070020 热轧无缝钢管综合 单价　5.18
242	G1-5-51	基　价(元)　6657.05 材料费(元)　4650.77	基　价(元)　6661.42 材料费(元)　4655.14
		17070020 热轧无缝钢管综合 单价　4.84	17070020 热轧无缝钢管综合 单价　5.18
244	G1-5-59	基　价(元)　2092.41 材料费(元)　216.65	基　价(元)　2124.54 材料费(元)　248.78
		80070120 环氧砂浆(配合比) 1∶0.07∶2∶4 漏列单价	80070120　环氧砂浆(配合比) 1∶0.07∶2∶4 单价　10711.65
257	G1-6-14	基　价(元)　7963.05 材料费(元)　3207.97	基　价(元)　5628.40 材料费(元)　873.32
		03013181 膨胀螺栓　M12×100 单价　56.15	03013181 膨胀螺栓 M12×100 单价　12.10
257	G1-6-15	基　价(元)　8477.76 材料费(元)　3234.13	基　价(元)　6143.11 材料费(元)　899.48
		03013181 膨胀螺栓 M12×100 单价　56.15	03013181 膨胀螺栓 M12×100 单价　12.10

续表

<table>
<tr><th>页码</th><th>部位或
子目编号</th><th>误</th><th>正</th></tr>
<tr><td rowspan="2">262</td><td rowspan="2">G1-6-33</td><td>基　价(元)　5878.71
材料费(元)　1399.51</td><td>基　价(元)　5740.08
材料费(元)　1260.88</td></tr>
<tr><td>03013121 膨胀螺栓 M6×80
单价　3.09</td><td>03013121 膨胀螺栓 M6×80
单价　2.65</td></tr>
<tr><td rowspan="2">262</td><td rowspan="2">G1-6-34</td><td>基　价(元)　6688.19
材料费(元)　2578.49</td><td>基　价(元)　6330.95
材料费(元)　2221.25</td></tr>
<tr><td>03013121 膨胀螺栓 M6×80
单价　3.09</td><td>03013121 膨胀螺栓 M6×80
单价　2.65</td></tr>
<tr><td rowspan="2">262</td><td rowspan="2">G1-6-35</td><td>基　价(元)　6328.14
材料费(元)　2911.08</td><td>基　价(元)　6036.86
材料费(元)　2619.80</td></tr>
<tr><td>03013121 膨胀螺栓 M6×80
单价　3.09</td><td>03013121 膨胀螺栓 M6×80
单价　2.65</td></tr>
<tr><td rowspan="2">263</td><td rowspan="2">G1-6-38</td><td>基　价(元)　162.84
材料费(元)　43.99</td><td>基　价(元)　776.11
材料费(元)　657.26</td></tr>
<tr><td>03033016 拉手 30 以外
单价　4.27</td><td>03033016 拉手 30 以外
单价　64.99</td></tr>
<tr><td>307</td><td>G1-8-2</td><td>子目厚度每增减 0.5mm</td><td>子目厚度每增减 5mm</td></tr>
<tr><td>308</td><td>G1-8-5</td><td>子目厚度每增减 0.5mm</td><td>子目厚度每增减 5mm</td></tr>
<tr><td rowspan="2">323</td><td rowspan="2">G1-9-1</td><td>基　价(元)　532.16
材料费(元)　400.46</td><td>基　价(元)　142.40
材料费(元)　10.70</td></tr>
<tr><td>17010087 钢管　单价　38.40
消耗量 10.150</td><td>17010045 焊接钢管　单价　—
消耗量[10.150]</td></tr>
<tr><td rowspan="2">323</td><td rowspan="2">G1-9-2</td><td>基　价(元)　572.44
材料费(元)　401.34</td><td>基　价(元)　183.06
材料费(元)　11.97</td></tr>
<tr><td>17010087 钢管　单价　38.40
消耗量 10.140</td><td>17010045 焊接钢管　单价　—
消耗量[10.140]</td></tr>
<tr><td rowspan="2">323</td><td rowspan="2">G1-9-3</td><td>基　价(元)　604.51
材料费(元)　401.53</td><td>基　价(元)　215.52
材料费(元)　12.54</td></tr>
<tr><td>17010087 钢管　单价　38.40
消耗量 10.130</td><td>17010045 焊接钢管　单价　—
消耗量[10.130]</td></tr>
<tr><td rowspan="2">323</td><td rowspan="2">G1-9-4</td><td>基　价(元)　626.97
材料费(元)　402.14</td><td>基　价(元)　238.36
材料费(元)　13.53</td></tr>
<tr><td>17010087 钢管　单价　38.40
消耗量 10.120</td><td>17010045 焊接钢管　单价　—
消耗量[10.120]</td></tr>
</table>

续表

页码	部位或子目编号	误	正
323	G1-9-5	基　价(元)　663.02 材料费(元)　403.69	基　价(元)　274.79 材料费(元)　15.46
		17010087 钢管　单价　38.40 消耗量 10.110	17010045 焊接钢管　单价　— 消耗量[10.110]
323	G1-9-6	基　价(元)　715.85 材料费(元)　405.27	基　价(元)　328.01 材料费(元)　17.43
		17010087 钢管　单价　38.40 消耗量 10.100	17010045 焊接钢管　单价　— 消耗量[10.100]
324	G1-9-7	基　价(元)　749.82 材料费(元)　408.20	基　价(元)　362.37 材料费(元)　20.75
		17010087 钢管　单价　38.40 消耗量 10.090	17010045 焊接钢管　单价　— 消耗量[10.090]
324	G1-9-8	基　价(元)　817.60 材料费(元)　410.47	基　价(元)　430.15 材料费(元)　23.02
		17010087 钢管　单价　38.40 消耗量 10.090	17010045 焊接钢管　单价　— 消耗量[10.090]
324	G1-9-9	基　价(元)　855.59 材料费(元)　413.27	基　价(元)　468.14 材料费(元)　25.82
		17010087 钢管　单价　38.40 消耗量 10.090	17010045 焊接钢管　单价　— 消耗量[10.090]
324	G1-9-10	基　价(元)　883.64 材料费(元)　415.71	基　价(元)　496.57 材料费(元)　28.64
		17010087 钢管　单价　38.40 消耗量 10.080	17010045 焊接钢管　单价　— 消耗量[10.080]
324	G1-9-11	基　价(元)　897.50 材料费(元)　417.38	基　价(元)　510.43 材料费(元)　30.31
		17010087 钢管　单价　38.40 消耗量 10.080	17010045 焊接钢管　单价　— 消耗量[10.080]
324	G1-9-12	基　价(元)　932.22 材料费(元)　419.71	基　价(元)　545.15 材料费(元)　32.64
		17010087 钢管　单价　38.40 消耗量 10.080	17010045 焊接钢管　单价　— 消耗量[10.080]
325	G1-9-13	基　价(元)　1019.95 材料费(元)　421.46	基　价(元)　633.26 材料费(元)　34.77
		17010087 钢管　单价　38.40 消耗量 10.070	17010045 焊接钢管　单价　— 消耗量[10.070]

续表

页码	部位或子目编号	误	正
325	G1-9-14	基　价(元)　1089.74 材料费(元)　423.37	基　价(元)　703.05 材料费(元)　36.68
		17010087 钢管　单价　38.40 消耗量 10.070	17010045 焊接钢管　单价　— 消耗量[10.070]
325	G1-9-15	基　价(元)　1102.60 材料费(元)　423.65	基　价(元)　715.91 材料费(元)　36.96
		17010087 钢管　单价　38.40 消耗量 10.070	17010045 焊接钢管　单价　— 消耗量[10.070]
325	G1-9-16	基　价(元)　1113.82 材料费(元)　423.98	基　价(元)　727.51 材料费(元)　37.67
		17010087 钢管　单价　38.40 消耗量 10.060	17010045 焊接钢管　单价　— 消耗量[10.060]
325	G1-9-17	基　价(元)　1138.95 材料费(元)　431.33	基　价(元)　752.65 材料费(元)　45.03
		17010087 钢管　单价　38.40 消耗量 10.060	17010045 焊接钢管　单价　— 消耗量[10.060]
325	G1-9-18	基　价(元)　1203.84 材料费(元)　434.94	基　价(元)　817.54 材料费(元)　48.64
		17010087 钢管　单价　38.40 消耗量 10.060	17010045 焊接钢管　单价　— 消耗量[10.060]
326	G1-9-19	基　价(元)　1218.11 材料费(元)　432.37	基　价(元)　832.19 材料费(元)　46.45
		17010087 钢管　单价　38.40 消耗量 10.050	17010045 焊接钢管　单价　— 消耗量[10.050]
326	G1-9-20	基　价(元)　1258.25 材料费(元)　435.45	基　价(元)　872.33 材料费(元)　49.53
		17010087 钢管　单价 38.40 消耗量 10.050	17010045 焊接钢管　单价　— 消耗量[10.050]
326	G1-9-21	基　价(元)　1338.86 材料费(元)　439.77	基　价(元)　952.94 材料费(元)　53.85
		17010087 钢管　单价　38.40 消耗量 10.050	17010045 焊接钢管　单价　— 消耗量[10.050]
326	G1-9-22	基　价(元)　1354.40 材料费(元)　436.07	基　价(元)　968.87 材料费(元)　50.54
		17010087 钢管　单价　38.40 消耗量 10.040	17010045 焊接钢管　单价　— 消耗量[10.040]

续表

页码	部位或子目编号	误	正
326	G1-9-23	基　价(元)　1414.77 材料费(元)　443.99	基　价(元)　1029.24 材料费(元)　58.46
		17010087 钢管　单价　38.40 消耗量 10.040	17010045 焊接钢管　单价　— 消耗量[10.040]
326	G1-9-24	基　价(元)　1447.14 材料费(元)　447.49	基　价(元)　1061.61 材料费(元)　61.96
		17010087 钢管　单价　38.40 消耗量 10.040	17010045 焊接钢管　单价　— 消耗量[10.040]
327	G1-9-25	基　价(元)　1539.49 材料费(元)　446.08	基　价(元)　1154.34 材料费(元)　60.93
		17010087 钢管　单价　38.40 消耗量 10.030	17010045 焊接钢管　单价　— 消耗量[10.030]
327	G1-9-26	基　价(元)　1565.98 材料费(元)　453.20	基　价(元)　1180.83 材料费(元)　68.05
		17010087 钢管　单价　38.40 消耗量 10.030	17010045 焊接钢管　单价　— 消耗量[10.030]
327	G1-9-27	基　价(元)　1752.19 材料费(元)　460.69	基　价(元)　1367.04 材料费(元)　75.54
		17010087 钢管　单价　38.40 消耗量 10.030	17010045 焊接钢管　单价　— 消耗量[10.030]
327	G1-9-28	基　价(元)　556.45 材料费(元)　401.84	基　价(元)　166.69 材料费(元)　12.08
		17010087 钢管　单价　38.40 消耗量 10.150	17010045 焊接钢管　单价　— 消耗量[10.150]
327	G1-9-29	基　价(元)　601.34 材料费(元)　402.45	基　价(元)　211.96 材料费(元)　13.07
		17010087 钢管　单价　38.40 消耗量 10.140	17010045 焊接钢管　单价　— 消耗量[10.140]
327	G1-9-30	基　价(元)　637.47 材料费(元)　402.87	基　价(元)　248.47 材料费(元)　13.87
		17010087 钢管　单价　38.40 消耗量 10.130	17010045 焊接钢管　单价　— 消耗量[10.130]
328	G1-9-31	基　价(元)　683.46 材料费(元)　403.93	基　价(元)　294.85 材料费(元)　15.32
		17010087 钢管　单价　38.40 消耗量 10.120	17010045 焊接钢管　单价　— 消耗量[10.120]

续表

页码	部位或子目编号	误	正
328	G1-9-32	基　价(元)　705.04 材料费(元)　406.03	基　价(元)　316.81 材料费(元)　17.80
		17010087 钢管　单价　38.40 消耗量 10.110	17010045 焊接钢管　单价　— 消耗量[10.110]
328	G1-9-33	基　价(元)　731.72 材料费(元)　407.95	基　价(元)　343.88 材料费(元)　20.11
		17010087 钢管　单价　38.40 消耗量 10.100	17010045 焊接钢管　单价　— 消耗量[10.100]
328	G1-9-34	基　价(元)　764.39 材料费(元)　411.70	基　价(元)　376.93 材料费(元)　24.24
		17010087 钢管　单价　38.40 消耗量 10.090	17010045 焊接钢管　单价　— 消耗量[10.090]
328	G1-9-35	基　价(元)　834.40 材料费(元)　413.97	基　价(元)　446.94 材料费(元)　26.51
		17010087 钢管　单价　38.40 消耗量 10.090	17010045 焊接钢管　单价　— 消耗量[10.090]
328	G1-9-36	基　价(元)　872.16 材料费(元)　416.77	基　价(元)　484.70 材料费(元)　29.31
		17010087 钢管　单价　38.40 消耗量 10.090	17010045 焊接钢管　单价　— 消耗量[10.090]
329	G1-9-37	基　价(元)　898.17 材料费(元)　419.97	基　价(元)　511.10 材料费(元)　32.90
		17010087 钢管　单价　38.40 消耗量 10.080	17010045 焊接钢管　单价　— 消耗量[10.080]
329	G1-9-38	基　价(元)　911.98 材料费(元)　421.65	基　价(元)　524.90 材料费(元)　34.57
		17010087 钢管　单价　38.40 消耗量 10.080	17010045 焊接钢管　单价　— 消耗量[10.080]
329	G1-9-39	基　价(元)　948.58 材料费(元)　423.97	基　价(元)　561.50 材料费(元)　36.89
		17010087 钢管　单价　38.40 消耗量 10.080	17010045 焊接钢管　单价　— 消耗量[10.080]
329	G1-9-40	基　价(元)　1041.05 材料费(元)　425.77	基　价(元)　654.36 材料费(元)　39.08
		17010087 钢管　单价　38.40 消耗量 10.070	17010045 焊接钢管　单价　— 消耗量[10.070]

续表

页码	部位或子目编号	误	正
329	G1-9-41	基　价(元)　1113.15 材料费(元)　427.68	基　价(元)　726.46 材料费(元)　40.99
		17010087 钢管　单价　38.40 消耗量 10.070	17010045 焊接钢管　单价　— 消耗量[10.070]
329	G1-9-42	基　价(元)　1124.09 材料费(元)　427.95	基　价(元)　737.40 材料费(元)　41.26
		17010087 钢管　单价　38.40 消耗量 10.070	17010045 焊接钢管　单价　— 消耗量[10.070]
330	G1-9-43	基　价(元)　1190.21 材料费(元)　428.31	基　价(元)　803.91 材料费(元)　42.01
		17010087 钢管　单价　38.40 消耗量 10.060	17010045 焊接钢管　单价　— 消耗量[10.060]
330	G1-9-44	基　价(元)　1218.24 材料费(元)　436.39	基　价(元)　831.93 材料费(元)　50.08
		17010087 钢管　单价　38.40 消耗量 10.060	17010045 焊接钢管　单价　— 消耗量[10.060]
330	G1-9-45	基　价(元)　1282.44 材料费(元)　439.27	基　价(元)　896.14 材料费(元)　52.97
		17010087 钢管　单价　38.40 消耗量 10.060	17010045 焊接钢管　单价　— 消耗量[10.060]
330	G1-9-46	基　价(元)　1247.37 材料费(元)　437.29	基　价(元)　861.45 材料费(元)　51.37
		17010087 钢管　单价　38.40 消耗量 10.050	17010045 焊接钢管　单价　— 消耗量[10.050]
330	G1-9-47	基　价(元)　1286.72 材料费(元)　440.38	基　价(元)　900.80 材料费(元)　54.46
		17010087 钢管　单价　38.40 消耗量 10.050	17010045 焊接钢管　单价　— 消耗量[10.050]
330	G1-9-48	基　价(元)　1369.48 材料费(元)　444.71	基　价(元)　983.56 材料费(元)　58.79
		17010087 钢管　单价　38.40 消耗量 10.050	17010045 焊接钢管　单价　— 消耗量[10.050]
331	G1-9-49	基　价(元)　1389.55 材料费(元)　441.43	基　价(元)　1004.02 材料费(元)　55.90
		17010087 钢管　单价　38.40 消耗量 10.040	17010045 焊接钢管　单价　— 消耗量[10.040]

续表

页码	部位或子目编号	误	正
331	G1-9-50	基　价(元)　1451.36 材料费(元)　449.35	基　价(元)　1065.82 材料费(元)　63.81
		17010087 钢管　单价　38.40 消耗量 10.040	17010045 焊接钢管　单价　— 消耗量[10.040]
331	G1-9-51	基　价(元)　1484.37 材料费(元)　452.86	基　价(元)　1098.83 材料费(元)　67.32
		17010087 钢管　单价　38.40 消耗量 10.040	17010045 焊接钢管　单价　— 消耗量[10.040]
331	G1-9-52	基　价(元)　1580.91 材料费(元)　452.02	基　价(元)　1195.75 材料费(元)　66.86
		17010087 钢管　单价　38.40 消耗量 10.030	17010045 焊接钢管　单价　— 消耗量[10.030]
331	G1-9-53	基　价(元)　1623.95 材料费(元)　459.14	基　价(元)　1238.80 材料费(元)　73.99
		17010087 钢管　单价　38.40 消耗量 10.030	17010045 焊接钢管　单价　— 消耗量[10.030]
331	G1-9-54	基　价(元)　1796.21 材料费(元)　467.31	基　价(元)　1411.06 材料费(元)　82.16
		17010087 钢管　单价　38.40 消耗量 10.030	17010045 焊接钢管　单价　— 消耗量[10.030]
420	G1-10-157	基　价(元)　2827.43 材料费(元)　502.88	基　价(元)　2846.27 材料费(元)　521.72
		17070020 热轧无缝钢管综合 单价　4.84	17070020 热轧无缝钢管综合 单价　5.18
420	G1-10-158	基　价(元)　3756.43 材料费(元)　918.47	基　价(元)　3794.13 材料费(元)　956.17
		17070020 热轧无缝钢管综合 单价　4.84	17070020 热轧无缝钢管综合 单价　5.18
420	G1-10-159	基　价(元)　4680.36 材料费(元)　1087.22	基　价(元)　4719.91 材料费(元)　1126.77
		17070020 热轧无缝钢管综合 单价　4.84	17070020 热轧无缝钢管综合 单价　5.18
424	G1-10-168	基　价(元)　2326.72 材料费(元)　405.74	基　价(元)　2327.40 材料费(元)　406.42
		17070020 热轧无缝钢管综合 单价　4.84	17070020 热轧无缝钢管综合 单价　5.18

续表

页码	部位或子目编号	误	正
424	G1-10-169	基　价(元)　3979.04 材料费(元)　405.74	基　价(元)　3979.72 材料费(元)　406.42
		17070020 热轧无缝钢管综合 单价　4.84	17070020 热轧无缝钢管综合 单价　5.18
424	G1-10-170	基　价(元)　2346.34 材料费(元)　447.77	基　价(元)　2346.45 材料费(元)　447.88
		17070020 热轧无缝钢管综合 单价　4.84	17070020 热轧无缝钢管综合 单价　5.18

六、《广东省城市轨道交通工程综合定额2018》勘误表

(第二册　桥涵工程)勘误表

页码	部位或子目编号	误	正
228	M2-8-51	基　价(元)　14012.48 材料费(元)　11447.50	基　价(元)　5672.98 材料费(元)　3108.00
		02050260 密封胶圈 单位 个 单价 13.33	03016431 防水胶垫圈 单位 个 单价 0.50
228	M2-8-52	基　价(元)　14012.48 材料费(元)　11447.50	基　价(元)　5672.98 材料费(元)　3108.00
		02050260 密封胶圈 单位 个 单价 13.33	03016431 防水胶垫圈 单位 个 单价 0.50
231	M2-8-59	基　价(元)　15190.28 材料费(元)　12188.74	基　价(元)　6850.78 材料费(元)　3849.24
		02050260 密封胶圈 单位 个 单价 13.33	03016431 防水胶垫圈 单位 个 单价 0.50
231	M2-8-60	基　价(元)　15190.28 材料费(元)　12188.74	基　价(元)　6850.78 材料费(元)　3849.24
		02050260 密封胶圈 单位 个 单价 13.33	03016431 防水胶垫圈 单位 个 单价 0.50
234	M2-8-68	012902778 不锈钢板 δ3.0	01290278 不锈钢板 δ3.0

（第三册　隧道工程）勘误表

页码	部位或子目编号	误	正
138	M3-7-2	基　价(元)　7602.22 人工费(元)　2043.36 机具费(元)　895.75 管理费(元)　537.85	基　价(元)　5868.04 人工费(元)　817.34 机具费(元)　655.85 管理费(元)　269.59
		00010010 人工费 消耗量 2043.36 990309010 门式起重机 提升质量 5(t) 消耗量 1.103	00010010 人工费 消耗量 817.34 990309010 门式起重机 提升质量 5(t) 消耗量 0.331

（第四册　地下结构工程）勘误表

页码	部位或子目编号	误	正
57	M4-2-28	基　价(元)　6034.44 材料费(元)　3673.91	基　价(元)　6036.41 材料费(元)　3675.88
		80050590　现场搅拌 水泥石灰砂浆 M5 单价 212.97	80050590　现场搅拌 水泥石灰砂浆 M5 单价 216.55
57	M4-2-30	基　价(元)　792.73 材料费(元)　119.13	基　价(元)　794.70 材料费(元)　121.10
		80050590　现场搅拌 水泥石灰砂浆 M5 单价 212.97	80050590　现场搅拌 水泥石灰砂浆 M5 单价 216.55

关于印发《广东省市政工程综合定额（2018）》勘误的通知

（粤标定函〔2020〕75号）

各有关单位：

现将《广东省市政工程综合定额（2018）》的勘误印发给你们。本勘误与我省现行市政工程综合定额配套使用，请遵照执行。在执行中遇到的问题，请及时反映。

附件：《广东省市政工程综合定额（2018）》勘误表

广东省建设工程标准定额站

2020年4月27日

附件：

《广东省市政工程综合定额（2018）》勘误表

页码	部位或子目编号	误	正
第一册　通用项目			
44	D1-1-81	人工装自卸汽车	人工装自卸汽车 石方
63	章说明	十二、水平定向钻孔中的管径，单管按管外径计算；群管按群管所围成的外径计算	十二、水平定向钻孔中的管径，单管按公称直径计算；群管按群管所围成的外径计算
86	注：	布管接口连接可参照给排水册相应管道接口子目计算	定额未包括管道连接安装，管道连接安装应套用相应册项目的管道安装定额子目
117	D1-3-51～D1-3-52	(2)超深大直径双向深层水泥搅拌桩	(2)双向深层水泥搅拌桩
187	D1-3-221	材料费(元) 210.41	材料费(元) 474.25
		35090230　钢支撑　10	35090230　钢支撑　78
	D1-3-223	材料费(元) 148.46	材料费(元) 412.3
		35090230　钢支撑　10	35090230　钢支撑　78
	注	1. 定额基价未含钢支撑的制作、矫正、除锈、刷油漆； 2. 钢支撑费用每天 10 元/t，供参考使用	1. 定额基价已含 3 个月钢支撑(含钢围檩、钢板)的摊销使用期，超出摊销使用期，可按 10 元/(t·天)计算； 2. 累计增加材料费不能超过新购置钢支撑材料费的 70%
190	D1-3-232	基　价(元) 4701.92 人工费(元) 1424.39 机具费(元) 2463.33 管理费(元) 490.25	基　价(元) 4617.52 人工费(元) 1039.83 机具费(元) 2772.95 管理费(元) 480.79
		人工费(元) 1424.39	人工费(元) 1039.83 增：990212115 反循环钻机 60P-45A 0.121
	D1-3-233	基　价(元) 5586.52 人工费(元) 1424.39 机具费(元) 3248.88 管理费(元) 589.30	基　价(元) 5737.58 人工费(元) 1154.23 机具费(元) 3653.18 管理费(元) 606.22
		人工费(元) 1424.39	人工费(元) 1154.23 增：990212115 反循环钻机 60P-45A 0.158

续表

页码	部位或子目编号	误	正
第三册　给水工程			
127	D3-6-1 ～ D3-6-2	钢筋制作、安装 箍筋制作、安装	钢筋制作、安装
第四册　桥涵工程			
81	章说明	十、管件、阀门拆除，按相应项目的人工费、机具费计算；钢制管件拆除，按安装相应项目的人工费、机具费，材料费乘以系数 0.40	十、管件、阀门拆除，按相应安装子目的人工费、机具费计算；钢制管件拆除，按相应安装子目的人工费、机具费，材料费乘以系数 0.40
第五册　排水工程			
13	章说明	七、给排水构筑物的垫层执行本章定额相应项目，其中人工费乘以系数 0.87，其他不变	七、水处理构筑物的垫层执行本章定额相应项目，其中人工费乘以系数 0.87，其他不变
201	章说明	九、当井深不同时，除本章中列有增(减)调整项目外，其余均按 D.5.3.2 砖砌井筒的相应项目调整	九、当井深不同时，除本章中列有增(减)调整子目外，其余均按 D.5.3.2 砖砌井筒的相应子目调整
381	章节名称	D.5.5.1 现浇构件钢筋	D.5.5.1 钢筋制作、安装
415	D5-6-65 ～ D5-6-67	原定额子目相关内容取消	详见勘误后子目内容
第七册　隧道工程			
68	D7-2-28	03213153 中空注浆锚杆，单位：个	03213153 中空注浆锚杆，单位：m
157	D7-7-1	基　价(元)　3525.34 人工费(元)　1283.95 材料费(元)　1197.36 机具费(元)　758.14 管理费(元)　285.89	基　价(元)　1724.36 人工费(元)　674.46 材料费(元)　618.63 机具费(元)　295.48 管理费(元)　135.79
		00010010　人工费　1283.95 04030015　中砂　6.99 99450760　其他材料费　34.87 990304016 汽车式起重机 提升质量 16(t)　0.63	00010010　人工费　674.46 04030015　中砂　0 99450760　其他材料费　6.12 990304016 汽车式起重机 提升质量 16(t)　0.23

续表

页码	部位或子目编号	误	正
157	D7-7-2	基　价(元)　1113.83 人工费(元)　516.17 材料费(元)　263.18 机具费(元)　230.02 管理费(元)　104.46	基　价(元)　682.04 人工费(元)　361.32 材料费(元)　135.81 机具费(元)　117.83 管理费(元)　67.08
		00010010　人工费　516.17 05030060　板枋材 综合　0.1 990304016 汽车式起重机 提升质量16(t)　0.194	00010010　人工费　361.32 05030060　板枋材 综合　0.02 990304016 汽车式起重机 提升质量16(t)　0.097
158	D7-7-4	基　价(元)　1325.13 人工费(元)　872.59 管理费(元)　139.73	基　价(元)　976.97 人工费(元)　567.18 管理费(元)　96.98
		00010010　人工费　872.59	00010010　人工费　567.18
	管理费分摊费率表	计算基础 分部分项的(人工费+施工机具费)	计算基础 人工费+施工机具费

15 渠箱模板

工作内容：模板安装、拆除，涂刷隔离剂，清杂物，场内运输等。

计量单位：100m²

定额编号					D5-6-65	D5-6-66	D5-6-67
子目名称					渠箱模板		
					底板	墙身	顶板
基　价(元)					4937.55	5628.17	8438.51
其中	人工费(元)				2075.26	2759.19	5005.34
	材料费(元)				1612.53	1413.60	1576.86
	机具费(元)				751.90	824.33	828.90
	管理费(元)				497.86	631.05	1027.41
分类	编码	名称	单位	单价(元)	消　耗　量		
人工	00010010	人工费	元	—	2075.26	2759.19	5005.34
材料	01030055	镀锌低碳钢丝 Φ2.5～4.0	kg	5.38	26.399	23.175	0.175
	03213001	铁件 综合	kg	4.84	24.390	3.540	—
	03214046	零星卡具	kg	5.47	29.682	44.033	27.662
	05030060	板枋材 综合	m³	1592.08	0.144	0.029	0.051
	14350630	脱模剂	kg	5.13	10.000	10.000	10.000
	34050040	草板纸 80＃	张	4.19	30.000	30.000	30.000
	35010010	钢模板	kg	4.44	63.549	71.833	68.276
	35030080	木支撑	m³	1651.95	0.239	0.216	—
	35030110	扣件	kg	4.80	18.938	24.583	48.005
	35090230	钢支撑	kg	3.88	—	—	145.840
	99450760	其他材料费	元	1.00	15.96	14.00	66.99
机具	990304004	汽车式起重机 提升质量 8(t)	台班	919.66	0.120	0.150	0.200
	990401025	载货汽车 装载质量 6(t)	台班	552.75	0.862	0.967	0.888
	990401030	载货汽车 装载质量 8(t)	台班	631.63	0.260	0.240	0.240
	990706010	木工圆锯机 直径 500(mm)	台班	28.17	0.030	0.010	0.090

关于印发《广东省市政工程综合定额（2018）》盾构及顶管隧道工程补充子目的通知

（粤标定函〔2020〕119号）

各地级以上市造价站，各有关单位：

根据全国统一市政工程消耗量定额及我省市政工程基础桩施工实际应用情况，经组织调研、测算及专家评审论证，我站编制了《广东省市政工程综合定额（2018）》（第七册隧道工程）D.7.8.1与D.7.8.2“盾构隧道工程及顶管隧道工程”补充子目，并增加《广东省建设施工机具台班费用（2018）》补充项目，现印发给你们，与《广东省市政工程综合定额（2018）》（第七册隧道工程）配套使用。各单位在执行中遇到的问题，请及时向我站反映。

附件：1. 补D.7.8.1盾构隧道工程

2. 补D.7.8.2顶管隧道工程

广东省建设工程标准定额站

2020年6月8日

报：广东省住房和城乡建设厅

附件 1：

第八章　盾构隧道工程及顶管隧道工程

D.7.8.1　盾构隧道工程

说　明

一、本章定额包括盾构机安装、拆除，车架安装、拆除，复合土压平衡、复合泥水平衡、复合土压泥水双模平衡三种盾构掘进，盾构空推掘进拼管片，盾构停止掘进空转保压，盾构机开仓作业等；盾构管片的制作、试拼装、场内运输、钢管片、管片设置密封条、嵌缝等；衬砌壁后压浆、柔性接缝环、负环管片拆除、毛孔封堵、隧道内管线路拆除、盾构基座、盾构过站等。

二、盾构掘进机直径比对应的盾构管片外径大 0.3～0.4m，如设计要求不同时应调整盾构掘进机的规格和台班单价，消耗量不变。

盾构掘进规格与定额中采用盾构机规格对比表：

盾构掘进规格	Φ≤5000	6000≤Φ≤6500	6500<Φ≤7000	8000<Φ≤9000	9000<Φ≤11500	11500<Φ≤15500
盾构机规格	直径 4.35m 土压（泥水）平衡盾构机	直径 6.28m 土压（泥水）平衡盾构机	直径 6.98m 土压（泥水）平衡盾构机	直径 8.88m 土压（泥水）平衡盾构机	直径 11.5m 土压（泥水）平衡盾构机	直径 15.5m 泥水平衡盾构机

三、Φ≤7000 盾构机按照整体吊装，Φ>7000 盾构机按照分体吊装方式考虑。

四、车架安拆定额子目中的吨位是指单台车的质量。盾构及车架安装是指盾构及车架现场吊装及试运行，拆除是指拆卸、吊运装车；盾构及车架场外运费另计。

五、盾构车架安装按井下一次安装就位考虑，如井下车架安装受施工场地影响，需要增加车架转换时，其费用另计。

六、盾构掘进子目未包括盾构法施工中的始发、到达掘进段的端头加固。

七、材料垂直运输及洞内水平运输已包含在定额子目中，不得另计。

八、盾构掘进定额中已综合考虑了管片的宽度和成环块数等因素，执行定额时不作调整。

九、盾构掘进定额中含贯通测量费用，但不包括设置平面控制网、高程控制网、过江水准及方向、高程传递等测量内容，如发生时其费用另计。

十、盾构机在穿越密集建筑群、古文物建筑及堤防江河、重要管线的基础、桩群，且对地表沉降有特殊要求者，其措施费用另行计算。

十一、盾构掘进包括负环段、始发段、正常段、到达段等四段，其中：

（1）负环段：从拼装后靠管片起至刀盘进入工作井内壁止。

（2）始发段：为盾构刀盘切口距始发井外壁的距离，按下表计算掘进长度：

Φ≤4000	Φ≤5000	Φ≤6000	Φ≤7000	Φ≤9000	Φ≤11500	Φ≤15500
40m	50m	80m	100m	120m	150m	200m

（3）正常段：从始发段段掘进开始至到达段掘进结束的全段掘进。

（4）到达段：按盾构刀盘切口距接收井外壁的距离，按下表计算掘进长度：

Φ≤4000	Φ≤5000	Φ≤6000	Φ≤7000	Φ≤9000	Φ≤11500	Φ≤15500
25m	30m	50m	80m	90m	100m	150m

十二、盾构机通过复杂地层，如抗压强度≥80MPa（或为复合式泥水平衡盾构，则抗压强度≥60MPa）的硬岩地层、有球状风化体的花岗岩地层、溶洞地层等，执行本章定额时应根据地质报告、地质补勘资料、详细地质报告等地质资料做相应调整。如盾构掘进地层符合下表要求，则应按下表系数调整相应定额的人工、机械、材料消耗量等。

盾构掘进硬岩段系数调整表		
地质类型	强度、断面、长度要求	调整系数和说明
硬岩	1. 掘进断面、强度要求：掘进断面中存在单轴饱和抗压强度≥120MPa 部分，且其占掘进断面的比例≥50%。 2. 长度要求：符合以上掘进断面、强度要求的连续长度≥30m	应根据地质实际情况、施工方案等另行计算，建议人工和机械的调整系数≥1.70，不构成实体的损耗性材料调整系数≥2.40
	1. 掘进断面、强度要求：掘进断面中存在单轴饱和抗压强度≥100MPa 部分，且其占掘进断面的比例≥50%。 2. 长度要求：符合以上掘进断面、强度要求的连续长度≥30m	人工和机械调整系数 1.40，不构成实体的损耗性材料系数 1.90
	1. 掘进断面、强度要求：掘进断面中存在单轴饱和抗压强度≥80MPa 部分，且其占掘进断面的比例≥50%。 2. 长度要求：符合以上掘进断面、强度要求的连续长度≥30m	人工和机械调整系数 1.25，不构成实体的损耗性材料系数 1.50
注：1. 断面的单轴饱和抗压强度以地勘资料确认为准，硬岩面占断面比按“掘进断面中达到强度标准的地勘岩芯长度/掘进断面区岩芯总长度”确定； 2. 硬岩影响长度是指盾构掘进路线方向上的符合本表要求的硬岩累计长度，系数只在影响长度内调整； 3. 复合式泥水平衡盾构掘进执行本表时岩石单轴饱和抗压强度要求相应降低 20MPa，其余不变； 4. 如采取爆破后注浆等措施处理硬岩，再盾构掘进通过该受影响段，则采取措施的措施费另计，人工和机械乘以系数 1.1，不构成实体的损耗性材料调整系数 1.25，其他措施费用另计； 5. 不构成实体的损耗性材料是指：水、电、各种油脂、泡沫添加剂、膨润土、盾构刀具费		

续表

盾构掘进软硬不均、上软下硬段系数调整表		
地质类型	强度、断面、长度要求	调整系数和说明
软硬不均、上软下硬	1. 同一掘进断面强度、断面要求：(1)有单轴饱和抗压强度≥60MPa 硬岩面，且硬岩面占掘进断面的比例≥25%；(2)有单轴饱和抗压强度≤20MPa 的软土(岩)面，且软土(岩)面占掘进断面的比例≥25%。 2. 长度要求：符合以上掘进断面、强度要求的连续长度≥30m	人工和机械调整系数 1.40，不构成实体的损耗性材料系数 2.00；再增加 4500 元/延米的带压开仓费，计入措施项目
注：1. 断面单轴饱和抗压强度以地勘资料确认为准，硬岩面占断面比与和软土(岩)面占断面比均按“掘进断面中达到强度标准的地勘岩芯长度/掘进断面区岩芯总长度”确定； 2. 软硬不均、上软下硬地质影响长度是指在盾构掘进路线方向上符合本表要求的软硬不均、上软下硬的地层累计长度，系数只在影响长度内调整； 3. 如采取注浆加固等措施处理软硬不均地质，盾构掘进通过该受影响段，则采取措施的措施费另计，人工和机械乘以调整系数 1.10，不构成实体的损耗性材料乘以调整系数 1.25； 4. 不构成实体的损耗性材料是指：水、电、各种油脂、泡沫添加剂、膨润土、盾构刀具费		

盾构掘进孤石段、溶洞段系数调整表		
地质类型	通过方式	调整系数和说明
孤石	盾构机直接掘进孤石影响段	人工和机械乘以系数 1.25，不构成实体的损耗性材料调整系数 1.50
	采用其他措施处理，如爆破解小孤石等，再盾构掘进通过影响段	人工和机械乘以系数 1.10，不构成实体的损耗性材料调整系数 1.25，其他措施费用另计
溶洞	采取填充等措施，再盾构掘进通过溶洞影响段	人工和机械乘以系数 1.10，不构成实体的损耗性材料调整系数 1.25，其他措施费用另计
注：1. 孤石、溶洞情况按地勘资料、签证等确认； 2. 一个孤立孤石影响长度按 1.0 个盾构管片结构外径计；孤石在掘进方向上的间距大于 1.0 倍盾构结构外径的按孤立孤石考虑；孤石在掘进方向上的间距均小于 1.0 倍盾构管片结构外径的连续孤石群，其影响长度按掘进线路上相距最远的孤石间距离再加 1.0 个盾构管片结构外径计；系数只在影响长度内调整； 3. 单个溶洞影响长度按溶洞在盾构掘进路线上的长度再加 1.0 倍盾构管片结构外径计；溶洞群影响长度按掘进线路上相距最远的溶洞边界再加 1.0 个盾构管片结构外径计，溶洞边界间距大于 1.0 倍盾构管片结构外径的按单个溶洞考虑；系数只在影响长度内调整； 4. 不构成实体的损耗性材料是指：水、电、各种油脂、泡沫添加剂、膨润土、盾构刀具费		

十三、土压平衡盾构掘进的土方以吊出井口至场内堆土场为止，采用泥水平衡盾构掘进时，其排放的泥浆以送至沉淀池止。水力出土所需的地面部分取水、排水的土建工程执行我省现行计价依据。

十四、泥水平衡盾构掘进排放泥浆的分离压滤处理费用应另计，盾构泥浆直接外运执行本定额第一册的泥浆外运子目，其余渣土场外运输执行本定额第一册一般土方外运子目。盾构掘进的外弃渣土量按结构设计图示外径（盾构管片外径）计算断面面积乘 1.08 再乘以掘进长度，按体积计算。

十五、定额中的盾构机台班单价、环流泵台班单价为台班单价构成中的一类费用，仅包括折旧费、检修费、维护费，人工和电、水的消耗已在定额子目中考虑。

十六、因工程建设需要，掘进后盾构壳体废弃，则其费用另计。

十七、盾构掘进子目中的管片连接螺栓应根据设计调整数量和规格。

十八、盾构空推拼管片采用其他类型或规格盾构机推进时，可替换盾构机台班，定额子目中的其他人材机含量均不作调整。

十九、盾构机停机保压只适用于非施工方原因导致的停机保压，如业主原因导致的接收井不具备接受条件、出现地质勘探资料未揭示导致必须停止盾构掘进的地质条件等特殊情况。

二十、盾构掘进定额已综合考虑正常掘进时必须的盾构开仓检修、换刀作业等，盾构开仓子目只适用于非施工方原因导致的盾构开仓作业，如出现业主提供的设计及地质勘探资料未揭示的硬岩、孤石、断裂带等地质突变及过江、过河、过建筑物、洞内抢险等情况，数量按签证确认，发生的材料、机械台班消耗量另行计算。

二十一、预制混凝土管片采用高精度钢模和高强度等级混凝土，定额中已包含钢模摊销费，管片的场地费用及场外运输费另计，管片预制场建设执行我省现行计价依据，管片预制费及项目的安全文明措施费等未包含管片预制场的建设运营摊销费。如为外购成品管片则不再另行计算管片制作、试拼装、场内外运输费用。

二十二、预制钢筋混凝土管片的预埋螺栓、槽道应根据设计调整数量和规格，定额中为未计价材料。

二十三、管片场内二次运输按 800m 内运距综合考虑。

二十四、管片密封条分为氯丁橡胶条和三元乙丙橡胶条两种，主材不同时可以换算。

二十五、同步压浆和分块压浆中的压浆材料与定额不同时，可按实调整。衬砌壁后压浆按设计的注浆量计算，如设计未明确，可按管片外径和盾构壳体最大外径（盾构刀盘外径）所形成的充填体积乘以系数 1.72 计算工程量。采用不同类型盾构机或不同岩层，材料消耗量均不作调整。二次注浆按设计注浆量计量，执行本册定额其他章节的压浆定额子目。

盾构调头计价时按盾构拆除和安装各一次计取。

二十六、手孔封堵材料按水泥外加剂考虑，主材不同时可作调整。

二十七、盾构基座用于盾构机组装、始发和接收阶段，按钢结构综合考虑，若采用混凝土基座，执行我省现行计价依据定额相应项目；盾构基座按一次摊销考虑，摊销次数不同时可作调整。

二十八、拆除后的负环管片应按建设方要求处置。

二十九、柔性接缝环适用于盾构工作井洞门与隧道接缝处。

工程量计算规则

一、盾构机吊装、吊拆按设计安、拆次数以“台·次”计算。

二、车架安装、拆除按设计方案和单线盾构配套的台车数量以“节”计算。

三、盾构空推掘进拼管片按空推长度以“m”计算。

四、盾构停止掘进空转保压按空转保压时间长度以“天”计算。

五、盾构机开仓按入仓作业的人数与时间以“人·小时”计算。

六、预制混凝土管片按设计图示尺寸体积加1%以体积计算，不扣除钢筋、铁件、手孔、凹槽、预留压浆孔道和螺栓所占体积。

七、管片钢筋按设计图示尺寸乘以理论重量以质量“t”计算，钢筋搭接用量另计。

八、钢管片按设计图示尺寸乘以理论重量以质量“t”计算。

九、管片试拼装按每100环管片拼装1组（3环）以“组”为单位计算。

十、管片设置密封条按“环”计算。

十一、管片嵌缝按“环”计算。

十二、预制混凝土管片运输按运输的预制混凝土管片工程量体积以“m^3”计算，钢管片运输按钢管片运输的质量以“t”计算。

十三、衬砌压浆量根据盾尾间隙所压的浆液量体积以“m^3”计算。

十四、临时止水缝和柔性接缝环长度按结构中心线周长以“m”计算。

十五、负环管片拆除按负环段长度以“m”计算。

十六、隧道内管线路拆除长度以“m”计算。

十七、盾构基座制作按设计图示质量以“t”计算。

十八、手孔封堵按管片环的数量以“环”为单位计算，定额中已综合考虑了手孔数量，一般不作调整。

十九、盾构过井、过站按设计要求以“台·次”计算。

二十、临时防水环板按防水环板质量以“t”计算。

二十一、钢环板按钢环板质量以“t”计算。

二十二、拆除临时钢环板按钢环板质量以“t”计算。

二十三、洞口钢筋混凝土环圈按设计图示尺寸以“m^3”计算，其钢筋和模板不另行计算。

二十四、盾构过风井、轨排井，按过井数量以“次”计算。

二十五、盾构泥浆分离压滤处理按结构设计图示外径（盾构管片外径）形成的面积乘以掘进长度，按体积以“m^3”计算。

D.7.8 盾构隧道工程及顶管隧道工程

D.7.8.1 盾构隧道工程

1 盾构机安装、拆装

工作内容：盾构整体吊装：1. 起吊机械设备及盾构载运车就位。

2. 盾构吊入井底基座，盾构安装、调试。

盾构整体吊拆：拆除盾构与车架连杆；起吊机械及附属设备就位；盾构整体吊出井口，上托架装车。

计量单位：台·次

定额编号					D7-8-1	D7-8-2
子目名称					盾构整体吊装	盾构整体吊拆
					$D \leqslant 4500$	
基　价(元)					422716.45	327237.12
其中	人工费(元)				140134.50	111919.50
	材料费(元)				22377.00	18939.95
	机具费(元)				198275.86	148686.73
	管理费(元)				61929.09	47690.94
分类	编码	名称	单位	单价(元)	消　耗　量	
人工	00010010	人工费	元	—	140134.50	111919.50
材料	01000010	型钢 综合	t	3365.23	1.083	0.755
	01050011	钢丝绳 Φ16～18.5	kg	5.98	270.750	270.750
	01290135	钢板 4.1～20	t	3230.65	0.784	0.470
	02010013	橡胶板 1～3	kg	25.70	46.313	—
	03135270	电焊条	kg	4.29	145.350	24.225
	05030265	枕木	m^3	1329.20	2.793	2.793
	14030010	柴油	kg	5.65	71.250	85.500
	14070050	机油 综合	kg	6.96	32.063	6.413
	14390070	氧气	m^3	5.16	171.000	427.500
	14390100	乙炔气	kg	13.30	57.000	142.500
	34110040	电	kW·h	0.77	2793.000	1396.500
	37230170	盾构托架	t	3368.38	1.311	1.055
	99450760	其他材料费	元	1.00	221.55	187.52
机具	990302065	履带式起重机 提升质量 100(t)	台班	3525.85	7.600	6.080
	990302090	履带式起重机提升质量 300(t)	台班	7892.01	14.991	11.999
	990309060	门式起重机 提升质量 50(t)	台班	1491.30	17.100	13.680
	990504040	电动双筒慢速卷扬机 牵引力 100(kN)	台班	438.20	51.015	25.508
	990901015	交流弧焊机 容量 30(kV·A)	台班	94.70	56.117	10.293

2 车架安装、拆除

工作内容：车架安装整体始发：车架吊入井底，井下组装就位与盾构连接，车架上设备安装、电水气管安装。

车架拆除：车架及附属设备拆除，吊出井口，装车安放。 计量单位：节

定额编号					D7-8-3	D7-8-4
子目名称					车架安装整体始发	车架拆除
					30t 以内	
基 价(元)					11313.84	9362.88
其中	人工费(元)				3330.94	3155.68
	材料费(元)				2213.20	1047.88
	机具费(元)				4361.91	3873.06
	管理费(元)				1407.79	1286.26
分类	编码	名称	单位	单价(元)	消 耗 量	
人工	00010010	人工费	元	—	3330.94	3155.68
材料	01290135	钢板 4.1～20	t	3230.65	0.285	0.161
	03012595	带帽螺栓 综合	kg	7.88	37.240	—
	03135270	电焊条	kg	4.29	3.779	1.817
	05030265	枕木	m^3	1329.20	0.267	0.306
	14390070	氧气	m^3	5.16	8.245	10.722
	14390100	乙炔气	kg	13.30	2.748	3.574
	37010015	轻轨 综合	kg	4.35	121.125	—
	99450760	其他材料费	元	1.00	21.92	10.36
机具	990302065	履带式起重机 提升质量 100(t)	台班	3525.85	0.625	0.594
	990309060	门式起重机 提升质量 50(t)	台班	1491.30	0.707	0.671
	990504040	电动双筒慢速卷扬机 牵引力 100(kN)	台班	438.20	1.722	1.378
	990901015	交流弧焊机 容量 30(kV·A)	台班	94.70	3.563	1.781
	990919030	电焊条烘干箱 容量 600×500×750(cm^3)	台班	31.85	0.374	0.174

3 D≤4500 复合式土压平衡盾构掘进

工作内容：操作盾构掘进机；切割土体、干式出土；管片洞内运输、拼装；连接螺栓紧固，装拉杆；施工管线路铺设、照明、运输、供气、通风；施工测量、通信；一般故障排除；井口土方装车或堆放。

计量单位：m

定额编号					D7-8-5	D7-8-6	D7-8-7	D7-8-8
子目名称					D≤4500 复合式土压平衡盾构掘进			
					负环段	始发段	正常段	到达段
基　价(元)					17515.17	18588.64	11504.28	15404.14
其中	人工费(元)				5043.69	2007.24	1722.16	1963.76
	材料费(元)				2716.95	2875.10	2351.90	2827.87
	机具费(元)				7465.37	11275.55	6014.42	8667.07
	管理费(元)				2289.16	2430.75	1415.80	1945.44
分类	编码	名称	单位	单价(元)	消　耗　量			
人工	00010010	人工费	元	—	5043.69	2007.24	1722.16	1963.76
材料	01290430	走道板	kg	4.39	8.500	8.500	8.500	8.500
	03011105	管片连接螺栓	十套	400.00	0.384	0.767	0.767	0.767
	03135001	低碳钢焊条 综合	kg	6.01	2.064	—	—	—
	04090040	膨润土	kg	0.77	133.380	133.380	133.380	133.380
	12210110	铁管栏杆	kg	3.53	6.476	6.476	6.476	6.476
	14090090	盾构油脂	kg	10.50	10.347	10.347	10.347	10.347
	14090130	HBW 油脂	kg	11.00	4.503	4.503	4.503	4.503
	14090140	EP2 油脂	kg	10.00	3.013	3.013	3.013	3.013
	14350235	泡沫添加剂	kg	12.50	—	12.744	12.744	12.744
	17030005	镀锌钢管 综合	kg	5.82	2.315	2.315	2.315	2.315
	22450055	风管	kg	5.00	7.535	7.535	7.535	7.535
	28110020	电力电缆 YHC 3×16+1×6mm^2	m	20.53	0.399	0.399	0.399	0.399
	28110040	电力电缆 YHC 3×70+1×25mm^2	m	126.74	0.399	0.399	0.399	0.399
	29020125	金属支架	kg	4.20	6.100	6.100	6.100	6.100
	34110010	水	m^3	4.58	0.128	27.964	22.009	27.315
	34110040	电	kW·h	0.77	1590.669	1452.628	815.301	1395.766
	35090230	钢支撑	kg	3.88	17.971	—	—	—
	37010015	轻轨 综合	kg	4.35	3.560	3.560	3.560	3.560
	37050001	钢轨枕	kg	3.17	7.972	7.972	7.972	7.972
	80210200	普通预拌混凝土 C20	m^3	322.00	0.295	—	—	—

续表

定额编号					D7-8-5	D7-8-6	D7-8-7	D7-8-8
子目名称					$D\leqslant$4500 复合式土压平衡盾构掘进			
					负环段	始发段	正常段	到达段
分类	编码	名称	单位	单价(元)	消耗量			
材料	99450760	其他材料费	元	1.00	26.90	28.47	23.29	28.00
	99451330	盾构刀具费	元	1.00	606.46	606.46	606.46	606.46
机具	990302040	履带式起重机 提升质量 50(t)	台班	1933.61	0.641	—	—	—
	990309030	门式起重机 提升质量 20(t)	台班	891.56	0.627	0.391	0.187	0.558
	990407030	轨道平车 装载质量 20(t)	台班	363.22	—	0.735	0.359	1.052
	990801080	电动单级离心清水泵 流量 250(m^3/h)	台班	151.21	0.657	0.431	0.210	0.619
	990901015	交流弧焊机 容量 30(kV·A)	台班	94.70	1.446	0.477	0.230	0.672
	990919030	电焊条烘干箱 容量 600×500×750(cm^3)	台班	31.85	0.144	0.048	0.023	0.068
	991003070	电动空气压缩机 排气量 10(m^3/min)	台班	415.92	0.523	—	—	—
	991107020	土压平衡盾构机 直径 4.35(m)	台班	9008.75	0.551	1.083	0.570	0.722
	991124020	轨道车 ≤210kW	台班	1462.19	—	0.367	0.179	0.525
	991201030	轴流通风机 功率 100(kW)	台班	440.91	0.555	0.524	0.577	0.729
	991208010	硅整流充电机 输出电流/输出电压 90/190(A/V)	台班	75.88	—	0.316	0.157	0.457

4　$D\leqslant4500$ 复合式泥水平衡盾构掘进

工作内容：操作盾构掘进机；高压供水、水力出土；管片洞内运输、拼装；连接螺栓紧固，紧拉杆；施工管线路铺设、照明、运输、供气、通风；施工测量、通信；一般故障排除；排泥水输出井口存放或装车。

计量单位：m

定额编号					D7-8-9	D7-8-10	D7-8-11	D7-8-12
子目名称					$D\leqslant4500$ 复合式泥水平衡盾构掘进			
					负环段	始发段	正常段	到达段
基　价(元)					18718.70	20991.93	13299.35	17781.88
其中	人工费(元)				5295.96	2217.28	1808.27	2061.99
	材料费(元)				3236.33	3403.12	2665.69	2911.04
	机具费(元)				7791.42	12650.69	7180.46	10508.46
	管理费(元)				2394.99	2720.84	1644.93	2300.39
分类	编码	名称	单位	单价(元)	消　耗　量			
人工	00010010	人工费	元	—	5295.96	2217.28	1808.27	2061.99
材料	01290430	走道板	kg	4.39	6.616	6.616	6.616	6.616
	03011105	管片连接螺栓	十套	400.00	0.384	0.767	0.767	0.767
	03135270	电焊条	kg	4.29	2.066	—	—	—
	04090040	膨润土	kg	0.77	133.380	133.380	133.380	133.380
	12210110	铁管栏杆	kg	3.53	5.043	5.043	5.043	5.043
	14090090	盾构油脂	kg	10.50	10.357	10.357	10.357	10.357
	14090130	HBW 油脂	kg	11.00	4.508	4.508	4.508	4.508
	14090140	EP2 油脂	kg	10.00	3.016	3.016	3.016	3.016
	14350235	泡沫添加剂	kg	12.50	—	12.762	12.762	12.762
	17010197	碳钢管Φ200	kg	4.52	10.766	10.766	10.766	10.766
	17030005	镀锌钢管 综合	kg	5.82	1.804	1.804	1.804	1.804
	17070251	热轧无缝钢管 219×10	t	4997.24	0.007	0.007	0.007	0.007
	17070261	热轧无缝钢管 273×12	t	4997.24	0.011	0.011	0.011	0.011
	22450055	风管	kg	5.00	5.866	5.866	5.866	5.866
	28110020	电力电缆 YHC $3\times16+1\times6mm^2$	m	20.53	0.399	0.399	0.399	0.399
	28110040	电力电缆 YHC $3\times70+1\times25mm^2$	m	126.74	0.399	0.399	0.399	0.399
	29020125	金属支架	kg	4.20	4.749	4.749	4.749	4.749
	34110010	水	m^3	4.58	0.114	37.518	25.011	31.778
	34110040	电	kW·h	0.77	1778.709	1943.878	1070.056	1345.283
	35090230	钢支撑	kg	3.88	68.532	—	—	—

续表

定额编号					D7-8-9	D7-8-10	D7-8-11	D7-8-12
子目名称					D≤4500 复合式泥水平衡盾构掘进			
					负环段	始发段	正常段	到达段
分类	编码	名称	单位	单价(元)	消　耗　量			
材料	37010015	轻轨 综合	kg	4.35	2.771	2.771	2.771	2.771
	37050001	钢轨枕	kg	3.17	6.206	6.206	6.206	6.206
	80210200	普通预拌混凝土 C20	m^3	322.00	0.532	—	—	—
	99450760	其他材料费	元	1.00	32.28	33.93	26.63	29.06
	99451330	盾构刀具费	元	1.00	607.33	607.33	607.33	607.33
机具	990302025	履带式起重机 提升质量 25(t)	台班	1037.40	0.398	0.068	0.036	0.089
	990309060	门式起重机 提升质量 50(t)	台班	1491.30	0.509	0.087	0.046	0.114
	990407010	轨道平车 装载质量 5(t)	台班	265.67	—	0.638	0.340	0.822
	990414020	电瓶车 牵引质量 5(t)	台班	423.16	—	0.319	0.169	0.411
	990801040	电动单级离心清水泵 出口直径 200(mm)	台班	96.94	0.634	1.033	0.550	1.332
	990803040	电动多级离心清水泵 出口直径 150(mm) 扬程 180m 以下	台班	301.69	0.634	1.033	0.550	1.332
	990815025	中继泵 200kW	台班	2217.60	0.319	0.416	0.330	0.621
	990901015	交流弧焊机 容量 30(kV·A)	台班	94.70	1.361	0.557	0.296	0.715
	991003070	电动空气压缩机 排气量 10(m^3/min)	台班	415.92	0.361	—	—	—
	991107040	泥水平衡盾构机 直径 4.35(m)	台班	9609.33	0.532	1.036	0.551	0.694
	991113010	泥浆制作循环设备	台班	1289.02	0.208	0.416	0.330	0.621
	991201030	轴流通风机 功率 100(kW)	台班	440.91	—	0.557	0.458	0.863
	991208010	硅整流充电机 输出电流/输出电压 90/190(A/V)	台班	75.88	—	0.287	0.152	0.371

5 $D \leqslant 4500$ 复合式土压泥水双模平衡盾构掘进

工作内容：操作盾构掘进机：根据情况调节切换平衡模式、切割土体、干式或水力出土；管片洞内运输、拼装；连接螺栓紧固，装拉杆；施工管线路铺设、照明、运输、供气、通风；施工测量、通信；一般故障排除；井口土方装车或堆放，或排泥水输出井口存放或装车。

计量单位：m

定额编号					D7-8-13	D7-8-14	D7-8-15	D7-8-16
子目名称					$D \leqslant 4500$ 复合式泥水平衡盾构掘进			
					负环段	始发段	正常段	到达段
基 价(元)					29067.03	28893.21	19296.44	26624.04
其中	人工费(元)				7205.28	2639.67	2152.70	2454.71
	材料费(元)				4228.82	3993.97	3692.91	3793.93
	机具费(元)				13790.67	18407.87	11037.10	16843.78
	管理费(元)				3842.26	3851.70	2413.73	3531.62
分类	编码	名称	单位	单价(元)	消 耗 量			
人工	00010010	人工费	元	—	7205.28	2639.67	2152.70	2454.71
材料	01290430	走道板	kg	4.39	20.889	20.889	20.889	20.889
	03011105	管片连接螺栓	十套	400.00	0.384	0.768	0.768	0.768
	03135001	低碳钢焊条 综合	kg	6.01	4.750	—	—	—
	04090040	膨润土	kg	0.77	158.175	158.175	158.175	158.175
	12210110	铁管栏杆	kg	3.53	9.624	9.624	9.624	9.624
	14090090	盾构油脂	kg	10.50	22.821	22.821	22.821	22.821
	14090130	HBW 油脂	kg	11.00	9.397	9.397	9.397	9.397
	14090140	EP2 油脂	kg	10.00	6.287	6.287	6.287	6.287
	14350235	泡沫添加剂	kg	12.50	—	15.438	15.438	15.438
	17010197	碳钢管 Φ200	kg	4.52	18.529	18.529	18.529	18.529
	17030005	镀锌钢管 综合	kg	5.82	4.484	4.484	4.484	4.484
	17070251	热轧无缝钢管 219×10	t	4997.24	0.015	0.015	0.015	0.015
	17070261	热轧无缝钢管 273×12	t	4997.24	0.023	0.023	0.023	0.023
	22450055	风管	kg	5.00	14.554	14.554	14.554	14.554
	28110020	电力电缆 YHC 3×16+1×6mm^2	m	20.53	0.399	0.399	0.399	0.399
	28110040	电力电缆 YHC 3×70+1×25mm^2	m	126.74	0.399	0.399	0.399	0.399
	28110300	铜芯聚氯乙烯电力电缆 VV-2×35mm^2	m	32.28	0.200	0.200	0.200	0.200
	29020125	金属支架	kg	4.20	10.792	10.792	10.792	10.792
	34110010	水	m^3	4.58	0.138	33.955	26.727	31.727
	34110040	电	kW·h	0.77	997.462	1077.714	733.598	833.750
	35090230	钢支撑	kg	3.88	159.895	—	—	—

续表

定额编号					D7-8-13	D7-8-14	D7-8-15	D7-8-16
子目名称					$D\leqslant4500$ 复合式泥水平衡盾构掘进			
					负环段	始发段	正常段	到达段
分类	编码	名称	单位	单价(元)	消　耗　量			
	37010015	轻轨 综合	kg	4.35	6.848	6.848	6.848	6.848
	37050001	钢轨枕	kg	3.17	11.655	11.655	11.655	11.655
	80210200	普通预拌混凝土 C20	m^3	322.00	0.456	—	—	—
	99450760	其他材料费	元	1.00	42.25	39.92	36.94	37.93
	99451330	盾构刀具费	元	1.00	1265.40	1265.40	1265.40	1265.40
机具	990302040	履带式起重机 提升质量 50(t)	台班	1933.61	0.848	—	—	—
	990309040	门式起重机 提升质量 30(t)	台班	1020.58	1.132	0.988	0.793	1.121
	990407030	轨道平车 装载质量 20(t)	台班	363.22	—	1.150	0.701	1.370
	990801080	电动单级离心清水泵 流量 250(m^3/h)	台班	151.21	1.595	1.174	0.644	1.494
	990803040	电动多级离心清水泵 出口直径 150(mm) 扬程 180m 以下	台班	301.69	1.801	1.174	0.644	1.494
	990815020	中继泵 132kW	台班	1652.73	0.418	0.336	0.204	0.433
	990901015	交流弧焊机 容量 30(kV·A)	台班	94.70	3.430	1.283	0.689	1.572
	991003070	电动空气压缩机 排气量 10(m^3/min)	台班	415.92	1.378	—	—	—
	991107057	土压泥水平衡双模盾构机直径 4.35(m)	台班	18299.03	0.418	0.722	0.409	0.561
	991113010	泥浆制作循环设备	台班	1289.02	0.280	0.561	0.333	0.722
	991124020	轨道车 ≤210kW	台班	1462.19	—	0.833	0.498	1.036
	991201030	轴流通风机 功率 100(kW)	台班	440.91	1.389	1.260	1.369	1.965
	991208010	硅整流充电机 输出电流/输出电压 90/190(A/V)	台班	75.88	—	0.853	0.445	1.098

6　盾构空推掘进拼管片

工作内容：操作盾构掘进机；无切割土体推进；管片洞内运输、拼装；连接螺栓紧固，装拉杆；施工线路铺设、照明、运输、供气、通风；施工测量、通信；一般故障排除。

计量单位：m

定额编号					D7-8-17	D7-8-18
子目名称					复合式土压平衡盾构空推掘进拼管片	复合式泥水平衡盾构空推掘进拼管片
					$D \leqslant 4500$	
基　价(元)					5644.78	5700.15
其中	人工费(元)				450.27	450.27
	材料费(元)				1184.87	1240.24
	机具费(元)				3319.73	3319.73
	管理费(元)				689.91	689.91
分类	编码	名称	单位	单价(元)	消　耗　量	
人工	00010010	人工费	元	—	450.27	450.27
材料	01290430	走道板	kg	4.39	9.028	9.027
	03011105	管片连接螺栓	十套	400.00	0.768	0.767
	12210110	铁管栏杆	kg	3.53	5.995	5.996
	14070047	机油 45#	kg	29.27	11.961	11.962
	14090090	盾构油脂	kg	10.50	14.214	14.214
	17030005	镀锌钢管 综合	kg	5.82	2.446	2.447
	22450055	风管	kg	5.00	7.959	7.959
	28030530	铜芯聚氯乙烯绝缘导线 BV-25mm^2	m	11.33	0.223	0.223
	28030550	铜芯聚氯乙烯绝缘导线 BV-50mm^2	m	21.04	0.223	0.223
	28110300	铜芯聚氯乙烯电力电缆 VV-2×35mm^2	m	32.28	—	0.112
	28110460	高压电缆 95mm^2	m	208.50	0.112	0.112
	29020125	金属支架	kg	4.20	5.938	5.938
	34110040	电	kW·h	0.77	205.485	272.456
	37010015	轻轨 综合	kg	4.35	3.748	3.748
	37050001	钢轨枕	kg	3.17	6.855	6.855
	99450760	其他材料费	元	1.00	11.73	12.28
机具	990309040	门式起重机 提升质量 30(t)	台班	1020.58	0.083	0.083
	990407030	轨道平车 装载质量 20(t)	台班	363.22	0.285	0.285
	991107020	土压平衡盾构机 直径 4.35(m)	台班	9008.75	0.285	0.285
	991124020	轨道车 ≤210kW	台班	1462.19	0.285	0.285
	991201030	轴流通风机 功率 100(kW)	台班	440.91	0.285	0.285
	991208010	硅整流充电机 输出电流/输出电压 90/190(A/V)	台班	75.88	0.285	0.285

注：盾构机台班可根据不同直径和规格调换，数量不变。

7 盾构停止掘进空转保压

工作内容：间歇性操作盾构掘进机无推进空转；供气、通风；施工监测、测量、通信；机械检修，一般故障排除，维持盾构机安全状态。　　　计量单位：天

定额编号					D7-8-19	D7-8-20
子目名称					复合式土压平衡盾构停止掘进空转保压	复合式泥水平衡盾构停止掘进空转保压
					D≤4500	
基　价(元)					9051.41	11089.55
其中	人工费(元)				1234.44	1646.00
	材料费(元)				1720.74	2015.03
	机具费(元)				4962.24	6024.77
	管理费(元)				1133.99	1403.75
分类	编码	名称	单位	单价(元)	消　耗　量	
人工	00010010	人工费	元	—	1234.44	1646.00
材料	04090040	膨润土	kg	0.77	—	95.000
	14070047	机油 45#	kg	29.27	40.660	45.790
	14090090	盾构油脂	kg	10.50	25.384	25.337
	34110010	水	m^3	4.58	28.500	42.750
	34110040	电	kW·h	0.77	151.335	155.610
	99450760	其他材料费	元	1.00	17.03	19.95
机具	990309060	门式起重机 提升质量 50(t)	台班	1491.30	0.380	0.380
	990801080	电动单级离心清水泵 流量 250(m^3/h)	台班	151.21	—	1.520
	990803040	电动多级离心清水泵 出口直径 150(mm) 扬程 180m 以下	台班	301.69	1.140	1.520
	991107020	土压平衡盾构机 直径 4.35(m)	台班	9008.75	0.380	—
	991107040	泥水平衡盾构机 直径 4.35(m)	台班	9609.33	—	0.380
	991113010	泥浆制作循环设备	台班	1289.02	—	0.380
	991201030	轴流通风机 功率 100(kW)	台班	440.91	1.425	1.425

注：盾构机台班可根据不同直径和规格调换，数量不变。

8 预制钢筋混凝土管片制作

工作内容：钢模安装、拆卸清理、刷油；测量检验；吊运混凝土、浇捣；入养护池蒸养；出槽堆放，抗渗质检。

计量单位：m^3

定额编号					D7-8-21
子目名称					预制钢筋混凝土管片
基　价(元)					1392.67
其中	人工费(元)				332.42
	材料费(元)				592.62
	机具费(元)				343.87
	管理费(元)				123.76
分类	编码	名称	单位	单价(元)	消　耗　量
人工	00010010	人工费	元	—	332.42
材料	03010275	压浆孔螺钉 综合	十套	86.94	0.950
	14350320	混凝土外加剂	kg	0.88	3.741
	14350630	脱模剂	kg	5.13	0.489
	35070001	管片钢模	kg	12.83	9.239
	80210260	普通预拌混凝土 C50	m^3	394.00	0.964
	99450760	其他材料费	元	1.00	5.87
机具	990309060	门式起重机 提升质量 50(t)	台班	1491.30	0.109
	990402010	自卸汽车 装载质量 4(t)	台班	570.17	0.207
	991006010	工业锅炉 蒸发量 1(t/h)	台班	736.01	0.086

工作内容：钢筋、钢构件制作、焊接；预埋件安放；钢筋骨架、预埋槽道入模。

计量单位：t

定额编号					D7-8-22	D7-8-23
子目名称					预制钢筋混凝土管片	
					钢筋制安	预埋槽道
基　价(元)					7614.34	4091.14
其中	人工费(元)				1941.19	2135.35
	材料费(元)				3920.86	101.47
	机具费(元)				1180.94	1237.15
	管理费(元)				571.35	617.17
分类	编码	名称	单位	单价(元)	消　耗　量	
人工	00010010	人工费	元	—	1941.19	2135.35
材料	29030330	钢槽道	t	—	—	[1.010]
	29030340	不锈钢槽道(A304 不锈钢)	t	—	—	[1.010]
	01010120	螺纹钢筋 Φ10 以内	t	3738.53	0.200	—
	01010125	螺纹钢筋 Φ10～25	t	3547.15	0.817	—
	03012501	螺栓	kg	10.47	—	9.595
	03135001	低碳钢焊条 综合	kg	6.01	16.051	—
	03213131	预埋铁件	kg	3.69	37.905	—
	99450760	其他材料费	元	1.00	38.80	1.01
机具	990309010	门式起重机 提升质量 5(t)	台班	560.73	1.048	1.048
	990402015	自卸汽车 装载质量 5(t)	台班	594.53	0.330	0.338
	990701010	钢筋调直机 直径 14(mm)	台班	45.70	0.619	—
	990702010	钢筋切断机 直径 40(mm)	台班	48.31	0.415	—
	990703010	钢筋弯曲机 直径 40(mm)	台班	30.06	0.441	—
	990734015	卷板机 板厚×宽度 20×2500(mm)	台班	103.41	—	0.269
	990747050	切管机 综合	台班	112.50	—	0.252
	990751010	型钢矫正机 厚度×宽度 60×800(mm)	台班	88.72	—	0.260
	990901015	交流弧焊机 容量 30(kV·A)	台班	94.70	3.023	3.097
	990908020	点焊机 容量 75(kV·A)	台班	153.15	0.257	0.432
	990919030	电焊条烘干箱 容量 600×500×750(cm^3)	台班	31.85	0.310	0.310

9 成环水平试拼装

工作内容：钢制台座校准；管片场内运输；吊拼装、拆除；管片成环量测检验及数据记录。

计量单位：组

定额编号					D7-8-24
子目名称					预制管片成环水平拼装
					$D\leqslant4500$
基　价(元)					4870.90
其中	人工费(元)				1529.99
	材料费(元)				352.10
	机具费(元)				2289.79
	管理费(元)				699.02
分类	编码	名称	单位	单价(元)	消　耗　量
人工	00010010	人工费	元	—	1529.99
材料	35090200	钢制台座(摊销)	kg	2.78	125.400
	99450760	其他材料费	元	1.00	3.49
机具	990309010	门式起重机 提升质量 5(t)	台班	560.73	2.807
	990401015	载货汽车 装载质量 4(t)	台班	506.60	1.413

10 管片场外运输

工作内容：从堆放起吊，行车配合、装车，运输至指定地点；垫道木，吊车配合按类堆放。

计量单位：$10m^3$

定额编号					D7-8-25
子目名称					混凝土管片场外运输 运距 10km 以内
基　价(元)					940.34
其中	人工费(元)				110.22
	材料费(元)				33.77
	机具费(元)				656.11
	管理费(元)				140.24
分类	编码	名称	单位	单价(元)	消　耗　量
人工	00010010	人工费	元	—	110.22
材料	05030060	板枋材 综合	m^3	1592.08	0.021
	99450760	其他材料费	元	1.00	0.33
机具	990304004	汽车式起重机 提升质量 8(t)	台班	919.66	0.117
	990305040	叉式起重机 提升质量 10(t)	台班	880.54	0.123
	990403030	平板拖车组 装载质量 40(t)	台班	1889.28	0.233

11 管片场内运输

工作内容：从堆放起吊，行车配合、装车，运输至指定地点；垫道木，吊车配合按类堆放。

计量单位：10m³

定额编号					D7-8-26
子目名称					管片场内运输
基　价(元)					622.74
其中	人工费(元)				146.82
	材料费(元)				19.30
	机具费(元)				363.27
	管理费(元)				93.35
分类	编码	名称	单位	单价(元)	消　耗　量
人工	00010010	人工费	元	—	146.82
材料	05030060	板枋材 综合	m^3	1592.08	0.012
	99450760	其他材料费	元	1.00	0.20
机具	990304004	汽车式起重机 提升质量 8(t)	台班	919.66	0.117
	990305040	叉式起重机 提升质量 10(t)	台班	880.54	0.123
	990403030	平板拖车组 装载质量 40(t)	台班	1889.28	0.078

12 管片设置密封条

工作内容：管片编号、表面清理、涂刷胶粘剂；粘贴软木衬垫及防水橡胶条；管片边角嵌贴丁基腻子胶。

计量单位：环

定额编号					D7-8-27	D7-8-28
子目名称					氯丁橡胶密封条	三元乙丙橡胶密封条
					管片外径	
					ϕ≤7000	
基　价(元)					1598.86	980.11
其中	人工费(元)				490.73	595.23
	材料费(元)				813.35	70.97
	机具费(元)				173.27	173.27
	管理费(元)				121.51	140.64
分类	编码	名称	单位	单价(元)	消　耗　量	
人工	00010010	人工费	元	—	490.73	595.23
材料	02030017	三元乙丙管片密封条	m	—	—	[50.980]
	02030016	氯丁橡胶密封条	m	13.50	48.431	—
	02070370	传力橡胶衬垫 3mm 厚	kg	12.50	6.549	—
	13030317	丁基自粘腻子	kg	22.50	2.318	2.318
	14410600	胶粘剂	kg	1.88	2.318	2.318
	15130075	聚氨酯泡沫塑料板	kg	21.19	0.618	0.649
	99450760	其他材料费	元	1.00	8.06	0.70
机具	990309010	门式起重机 提升质量 5(t)	台班	560.73	0.309	0.309

注：管片规格不同或设计有要求时，氯丁橡胶密封条、三元乙丙管片密封条应按要求调整规格和消耗量，损耗率按 2%考虑。

13 管片嵌缝

工作内容：管片嵌缝槽表面处理；配料嵌缝。　　　　计量单位：环

定额编号					D7-8-29
子目名称					管片嵌缝
					管片外径
					Φ≤4500
基　价(元)					715.51
其中	人工费(元)				419.88
	材料费(元)				167.76
	机具费(元)				43.14
	管理费(元)				84.73
分类	编码	名称	单位	单价(元)	消　耗　量
人工	00010010	人工费	元	—	419.88
材料	13350090	环氧聚氨酯嵌缝膏	kg	16.82	8.579
	34090170	泡沫条 Φ18	m	0.17	19.475
	35090200	钢制台座(摊销)	kg	2.78	6.650
	99450760	其他材料费	元	1.00	1.66
机具	990219010	电动灌浆机	台班	26.87	0.771
	990309010	门式起重机 提升质量 5(t)	台班	560.73	0.026
	990414010	电瓶车 牵引质量 2.5(t)	台班	341.04	0.023

14　衬砌壁后压浆

工作内容：制浆、送浆，盾尾同步压浆，补压浆，封堵、清洗。　　　　计量单位：10m³

定额编号					D7-8-30	D7-8-31	D7-8-32
子目名称					盾尾同步压浆		
					水泥：粉煤灰	水泥砂浆	水泥水玻璃
基　价(元)					6112.72	6468.62	10557.18
其中	人工费(元)				1777.55	1940.25	2520.54
	材料费(元)				2303.25	3285.03	5934.33
	机具费(元)				1442.63	750.86	1387.19
	管理费(元)				589.29	492.48	715.12
分类	编码	名称	单位	单价(元)	消　耗　量		
人工	00010010	人工费	元	—	1777.55	1940.25	2520.54
材料	80110260	含量:水泥粉煤灰浆	m³	—	(10.500)	—	—
	80110280	含量:水泥水玻璃浆	m³	—	—	—	(10.500)
	03078185	盖堵 Φ75	个	7.00	0.338	0.338	0.338
	04010040	复合普通硅酸盐水泥　P·O 52.5	t	407.59	1.530	—	4.190
	04090005	粉煤灰	t	155.00	8.531	—	—
	04090040	膨润土	kg	0.77	313.500	—	—
	14310130	硅酸钠(水玻璃)	kg	1.10	—	—	3705.000
	17310190	高压皮龙管 Φ150×3	根	1530.00	0.038	0.038	0.038
	34110010	水	m³	4.58	7.125	—	6.935
	80110270	水泥砂浆	m³	320.00	—	9.975	—
	99450760	其他材料费	元	1.00	22.80	32.53	58.76
机具	990503020	电动单筒慢速卷扬机 牵引力 30(kN)	台班	281.46	1.454	1.454	1.454
	990610010	灰浆搅拌机 拌筒容量 200(L)	台班	253.21	2.732	—	2.189
	991106010	盾构同步压浆泵 D2.1m×7m	台班	707.29	0.483	0.483	0.599

注：压浆材料可根据设计要求调换，人工及机械不作调整。

工作内容：制浆、送浆，盾尾同步压浆，补压浆，封堵、清洗。 计量单位：$10m^3$

定额编号					D7-8-33	D7-8-34	D7-8-35
子目名称					盾尾分块压浆		
					水泥：粉煤灰	水泥砂浆	水泥水玻璃
基　价(元)					5664.43	6364.95	10340.59
其中	人工费(元)				1955.72	1874.83	2033.15
	材料费(元)				1085.74	3520.49	5997.41
	机具费(元)				1914.68	529.62	1638.17
	管理费(元)				708.29	440.01	671.86
分类	编码	名称	单位	单价(元)	消　耗　量		
人工	00010010	人工费	元	—	1955.72	1874.83	2033.15
材料	80110260	含量:水泥粉煤灰浆	m^3	—	(10.500)	—	—
	80110280	含量:水泥水玻璃浆	m^3	—	—	—	(10.500)
	03078185	盖堵 Φ75	个	7.00	0.338	0.338	—
	04010040	复合普通硅酸盐水泥　P·O 52.5	t	407.59	1.530	—	4.190
	04090005	粉煤灰	t	155.00	—	—	—
	04090040	膨润土	kg	0.77	313.500	—	—
	14310130	硅酸钠(水玻璃)	kg	1.10	—	—	3705.000
	17310190	高压皮龙管 Φ150×3	根	1530.00	0.038	0.114	0.004
	19050030	球阀 DN65	个	123.00	0.950	0.950	0.950
	34110010	水	m^3	4.58	7.125	—	6.935
	80110270	水泥砂浆	m^3	320.00	—	9.975	—
	99450760	其他材料费	元	1.00	10.75	34.86	59.38
机具	990219010	电动灌浆机	台班	26.87	4.480	4.480	4.480
	990503020	电动单筒慢速卷扬机 牵引力 30(kN)	台班	281.46	1.454	1.454	1.454
	990610010	灰浆搅拌机 拌筒容量 200(L)	台班	253.21	5.470	—	4.378

注：压浆材料可根据设计要求调换，人工及机械不作调整。

15 柔性接缝环

工作内容：1. 临时防水环板：盾构出洞后接缝处淤泥清理，钢板环圈定位、焊接，预留压浆孔；钢板环圈切割；吊拆堆放。

2. 临时止水缝：洞口安装止水带机防水圈，环板安装后堵压，防水材料封堵。

计量单位：见表

定额编号					D7-8-36	D7-8-37
子目名称					柔性接缝环 施工阶段	
					临时防水环板安拆	临时止水缝
						Φ≤7000
					t	m
基 价(元)					15688.48	2323.81
其中	人工费(元)				2207.14	622.82
	材料费(元)				5375.90	1170.12
	机具费(元)				6510.17	352.40
	管理费(元)				1595.27	178.47
分类	编码	名称	单位	单价(元)	消 耗 量	
人工	00010010	人工费	元	—	2207.14	622.82
材料	01290003	钢板 综合	kg	3.44	4.532	—
	01290365	环圈钢板 综合	t	3744.15	1.007	—
	02030003	帘布橡胶条	kg	15.38	—	4.216
	03010275	压浆孔螺钉 综合	十套	86.94	11.458	—
	03012595	带帽螺栓 综合	kg	7.88	4.427	1.245
	03135001	低碳钢焊条 综合	kg	6.01	32.614	—
	04010040	复合普通硅酸盐水泥 P・O 52.5	t	407.59	—	0.087
	04030020	中砂	t	97.14	—	0.086
	05030265	枕木	m^3	1329.20	0.120	—
	14390070	氧气	m^3	5.16	15.644	—
	14390100	乙炔气	kg	13.30	5.222	—
	14410310	聚氨酯粘合剂	kg	21.91	—	18.981
	15130075	聚氨酯泡沫塑料板	kg	21.19	—	29.457
	99450760	其他材料费	元	1.00	53.22	11.59
机具	990219010	电动灌浆机	台班	26.87	—	0.514
	990309020	门式起重机 提升质量 10(t)	台班	671.06	7.550	0.470
	990901015	交流弧焊机 容量 30(kV・A)	台班	94.70	11.457	—
	990919030	电焊条烘干箱 容量 600×500×750(cm^3)	台班	31.85	1.146	—
	991201010	轴流通风机 功率 7.5(kW)	台班	53.07	6.071	0.437

工作内容：1. 拆除洞口环管片：拆卸连接螺栓，吊车配合拆除管片，凿除涂料、壁面清洗；

2. 安装钢环板：钢环板分块吊装，焊接固定；

3. 柔性接缝环：壁内刷涂料，安装内外壁止水带，压乳胶水泥。

计量单位：见表

定额编号					D7-8-38	D7-8-39	D7-8-40	D7-8-41
子目名称					$D\leqslant4500$ 复合式泥水平衡盾构掘进			
					拆除临时钢环板	拆除洞口环管片	安装钢环板	到达段柔性接缝环 $D\leqslant7000$
					t	m^3	t	m
基价(元)					3097.96	5057.67	8612.75	4457.22
其中	人工费(元)				1750.69	1920.71	2648.03	1071.13
	材料费(元)				190.88	19.69	1036.46	847.40
	机具费(元)				706.69	2337.94	3756.27	1980.28
	管理费(元)				449.70	779.33	1171.99	558.41
分类	编码	名称	单位	单价(元)	消耗量			
人工	00010010	人工费	元	—	1750.69	1920.71	2648.03	1071.13
材料	01000001	型钢 综合	kg	3.37	1.539	—	—	—
	02010310	结皮海绵橡胶板 综合	kg	21.68	—	—	—	26.838
	02050209	水膨胀橡胶圈	个	0.84	—	—	121.600	5.132
	03010275	压浆孔螺钉 综合	十套	86.94	—	—	0.567	—
	03012595	带帽螺栓 综合	kg	7.88	—	—	29.479	—
	03135001	低碳钢焊条 综合	kg	6.01	3.734	1.468	81.625	—
	03230391	螺栓套管	十套	0.47	—	—	12.160	—
	04010070	乳胶水泥	kg	0.72	—	—	—	74.214
	05030265	枕木	m^3	1329.20	0.048	—	0.076	—
	13050095	焦油聚氨酯涂料	kg	11.00	—	—	—	—
	13370065	内防水橡胶止水带	m	89.20	—	—	—	0.998
	14210050	环氧树脂 综合	kg	24.89	—	—	—	0.717
	14210090	氯丁橡胶	kg	16.91	—	—	—	0.380
	14390070	氧气	m^3	5.16	10.165	1.112	4.712	—
	14390100	乙炔气	kg	13.30	3.392	0.371	1.568	—
	14410237	外防水氯丁酚醛胶	kg	6.00	—	—	—	9.652
	15130065	聚苯乙烯硬泡沫塑料	m^3	495.00	—	—	—	0.057
	99450760	其他材料费	元	1.00	1.88	0.20	10.26	8.39
机具	990219010	电动灌浆机	台班	26.87	—	—	—	0.684
	990309020	门式起重机 提升质量 10(t)	台班	671.06	0.695	1.403	3.874	2.874
	990503050	电动单筒慢速卷扬机 牵引力 100(kN)	台班	380.81	—	3.118	—	—
	990901015	交流弧焊机 容量 30(kV·A)	台班	94.70	1.017	1.716	9.468	—
	990919030	电焊条烘干箱 容量 600×500×750 (cm^3)	台班	31.85	0.102	0.147	8.162	—
	991003030	电动空气压缩机 排气量 1(m^3/min)	台班	56.30	—	0.744	—	—
	991201010	轴流通风机 功率 7.5(kW)	台班	53.07	2.652	—	—	0.627

16 洞口钢筋混凝土环圈

工作内容：配模、立模、拆模；洞内环圈混凝土浇捣、养护。　　计量单位：m^3

定额编号					D7-8-42
子目名称					洞口混凝土环圈
基　价(元)					3757.50
其中	人工费(元)				1300.61
	材料费(元)				465.76
	机具费(元)				1481.93
	管理费(元)				509.20
分类	编码	名称	单位	单价(元)	消　耗　量
人工	00010010	人工费	元	—	1300.61
材料	03135001	低碳钢焊条 综合	kg	6.01	1.227
	35010005	木模板	m^3	1140.00	0.105
	80211010	预拌混凝土 C30(泵送)	m^3	348.00	0.960
	99450760	其他材料费	元	1.00	4.61
机具	990309020	门式起重机提升质量 10(t)	台班	671.06	1.420
	990607020	混凝土输送泵车输送量 75(m^3/h)	台班	1738.53	0.264
	991201010	轴流通风机功率 7.5(kW)	台班	53.07	1.320

17　负环管片拆除

工作内容：拆除后盾钢支撑；清除管片内污垢杂物；拆除井内轨道；清除井内污泥；凿除后靠混凝土；切割连接螺栓；管片吊出井口；装车。　　计量单位：m

定额编号					D7-8-43
子目名称					负环管片拆除
					管片外径
					Φ≤4500
基　价(元)					9404.24
其中	人工费(元)				6259.03
	材料费(元)				69.26
	机具费(元)				1631.91
	管理费(元)				1444.04
分类	编码	名称	单位	单价(元)	消　耗　量
人工	00010010	人工费	元	—	6259.03
材料	03135001	低碳钢焊条 综合	kg	6.01	3.460
	14390070	氧气	m^3	5.16	2.717
	14390100	乙炔气	kg	13.30	0.903
	35090230	钢支撑	kg	3.88	5.605
	99450760	其他材料费	元	1.00	0.68
机具	990302015	履带式起重机提升质量 15(t)	台班	957.90	1.462
	990901015	交流弧焊机容量 30(kV·A)	台班	94.70	1.785
	990919030	电焊条烘干箱容量 600×500×750(cm^3)	台班	31.85	0.178
	991003030	电动空气压缩机排气量 1(m^3/min)	台班	56.30	1.008

18 隧道内管线路拆除

工作内容：贯通后隧道内水管、风管、走道板、拉杆、钢轨、轨枕、各种施工支架拆除；吊运出井口、装车或堆放；隧道内淤泥清除。

计量单位：100m

定额编号					D7-8-44
子目名称					隧道内管线路拆除
					管片外径
					Φ≤4500
基　价(元)					33001.58
其中	人工费(元)				16306.60
	材料费(元)				76.45
	机具费(元)				11525.29
	管理费(元)				5093.24
分类	编码	名称	单位	单价(元)	消耗量
人工	00010010	人工费	元	—	16306.60
材料	14390070	氧气	m^3	5.16	7.885
	14390100	乙炔气	kg	13.30	2.632
	99450760	其他材料费	元	1.00	0.76
机具	990309010	门式起重机提升质量 5(t)	台班	560.73	5.312
	990407010	轨道平车 装载质量 5(t)	台班	265.67	10.823
	990414010	电瓶车 牵引质量 2.5(t)	台班	341.04	6.764
	990501020	电动单筒快速卷扬机牵引力 10(kN)	台班	269.14	6.004
	990803020	电动多级离心清水泵出口直径 100(mm)扬程 120m 以下	台班	174.70	9.006
	991208010	硅整流充电机输出电流/输出电压 90/190(A/V)	台班	75.88	2.310

19 盾构基座及手孔封堵

工作内容：画线、号料、切割、拼装、校正；焊接成型；油漆一遍；堆放。　　　　计量单位：t

定额编号					D7-8-45
子目名称					盾构基座
基　价（元）					7272.27
其中	人工费（元）				1723.21
	材料费（元）				3753.37
	机具费（元）				1251.34
	管理费（元）				544.35
分类	编码	名称	单位	单价（元）	消　耗　量
人工	00010010	人工费	元	—	1723.21
材料	01000010	型钢 综合	t	3365.23	0.989
	01290135	钢板 4.1～20	t	3230.65	0.018
	03135001	低碳钢焊条 综合	kg	6.01	12.551
	13050070	防锈漆	kg	11.00	16.150
	14030040	汽油 综合	kg	6.38	5.175
	14390070	氧气	m^3	5.16	4.560
	14390100	乙炔气	kg	13.30	1.520
	99450760	其他材料费	元	1.00	37.16
机具	990302015	履带式起重机提升质量 15(t)	台班	957.90	1.042
	990901015	交流弧焊机容量 30(kV·A)	台班	94.70	2.587
	990919030	电焊条烘干箱 容量 600×500×750(cm^3)	台班	31.85	0.258

工作内容：手孔清洗；人工拌浆；堵手孔、抹平。　　计量单位：100 个

定额编号					D7-8-46
子目名称					管片手孔封堵
基　价(元)					2240.28
其中	人工费(元)				1218.89
	材料费(元)				471.83
	机具费(元)				275.99
	管理费(元)				273.57
分类	编码	名称	单位	单价(元)	消　耗　量
人工	00010010	人工费	元	—	1218.89
材料	04010040	复合普通硅酸盐水泥　P·O 52.5	t	407.59	0.770
	14350350	界面剂	kg	0.90	142.500
	35090200	钢制台座(摊销)	kg	2.78	9.016
	99450760	其他材料费	元	1.00	4.67
机具	990309010	门式起重机提升质量 5(t)	台班	560.73	0.463
	990414010	电瓶车牵引质量 2.5(t)	台班	341.04	0.048

20 盾构过井

工作内容：托架制作安装、铺设钢轨、千斤顶等设备就位、顶进牵引盾构设备、抬升放低、横移、连接管线、调试及拆除等。

计量单位：次

定额编号					D7-8-47	D7-8-48
子目名称					复合式土压平衡盾构机过风井、轨排井	复合式泥水平衡盾构机过风井、轨排井
					$D\leqslant4500$	
基价(元)					85943.84	89418.49
其中	人工费(元)				27480.78	28580.01
	材料费(元)				5673.51	5673.50
	机具费(元)				40372.42	42210.35
	管理费(元)				12417.13	12954.63
分类	编码	名称	单位	单价(元)	消耗量	
人工	00010010	人工费	元	—	27480.78	28580.01
材料	01000010	型钢 综合	t	3365.23	0.437	0.437
	01050001	钢丝绳Φ14.1～15	kg	3.66	70.063	70.063
	01290001	钢板 综合	t	3443.35	0.233	0.233
	03135001	低碳钢焊条 综合	kg	6.01	8.550	8.550
	05030265	枕木	m^3	1329.20	1.449	1.449
	14390070	氧气	m^3	5.16	3.769	3.769
	14390100	乙炔气	kg	13.30	1.256	1.256
	37010010	轻轨 综合	t	4350.00	0.247	0.247
	99450760	其他材料费	元	1.00	56.17	56.16
机具	990309060	门式起重机 提升质量50(t)	台班	1491.30	7.189	7.404
	990316020	立式油压千斤顶 提升质量200(t)	台班	13.12	19.152	19.727
	990504040	电动双筒慢速卷扬机 牵引力100(kN)	台班	438.20	23.418	24.121
	990744010	半自动切割机 厚度100(mm)	台班	94.73	20.520	21.135
	990901030	交流弧焊机 容量40(kV·A)	台班	123.13	0.633	0.652
	991107020	土压平衡盾构机 直径4.35(m)	台班	9008.75	1.900	—
	991107040	泥水平衡盾构机 直径4.35(m)	台班	9609.33	—	1.900

注：盾构过站按车站长度260m以内考虑，车站长度不同时按比例调整。盾构机台班可根据实际情况替换种类规格，数量不变。

21　地层钻孔

工作内容：移机，定位，钻孔，泥浆制作，泥浆护壁，抽芯取样，数据收集及分析，封孔。

计量单位：100m

定额编号					D7-8-49	D7-8-50
子目名称					地层钻孔	
					孔径 DN≤200mm	
					土层	岩层
基　价（元）					11018.23	24089.00
其中	人工费（元）				2346.23	4194.42
	材料费（元）				1073.93	1201.21
	机具费（元）				6059.77	15152.82
	管理费（元）				1538.30	3540.55
分类	编码	名称	单位	单价（元）	消　耗　量	
人工	00010010	人工费	元	—	2346.23	4194.42
材料	03139121	合金钢钻头 综合	个	5.29	1.235	6.175
	03210267	钻杆	m	47.20	1.587	2.375
	04010030	复合普通硅酸盐水泥 P·O 42.5	t	365.46	0.535	0.535
	04090040	膨润土	kg	0.77	760.000	760.000
	17010430	岩芯管	m	122.65	1.140	1.520
	18090940	钻杆接头	个	8.00	1.140	1.520
	34110010	水	m^3	4.58	11.400	14.250
	99450760	其他材料费	元	1.00	10.62	11.88
机具	990212120	工程地质液压钻机	台班	678.66	6.261	15.656
	990619030	泥浆拌和机 容量 100～150(L)	台班	242.75	6.261	15.656
	990806030	泥浆泵 流量 15(m^3/h)	台班	46.45	6.261	15.656

22 深孔爆破岩石

工作内容：验孔、下管、填装药包、装药、堵塞、连线、封孔覆盖、警戒、起爆、孤石碎裂成不大于0.3m直径块或不影响盾构出渣大小直径块、检查、处理盲炮。

计量单位：处

定额编号					D7-8-51	D7-8-52	D7-8-53	D7-8-54
子目名称					深孔爆破地底孤石			
					孤石单向最大尺寸			
					1m以内	2m以内	3m以内	4m以内
基　价(元)					1262.88	2251.70	3434.77	4953.32
其中	人工费(元)				360.84	721.78	1082.52	1804.40
	材料费(元)				836.01	1397.83	2154.15	2818.71
	机具费(元)				—	—	—	—
	管理费(元)				66.03	132.09	198.10	330.21
分类	编码	名称	单位	单价(元)	消　耗　量			
人工	00010010	人工费	元	—	360.84	721.78	1082.52	1804.40
材料	04050140	豆石	m^3	88.41	0.604	1.208	1.813	3.021
	14430215	塑料粘胶带	卷	4.72	2.280	4.560	6.840	11.400
	17250695	PVC塑料管Φ90	m	11.50	47.500	76.000	114.000	142.500
	28030500	铜芯聚氯乙烯绝缘导线BV-4mm²	m	1.80	95.000	152.000	228.000	285.000
	34030060	非电毫秒雷管	发	4.62	7.600	15.200	22.800	38.000
	34030070	胶质炸药	kg	9.22	1.216	4.104	12.312	15.466
	99450760	其他材料费	元	1.00	8.28	13.84	21.33	27.91

附件 2：

D. 7. 8. 2 顶管隧道工程

说　明

一、本章节定额包括顶管内容。

二、本章管道铺设采用钢筋混凝土管，损耗率为 1%。

三、顶管工程：

1. 管道、方（拱）管涵顶进，适用于管（涵）以及外套管的不开槽顶管工程项目。

2. 工作坑开挖、回填、支撑安装拆除、工作井、泥浆运输等套用市政专业册相应章节定额子目。

3. 本章定额是按无地下水考虑的，如遇地下水时，排（降）水费用按相应项目另行计算。

4. 定额中钢板内、外套环接口项目，只适用于设计所要求的永久性管口，顶进中为防止错口，在管内接口处所设置的工具式临时性钢胀圈不得套用。

5. 管道顶进是按一般非岩层综合各类土质考虑。

6. 泥水平衡顶进未包括泥浆处理、运输费用，计算时执行第一册《通用工程》的相应项目。

7. 顶管采用中继间顶进时，安装一个中继间为一级顶进，每增加一个中继间即为增加一级顶进，四级以内顶进定额中的人工费与机械费乘以下列系数分级计算，四级以上根据实际情况另行考虑：

中继间顶进分级	一级顶进	二级顶进	三级顶进	四级顶进
人工费、机械费调整系数	1.36	1.64	2.15	2.80

8. 钢套环制作项目适用于永久性接口内、外套环，中继间套环、触变泥浆密封套环的制作。

工程量计算规则

一、顶管按设计图示尺寸以“m”计算，要扣除工作井和接收井长度，扣除长度为顺管线方向按井内净空尺寸减 0.6m。

二、顶管接口按设计图示数量以“个”计算。

三、钢板内、外套环的制作，按套环质量以“t”计算。

四、泥浆运输工程量按顶管外径计算的体积以“m^3”计算。

D.7.8.2 顶管隧道工程

1 泥水平衡顶管机械及附属设施安拆

工作内容：安拆工具管、千斤顶、顶铁、油泵、配电设备、进水泵、出泥泵、仪表操作台、油管闸阀、压力表、进水管、出泥管及铁梯等全部工序。

计量单位：套

定额编号					D7-8-55	D7-8-56
子目名称					泥水切削机械及附属设施安拆	
					3800	4100
基　价(元)					111316.36	114226.99
其中	人工费(元)				22225.89	22767.98
	材料费(元)				5107.20	5230.25
	机具费(元)				68080.34	69908.44
	管理费(元)				15902.93	16320.32
分类	编码	名称	单位	单价(元)	消　耗　量	
人工	00010010	人工费	元	—	22225.89	22767.98
材料	01190002	槽钢 综合	t	3662.24	0.015	0.015
	05030265	枕木	m^3	1329.20	0.195	0.200
	18150590	柔性接头	套	20.15	0.410	0.420
	19030130	法兰闸阀 DN150	个	317.30	1.025	1.050
	19090050	法兰止回阀 H44T-10 DN150	个	607.34	2.050	2.100
	24110070	压力表 0～1.6MPa	块	32.48	1.025	1.050
	29060150	钢套管 综合	kg	4.19	64.575	66.150
	35010050	槽钢	t·月	128.73	10.506	10.763
	35090050	铁撑板	t	3093.09	0.009	0.009
	35090160	钢支撑	t·月	210.00	5.682	5.821
	99450760	其他材料费	元	1.00	337.17	345.40
机具	990304016	汽车式起重机 提升质量 16(t)	台班	1156.64	5.638	5.775
	990304084	汽车式起重机 提升质量 160(t)	台班	11151.26	2.812	2.881
	990403050	平板拖车组 装载质量 100(t)	台班	3791.73	1.538	1.575
	990415025	油泵车	台班	902.94	16.901	17.313
	990503020	电动单筒慢速卷扬机 牵引力 30(kN)	台班	281.46	8.450	8.656
	990809020	潜水泵 出口直径 100(mm)	台班	30.68	8.450	8.656
	991118090	刀盘式泥水平衡顶管掘进机 管径 3800(mm)	台班	6472.01	1.000	—
	991118100	刀盘式泥水平衡顶管掘进机 管径 4100(mm)	台班	6795.61	—	1.000

注：同一工作坑内，设备安拆每增加一次按相应管径子目乘以系数 0.50 计列。

2 中继间安拆

工作内容：安装、吊卸中继间，装油泵、油管，接缝防水，拆除中继间内的全部设备，吊出井口。

计量单位：套

定额编号					D7-8-57	D7-8-58
子目名称					中继间安拆	
					管径（mm 内）	
					3800	4100
基价（元）					100753.91	103083.95
其中	人工费（元）				2939.88	3011.59
	材料费（元）				63955.63	65393.58
	机具费（元）				28348.52	29035.32
	管理费（元）				5509.88	5643.46
分类	编码	名称	单位	单价（元）	消耗量	
人工	00010010	人工费	元	—	2939.88	3011.59
材料	01290003	钢板 综合	kg	3.44	6543.635	6703.236
	18310367	中继间Φ3800	套	40593.66	1.000	—
	18310369	中继间Φ4100	套	41461.80	—	1.000
	99450760	其他材料费	元	1.00	851.87	872.65
机具	990304064	汽车式起重机 提升质量100(t)	台班	5862.96	3.884	3.978
	990401030	载货汽车 装载质量8(t)	台班	631.63	3.264	3.343
	990415025	油泵车	台班	902.94	3.893	3.988

3 顶进触变泥浆减阻

工作内容：安拆操作机械，取料、拌浆、压浆、清理。　　　　计量单位：10m

定额编号					D7-8-59	D7-8-60
子目名称					顶进触变泥浆减阻	
					管径(mm 内)	
					3800	4100
基　价(元)					5638.58	5776.02
其中	人工费(元)				2513.79	2575.10
	材料费(元)				920.95	943.41
	机具费(元)				1497.46	1533.91
	管理费(元)				706.38	723.60
分类	编码	名称	单位	单价(元)	消　耗　量	
人工	00010010	人工费	元	—	2513.79	2575.10
材料	04090040	膨润土	kg	0.77	1131.031	1158.617
	34110010	水	m^3	4.58	6.985	7.156
	99450760	其他材料费	元	1.00	18.06	18.50
机具	990619025	液压注浆机 HYB60/50-1	台班	130.18	11.503	11.783

4 泥水平衡顶进

工作内容：卸管、接拆进水管、出泥浆管、照明设备、钻进、顶管、测量纠偏、泥浆出坑，场内运输等。

计量单位：10m

定额编号					D7-8-61	D7-8-62
子目名称					泥水平衡顶进	
					管径(mm 以内)	
					3800	4100
基　价(元)					101083.77	104326.46
其中	人工费(元)				4325.23	4430.73
	材料费(元)				3972.47	4069.30
	机具费(元)				78245.39	80814.71
	管理费(元)				14540.68	15011.72
分类	编码	名称	单位	单价(元)	消　耗　量	
人工	00010010	人工费	元	—	4325.23	4430.73
材料	17290060	F 型钢筋混凝土顶管	m	—	[10.050]	[10.050]
	03010430	六角螺栓 综合	kg	5.58	6.796	6.962
	04090040	膨润土	kg	0.77	1963.326	2011.212
	14070050	机油 综合	kg	6.96	52.839	54.128
	18150590	柔性接头	套	20.15	0.072	0.074
	28110040	电力电缆 YHC $3\times70+1\times25mm^2$	m	126.74	4.613	4.725
	29060150	钢套管 综合	kg	4.19	21.423	21.945
	34110010	水	m^3	4.58	12.269	12.569
	99450760	其他材料费	元	1.00	1322.97	1355.24
机具	990304084	汽车式起重机 提升质量 160(t)	台班	11151.26	4.121	4.221
	990415025	油泵车	台班	902.94	5.431	5.564
	990803040	电动多级离心清水泵 出口直径 150(mm) 扬程 180m 以下	台班	301.69	4.121	4.221
	990809020	潜水泵 出口直径 100(mm)	台班	30.68	4.121	4.221
	991118090	刀盘式泥水平衡顶管掘进机 管径 3800(mm)	台班	6472.01	4.020	—
	991118100	刀盘式泥水平衡顶管掘进机 管径 4100(mm)	台班	6795.61	—	4.020

注：F 型钢筋混凝土顶管管材已含接口钢套环，若使用不同管材时，可换算材料价格。

关于印发广东省建设工程定额动态调整的通知（第1期）

（粤标定函〔2020〕188号）

各有关单位：

近期我站研究分析了广东省建设工程定额动态管理系统收集的意见，现将有关《广东省市政工程综合定额（2018）》调整内容印发给你们，本调整内容与我省现行工程计价依据配套使用，请遵照执行。在执行中遇到的问题，请及时反映。

附件：《广东省市政工程综合定额（2018）》动态调整内容

广东省建设工程标准定额站

2020年8月11日

附件：

《广东省市政工程综合定额2018》动态调整内容

<table>
<tr><th>页码</th><th>部位或
子目编号</th><th>原内容</th><th>调整为</th></tr>
<tr><td colspan="4">第一册　通用项目</td></tr>
<tr><td rowspan="7">116</td><td>子目名称</td><td>(1)湿法喷浆 单头</td><td>D1-3-46　单头　桩径600mm以内
补:D1-3-46-1 单头 桩径850mm以内
(详见附1勘误后子目)</td></tr>
<tr><td rowspan="2">D1-3-47</td><td>基价(元) 2028.33
材料费(元) 915.99</td><td>基价(元)1891.90
材料费(元)779.56</td></tr>
<tr><td>04090160 石膏粉
14300130 硅酸钠(水玻璃)
14350440 木质素磺酸钙</td><td>删除</td></tr>
<tr><td rowspan="2">D1-3-49</td><td>基价(元) 1938.76
材料费(元) 915.99</td><td>基价(元) 1802.33
材料费(元) 779.56</td></tr>
<tr><td>04090160 石膏粉
14300130 硅酸钠(水玻璃)
14350440 木质素磺酸钙</td><td>删除</td></tr>
<tr><td rowspan="2">D1-3-50</td><td>基价(元) 73.00
材料费(元) 73.00</td><td>基价(元) 62.52
材料费(元) 62.52</td></tr>
<tr><td>04090160 石膏粉
14300130 硅酸钠(水玻璃)
14350440 木质素磺酸钙</td><td>删除</td></tr>
<tr><td>117</td><td>(2)</td><td>双向深层水泥搅拌桩</td><td>双向水泥搅拌桩
(详见附2勘误后子目)</td></tr>
<tr><td>92</td><td>说明</td><td>第三十七条
……当遇到不利地质条件(如:流砂、溶洞等)需要埋设钢护筒并无法拆除时,套用“钢护筒埋设不拆除”子目</td><td>第三十七条
……当遇到不利地质条件(如:流砂、溶洞等)需要埋设钢护筒并无法拆除时,套用“钢护筒埋设不拆除”子目,扣除桩子目中的钢护筒消耗量,其他不变</td></tr>
</table>

续表

页码	部位或子目编号	原内容	调整为
96	工程量计算规则	十六、成孔混凝土灌注桩 2. 钻孔桩成孔、冲孔桩和旋挖桩成孔工程量按设计桩长乘以设计截面面积以“m^3”计算	十六、成孔混凝土灌注桩 2. 钻孔桩成孔、冲孔桩和旋挖桩成孔工程量按入土深度乘以设计截面面积以“m^3”计算
157	工作内容		增:1. 护筒埋设及拆除
160	工作内容		增:1. 护筒埋设及拆除
157	D1-3-152	基价(元) 4705.94 人工费(元) 1238.49 材料费(元) 431.28 管理费(元) 607.00	基价(元) 4799.95 人工费(元) 1258.67 材料费(元) 501.77 管理费(元) 610.34
		人工费(元) 1238.49 01000001 型钢 综合 kg 3.37 4.379 其他材料费 元 2.15	人工费(元)1258.67 03230111 钢护筒 t 4244.74 0.020 其他材料费元 2.50
158	D1-3-153	基价(元) 4016.73 人工费(元) 1040.71 材料费(元) 311.33 管理费(元) 526.17	基价(元) 4119.01 人工费(元) 1061.90 材料费(元) 388.92 管理费(元) 529.67
		人工费(元) 1040.71 01000001 型钢 综合 kg 3.37 3.539 其他材料费 元 1.55	人工费(元) 1061.90 03230111 钢护筒 t 4244.74 0.021 其他材料费 元 1.93
	D1-3-154	基价(元) 3224.49 人工费(元) 842.93 材料费(元) 222.66 管理费(元) 426.25	基价(元) 3304.15 人工费(元) 859.07 材料费(元) 283.50 管理费(元) 428.93
		人工费(元) 842.93 01000001 型钢 综合 kg 3.37 2.219 其他材料费 元 1.11	人工费(元) 859.07 03230111 钢护筒 t 4244.74 0.016 其他材料费 元 1.51
	D1-3-155	基价(元) 2744.95 人工费(元) 688.05 材料费(元) 199.80 管理费(元) 361.41	基价(元) 2825.29 人工费(元) 704.19 材料费(元) 261.33 管理费(元) 364.08
		人工费(元)688.05 01000001 型钢 综合 kg 3.37 1.987 其他材料费 元 0.99	人工费(元)704.19 03230111 钢护筒 t 4244.74 0.016 其他材料费 元 1.30

续表

页码	部位或子目编号	原内容	调整为
159	D1-3-156	基价(元) 2589.37 人工费(元) 748.99 材料费(元) 245.10 管理费(元) 332.89	基价(元)2649.03 人工费(元)761.59 材料费(元)290.08 管理费(元)334.97
		人工费(元)748.99 01000001 型钢 综合 kg 3.37 1.766	人工费(元)761.59 03230111 钢护筒 t 4244.74 0.012
	D1-3-157	基价(元) 2300.73 人工费(元)611.38 材料费(元) 228.02 管理费(元) 294.32	基价(元)2360.82 人工费(元)623.49 材料费(元)273.99 管理费(元)296.33
		人工费(元) 611.38 01000001 型钢 综合 kg 3.37 1.472	人工费(元)623.49 03230111 钢护筒 t 4244.74 0.012
160	D1-3-158	基价(元)5669.66 人工费(元) 1981.65 材料费(元) 553.26 管理费(元)726.52	基价(元) 5764.03 人工费(元) 2002.14 材料费(元) 623.75 管理费(元) 729.91
		人工费(元)1981.65 01000001 型钢 综合 kg 3.37 4.379 其他材料费 元 2.75	人工费(元) 2002.14 03230111 钢护筒 t 4244.74 0.020 其他材料费 元 3.10
	D1-3-159	基价(元)4833.08 人工费(元) 1665.18 材料费(元) 533.58 管理费(元)610.53	基价(元) 4929.94 人工费(元) 1685.36 材料费(元) 606.92 管理费(元) 613.87
		人工费(元) 1665.18 01000001 型钢 综合 kg 3.37 3.539 其他材料费 元 2.65	人工费(元)1685.36 03230111 钢护筒 t 4244.74 0.020 其他材料费 元 3.02

续表

页码	部位或子目编号	原内容	调整为
161	D1-3-160	基价(元)3907.28 人工费(元)1348.71 材料费(元) 423.68 管理费(元)494.67	基价(元) 3987.29 人工费(元) 1365.24 材料费(元) 484.42 管理费(元) 497.41
		人工费(元) 1348.71 01000001 型钢 综合 kg 3.37 2.219 其他材料费 元 2.11	人工费(元)1365.24 03230111 钢护筒 t 4244.74 0.016 其他材料费 元 2.41
	D1-3-161	基价(元)3250.79 人工费(元) 1104.18 材料费(元) 403.09 管理费(元)404.37	基价(元) 3331.01 人工费(元) 1120.22 材料费(元) 464.61 管理费(元) 407.03
		人工费(元)1104.18 01000001 型钢 综合 kg 3.37 1.987 其他材料费 元 2.01	人工费(元)1120.22 03230111 钢护筒 t 4244.74 0.016 其他材料费 元 2.31
	D1-3-162	基价(元)2906.50 人工费(元) 988.57 材料费(元) 353.58 管理费(元)362.51	基价(元) 2966.38 人工费(元) 1001.17 材料费(元) 398.78 管理费(元) 364.59
		人工费(元)988.57 01000001 型钢 综合 kg 3.37 1.766 其他材料费 元 1.76	人工费(元)1001.17 03230111 钢护筒 t 4244.74 0.012 其他材料费 元 1.98
	D1-3-163	基价(元)2611.49 人工费(元) 880.33 材料费(元) 338.36 管理费(元)322.78	基价(元) 2671.81 人工费(元) 892.44 材料费(元) 384.56 管理费(元) 324.79
		人工费(元)880.33 01000001 型钢 综合 kg 3.37 1.472 其他材料费 元 1.68	人工费(元)892.44 03230111 钢护筒 t 4244.74 0.012 其他材料费 元 1.91

续表

页码	部位或子目编号	原内容	调整为
162	D1-3-164	基价(元)3619.36 人工费(元)602.03 材料费(元)97.28 管理费(元)500.14	基价(元)3717.38 人工费(元)623.91 材料费(元)169.80 管理费(元)503.76
		人工费(元)602.03 01000001 型钢 综合 kg 3.37 6.300 其他材料费 元 0.48	人工费(元)623.91 03230111 钢护筒 t 4244.74 0.022 其他材料费 元 0.84
163	D1-3-165	基价(元)2918.18 人工费(元)444.40 材料费(元)89.71 管理费(元)401.64	基价(元)2988.08 人工费(元)460.93 材料费(元)140.35 管理费(元)404.37
		人工费(元)444.40 01000001 型钢 综合 kg 3.37 5.200 其他材料费 元 0.45	人工费(元)460.93 03230111 钢护筒 t 4244.74 0.016 其他材料费 元 0.70
163	D1-3-166	基价(元)2683.69 人工费(元)292.27 材料费(元)86.09 管理费(元)368.86	基价(元)2754.73 人工费(元)308.31 材料费(元)138.43 管理费(元)371.52
		人工费(元)292.27 01000001 型钢 综合 kg 3.37 4.700 其他材料费 元 0.43	人工费(元)308.31 03230111 钢护筒 t 4244.74 0.016 其他材料费 元 0.69
182	D1-3-205	基价(元)3722.56 材料费(元)909.37	基价(元)3730.69 材料费(元)917.50
		槽钢 综合 t 3662.24 0.213	35090260 槽型钢板桩 t 3700.00 0.213
第四册　给水工程			
181	D4-3-1	基价(元)983.68 机具费(元)37.11 管理费(元)131.08	基价(元)978.85 机具费(元)33.21 管理费(元)130.15
		990610020 灰浆搅拌机拌筒容量 400(L)	删除

续表

<table>
<tr><th>页码</th><th>部位或子目编号</th><th>原内容</th><th>调整为</th></tr>
<tr><td rowspan="8">181</td><td rowspan="2">D4-3-2</td><td>基价(元) 1158.02
机具费(元)38.42
管理费(元)151.60</td><td>基价(元)1151.57
机具费(元)33.21
管理费(元)150.36</td></tr>
<tr><td>990610020 灰浆搅拌机拌筒容量 400(L)</td><td>删除</td></tr>
<tr><td rowspan="2">D4-3-3</td><td>基价(元)1331.63
机具费(元)39.20
管理费(元)172.04</td><td>基价(元)1324.22
机具费(元)33.21
管理费(元)170.62</td></tr>
<tr><td>990610020 灰浆搅拌机拌筒容量 400(L)</td><td>删除</td></tr>
<tr><td rowspan="2">D4-3-4</td><td>基价(元)1517.08
机具费(元)51.10
管理费(元)198.81</td><td>基价(元)1508.37
机具费(元)44.07
管理费(元)197.13</td></tr>
<tr><td>990610020 灰浆搅拌机拌筒容量 400(L)</td><td>删除</td></tr>
<tr><td rowspan="2">D4-3-5</td><td>基价(元)1647.47
机具费(元)51.62
管理费(元)214.33</td><td>基价(元)1638.12
机具费(元)44.07
管理费(元)212.53</td></tr>
<tr><td>990610020 灰浆搅拌机拌筒容量 400(L)</td><td>删除</td></tr>
<tr><td rowspan="6">182</td><td rowspan="2">D4-3-6</td><td>基价(元)2352.97
机具费(元)122.48
管理费(元)322.27</td><td>基价(元)2340.39
机具费(元)112.32
管理费(元)319.85</td></tr>
<tr><td>990610020 灰浆搅拌机拌筒容量 400(L)</td><td>删除</td></tr>
<tr><td rowspan="2">D4-3-7</td><td>基价(元)2776.17
机具费(元)125.08
管理费(元)373.23</td><td>基价(元)2760.37
机具费(元)112.32
管理费(元)370.19</td></tr>
<tr><td>990610020 灰浆搅拌机拌筒容量 400(L)</td><td>删除</td></tr>
<tr><td rowspan="2">D4-3-8</td><td>基价(元)2980.33
机具费(元)126.13
管理费(元)397.77</td><td>基价(元)2963.23
机具费(元)112.32
管理费(元)394.48</td></tr>
<tr><td>990610020 灰浆搅拌机拌筒容量 400(L)</td><td>删除</td></tr>
</table>

续表

页码	部位或子目编号	原内容	调整为
182	D4-3-9	基价(元)3172.25 机具费(元)127.43 管理费(元)420.70	基价(元)3153.54 机具费(元)112.32 管理费(元)417.10
		990610020 灰浆搅拌机拌筒容量 400(L)	删除
183	D4-3-10	基价(元)1158.02 机具费(元)38.42 管理费(元)151.60	基价(元)1151.57 机具费(元)33.21 管理费(元)150.36
		990610020 灰浆搅拌机拌筒容量 400(L)	删除
	D4-3-11	基价(元)1302.75 机具费(元)38.94 管理费(元)168.58	基价(元)1295.66 机具费(元)33.21 管理费(元)167.22
		990610020 灰浆搅拌机拌筒容量 400(L)	删除
	D4-3-12	基价(元)1579.05 机具费(元)56.93 管理费(元)208.87	基价(元)1570.02 机具费(元)49.64 管理费(元)207.13
		990610020 灰浆搅拌机拌筒容量 400(L)	删除
184	D4-3-13	基价(元)2147.28 机具费(元)101.53 管理费(元)290.43	基价(元)2135.68 机具费(元)92.16 管理费(元)288.20
		990610020 灰浆搅拌机拌筒容量 400(L)	删除
	D4-3-14	基价(元)2529.75 机具费(元)103.88 管理费(元)335.10	基价(元)2515.24 机具费(元)92.16 管理费(元)332.31
		990610020 灰浆搅拌机拌筒容量 400(L)	删除
	D4-3-15	基价(元)2746.73 机具费(元)105.18 管理费(元)362.35	基价(元)2730.61 机具费(元)92.16 管理费(元)359.25
		990610020 灰浆搅拌机拌筒容量 400(L)	删除

续表

页码	部位或子目编号	原内容	调整为
185	D4-3-16	基价(元)3542.36 机具费(元)167.88 管理费(元)482.41	基价(元)3522.38 机具费(元)151.74 管理费(元)478.57
		990610020 灰浆搅拌机拌筒容量 400(L)	删除
	D4-3-17	基价(元)4020.92 机具费(元)170.75 管理费(元)540.38	基价(元)3997.38 机具费(元)151.74 管理费(元)535.85
		990610020 灰浆搅拌机拌筒容量 400(L)	删除
	D4-3-18	基价(元)4200.30 机具费(元)171.79 管理费(元)561.81	基价(元)4175.48 机具费(元)151.74 管理费(元)557.04
		990610020 灰浆搅拌机拌筒容量 400(L)	删除
186	D4-3-19	基价(元)9422.24 机具费(元)426.77 管理费(元)1269.65	基价(元)9362.93 机具费(元)378.86 管理费(元)1258.25
		990610020 灰浆搅拌机拌筒容量 400(L)	删除
	D4-3-20	基价(元)12019.53 机具费(元)530.15 管理费(元)1615.20	基价(元)11942.47 机具费(元)467.91 管理费(元)1600.38
		990610020 灰浆搅拌机拌筒容量 400(L)	删除
187	D4-3-21	基价(元)3190.79 机具费(元)215.69 管理费(元)457.36	基价(元)3174.99 机具费(元)202.93 管理费(元)454.32
		990610020 灰浆搅拌机拌筒容量 400(L)	删除
	D4-3-22	基价(元)3239.26 机具费(元)215.95 管理费(元)463.17	基价(元)3223.14 机具费(元)202.93 管理费(元)460.07
		990610020 灰浆搅拌机拌筒容量 400(L)	删除

续表

页码	部位或子目编号	原内容	调整为
187	D4-3-23	基价(元)3331.57 机具费(元)216.47 管理费(元)474.40	基价(元)3314.81 机具费(元)202.93 管理费(元)471.18
		990610020 灰浆搅拌机拌筒容量 400(L)	删除
	D4-3-24	基价(元)3703.35 机具费(元)247.51 管理费(元)529.09	基价(元)3684.66 机具费(元)232.41 管理费(元)525.50
		990610020 灰浆搅拌机拌筒容量 400(L)	删除
	D4-3-25	基价(元)3797.13 机具费(元)247.77 管理费(元)540.47	基价(元)3778.12 机具费(元)232.41 管理费(元)536.82
		990610020 灰浆搅拌机拌筒容量 400(L)	删除
	D4-3-26	基价(元)3882.50 机具费(元)248.55 管理费(元)550.73	基价(元)3862.52 机具费(元)232.41 管理费(元)546.89
		990610020 灰浆搅拌机拌筒容量 400(L)	删除
188	D4-3-27	基价(元)8210.02 机具费(元)598.59 管理费(元)1179.71	基价(元)8166.17 机具费(元)563.17 管理费(元)1171.28
		990610020 灰浆搅拌机拌筒容量 400(L)	删除
	D4-3-28	基价(元)8806.46 机具费(元)602.24 管理费(元)1252.58	基价(元)8758.09 机具费(元)563.17 管理费(元)1243.28
		990610020 灰浆搅拌机拌筒容量 400(L)	删除
	D4-3-29	基价(元)9142.38 机具费(元)604.32 管理费(元)1293.43	基价(元)9091.43 机具费(元)563.17 管理费(元)1283.63
		990610020 灰浆搅拌机拌筒容量 400(L)	删除

续表

页码	部位或子目编号	原内容	调整为
188	D4-3-30	基价(元)11750.13 机具费(元)834.62 管理费(元)1679.78	基价(元)11685.65 机具费(元)782.54 管理费(元)1667.38
		990610020 灰浆搅拌机拌筒容量400(L)	删除
	D4-3-31	基价(元)12118.62 机具费(元)836.70 管理费(元)1724.68	基价(元)12051.56 机具费(元)782.54 管理费(元)1711.78
		990610020 灰浆搅拌机拌筒容量400(L)	删除
189	D4-3-32	基价(元)2976.78 机具费(元)128.97 管理费(元)362.21	基价(元)2960.01 机具费(元)115.43 管理费(元)358.98
		990610020 灰浆搅拌机拌筒容量400(L)	删除
	D4-3-33	基价(元)3637.55 机具费(元)170.35 管理费(元)452.70	基价(元)3617.57 机具费(元)154.21 管理费(元)448.86
		990610020 灰浆搅拌机拌筒容量400(L)	删除
	D4-3-34	基价(元)3973.59 机具费(元)172.70 管理费(元)483.26	基价(元)3950.70 机具费(元)154.21 管理费(元)478.86
		990610020 灰浆搅拌机拌筒容量400(L)	删除
190	D4-3-35	基价(元)3769.77 机具费(元)186.65 管理费(元)468.88	基价(元)3748.81 机具费(元)169.72 管理费(元)464.85
		990610020 灰浆搅拌机拌筒容量400(L)	删除
	D4-3-36	基价(元)5100.11 机具费(元)354.70 管理费(元)667.26	基价(元)5074.32 机具费(元)333.87 管理费(元)662.30
		990610020 灰浆搅拌机拌筒容量400(L)	删除

续表

页码	部位或子目编号	原内容	调整为
190	D4-3-37	基价(元)6298.38 机具费(元)357.57 管理费(元)854.36	基价(元)6269.03 机具费(元)333.87 管理费(元)848.71
		990610020 灰浆搅拌机拌筒容量 400(L)	删除
191	D4-3-38	基价(元)184.02 机具费(元)0.26 管理费(元)11.32	基价(元)183.70 机具费(元)— 管理费(元)11.26
		990610020 灰浆搅拌机拌筒容量 400(L)	删除
	D4-3-39	基价(元)1142.96 机具费(元)37.90 管理费(元)137.64	基价(元)1137.16 机具费(元)33.21 管理费(元)136.53
		990610020 灰浆搅拌机拌筒容量 400(L)	删除
	D4-3-40	基价(元)1052.51 机具费(元)37.38 管理费(元)127.35	基价(元)1047.35 机具费(元)33.21 管理费(元)126.36
		990610020 灰浆搅拌机拌筒容量 400(L)	删除
192	D4-3-41	基价(元)437.50 机具费(元)1.30 管理费(元)42.21	基价(元)435.89 机具费(元)— 管理费(元)41.90
		990610020 灰浆搅拌机拌筒容量 400(L)	删除
	D4-3-42	基价(元)1017.40 机具费(元)37.90 管理费(元)134.36	基价(元)1011.60 机具费(元)33.21 管理费(元)133.25
		990610020 灰浆搅拌机拌筒容量 400(L)	删除
	D4-3-43	基价(元)866.02 机具费(元)37.11 管理费(元)116.03	基价(元)861.19 机具费(元)33.21 管理费(元)115.10
		990610020 灰浆搅拌机拌筒容量 400(L)	删除

续表

页码	部位或子目编号	原内容	调整为
193	D4-3-44	基价(元)940.06 机具费(元)3.39 管理费(元)133.33	基价(元)935.86 机具费(元)— 管理费(元)132.52
		990610020 灰浆搅拌机拌筒容量 400(L)	删除
	D4-3-45	基价(元)1305.55 机具费(元)5.21 管理费(元)179.38	基价(元)1299.10 机具费(元)— 管理费(元)178.14
		990610020 灰浆搅拌机拌筒容量 400(L)	删除
	D4-3-46	基价(元)1608.91 机具费(元)38.94 管理费(元)232.95	基价(元)1601.82 机具费(元)33.21 管理费(元)231.59
		990610020 灰浆搅拌机拌筒容量 400(L)	删除
	D4-3-47	基价(元)1842.54 机具费(元)50.84 管理费(元)269.37	基价(元)1834.15 机具费(元)44.07 管理费(元)267.75
		990610020 灰浆搅拌机拌筒容量 400(L)	删除
	D4-3-48	基价(元)2488.38 机具费(元)82.53 管理费(元)364.82	基价(元)2478.39 机具费(元)74.46 管理费(元)362.90
		990610020 灰浆搅拌机拌筒容量 400(L)	删除
	D4-3-49	基价(元)2785.74 机具费(元)101.27 管理费(元)411.18	基价(元)2774.46 机具费(元)92.16 管理费(元)409.01
		990610020 灰浆搅拌机拌筒容量 400(L)	删除

续表

页码	部位或子目编号	原内容	调整为
第五册　排水工程			
160～164	D5-2-354～D5-2-370	注：F型钢筋混凝土顶管管材已含接口钢套环，若使用不同管材时，可换算材料价格	注： 1. F型钢筋混凝土顶管管材已含接口钢套环，若使用不同管材时，可换算材料价格。 2. 顶管管材为钢管时，增加管道焊接费用，按燃气工程相应钢管安装子目：人工费乘以系数0.7，管理费乘以系数0.5，删除汽车式起重机及载货汽车的台班消耗量
306	说明	第三条第7款	删除
第六册　燃气工程			
75	说明	六、挖眼接管管径是主管管径，加强筋已在定额中综合考虑	六、挖眼接管管径是支管管径，加强筋已在定额中综合考虑
第七册　隧道工程			
67	D7-2-25	预拌砂浆（10.500）	删除
67	D7-2-26	预拌砂浆（10.500）	删除

附 1

（1）一般水泥搅拌桩

工作内容：桩机就位，预搅下沉，拌制水泥浆或筛水泥粉，喷水泥浆或水泥粉，并搅拌上升，重复上下搅拌，移位。

计量单位：$10m^3$

定额编号					D1-3-46	补 D1-3-46-1
子目名称					湿法喷浆	
					单头	
					桩径 600mm 以内	桩径 850mm 以内
基　价(元)					1877.84	1458.31
其中	人工费(元)				493.46	186.58
	材料费(元)				779.56	779.56
	机具费(元)				481.83	416.16
	管理费(元)				122.99	76.01
分类	编码	名称	单位	单价(元)	消　耗　量	
人工	00010010	人工费	元	—	493.46	186.58
材料	04010015	复合普通硅酸盐水泥 P·C 32.5	t	319.11	2.387	2.387
	34110010	水	m^3	4.58	3.048	3.048
	99450760	其他材料费	元	1.00	3.88	3.88
机具	990220020	搅拌水泥桩机	台班	875.81	0.417	0.402
	990610010	灰浆搅拌机 拌筒容量 200(L)	台班	253.21	0.417	0.201
	990612010	挤压灰浆输送泵 输送量 3(m^3/h)	台班	65.63	0.168	0.201

注：如发生添加剂，按设计用量另行计算。

附 2

(2) 双向水泥搅拌桩

工作内容：测量放线、桩机移位、定位钻进，喷浆（粉）搅拌、提升、调制水泥浆、输送、压浆，泥浆清除。

计量单位：100m

定额编号					D1-3-51	D1-3-52
子目名称					双向水泥搅拌桩	
					桩径 700mm 以内	
					喷浆桩体	喷浆空桩
基　价(元)					8172.85	3070.26
其中	人工费(元)				550.00	412.50
	材料费(元)				3312.92	—
	机具费(元)				3765.71	2313.95
	管理费(元)				544.22	343.81
分类	编码	名称	单位	单价(元)	消　耗　量	
人工	00010010	人工费	元	—	550.00	412.50
材料	04010015	复合普通硅酸盐水泥 P·C 32.5	t	319.11	10.000	—
	34110010	水	m^3	4.58	23.000	—
	99450760	其他材料费	元	1.00	16.48	—
机具	990220027	双向水泥搅拌桩机	台班	1576.79	1.850	1.295
	990610010	灰浆搅拌机 拌筒容量 200(L)	台班	253.21	1.200	—
	990619025	液压注浆机 HYB60/50-1	台班	130.18	1.200	—
	991003040	电动空气压缩机 排气量 3(m^3/min)	台班	138.78	2.800	1.960

单位：台班

编码				990220027
子 目 名 称		单位	单价(元)	双向水泥搅拌桩机
台班单价		元	—	1576.79
费用组成	折 旧 费	元	1.00	942.22
	检 修 费	元	1.00	40.66

续表

子目名称			单位	单价（元）	双向水泥搅拌桩机
费用组成	维护费		元	1.00	117.51
	安拆费		元	1.00	—
	人工		工日	230.00	1.00
	燃料动力	汽油	kg	6.38	—
		柴油	kg	5.65	—
		电	kW·h	0.77	320
		水	m^3	4.58	—
	燃料动力费		元	—	246.40
	其他费用		元	—	—

（2）钻孔桩成孔

工作内容：1. 护筒埋设及拆除。

2. 准备钻孔机具（含桩机移动）、钻孔出渣、加泥浆和泥浆制作。

3. 清除桩孔泥浆。

计量单位：$10m^3$

定额编号					D1-3-152	D1-3-153	D1-3-154
子目名称					钻孔桩成孔		
					设计桩径(mm)		
					800 内	1200 内	1500 内
基　价(元)					4799.95	4119.01	3304.15
其中	人工费(元)				1258.67	1061.90	859.07
	材料费(元)				501.77	388.92	283.50
	机具费(元)				2429.17	2138.52	1732.65
	管理费(元)				610.34	529.67	428.93
分类	编码	名称	单位	单价(元)	消　耗　量		
人工	00010010	人工费	元	—	1258.67	1061.90	859.07
材料	03135001	低碳钢焊条 综合	kg	6.01	19.120	0.980	0.840
	03213001	铁件 综合	kg	4.84	32.250	33.500	18.180
	03230111	钢护筒	t	4244.74	0.020	0.021	0.016
	04090090	黏土	m^3	38.33	0.668	0.417	0.290
	34110010	水	m^3	4.58	25.713	24.856	24.000
	99450760	其他材料费	元	1.00	2.50	1.93	1.51
机具	990209020	回旋钻机 孔径 800(mm)	台班	829.79	2.304	—	—
	990209040	回旋钻机 孔径 1500(mm)	台班	879.80	—	1.936	1.568
	990806020	泥浆泵 出口直径 100(mm)	台班	217.96	2.304	1.936	1.568
	990901015	交流弧焊机 容量 30(kV・A)	台班	94.70	0.160	0.140	0.120

工作内容：1. 护筒埋设及拆除。
2. 准备钻孔机具（含桩机移动）、钻孔出渣、加泥浆和泥浆制作。
3. 清除桩孔泥浆。

计量单位：10m³

定额编号					D1-3-155	D1-3-156	D1-3-157
子目名称					钻孔桩成孔		
					设计桩径(mm)		
					2000 内	2500 内	3000 内
基　价(元)					2825.29	2649.03	2360.82
其中	人工费(元)				704.19	761.59	623.49
	材料费(元)				261.33	290.08	273.99
	机具费(元)				1495.69	1262.39	1167.01
	管理费(元)				364.08	334.97	296.33
分类	编码	名称	单位	单价(元)	消　耗　量		
人工	00010010	人工费	元	—	704.19	761.59	623.49
材料	03135001	低碳钢焊条 综合	kg	6.01	0.473	10.620	10.530
	03213001	铁件 综合	kg	4.84	15.480	13.500	11.350
	03230111	钢护筒	t	4244.74	0.016	0.012	0.012
	04090090	黏土	m³	38.33	0.218	0.174	0.145
	34110010	水	m³	4.58	23.143	22.290	21.430
	99450760	其他材料费	元	1.00	1.30	1.22	1.13
机具	990209050	回旋钻机 孔径 2000(mm)	台班	942.93	1.280	—	—
	990209060	回旋钻机 孔径 2500(mm)	台班	982.09	—	1.045	—
	990209070	回旋钻机 孔径 3000(mm)	台班	1141.73	—	—	0.853
	990806020	泥浆泵 出口直径 100(mm)	台班	217.96	1.280	1.045	0.853
	990901015	交流弧焊机 容量 30(kV·A)	台班	94.70	0.103	0.088	0.076

(3) 冲孔桩成孔

工作内容：1. 护筒埋设及拆除。

2. 准备钻孔机具（含桩机移动）、钻孔出渣、加泥浆和泥浆制作。

3. 清除桩孔泥浆。

计量单位：$10m^3$

定额编号					D1-3-158	D1-3-159	D1-3-160
子目名称					冲孔桩成孔		
					设计桩径(mm)		
					800 内	1200 内	1500 内
基　价(元)					5764.03	4929.94	3987.29
其中	人工费(元)				2002.14	1685.36	1365.24
	材料费(元)				623.75	606.92	484.42
	机具费(元)				2408.23	2023.79	1640.22
	管理费(元)				729.91	613.87	497.41
分类	编码	名称	单位	单价(元)	消　耗　量		
人工	00010010	人工费	元	—	2002.14	1685.36	1365.24
材料	03135001	低碳钢焊条 综合	kg	6.01	20.120	17.980	10.840
	03213001	铁件 综合	kg	4.84	30.000	30.000	18.000
	03230111	钢护筒	t	4244.74	0.020	0.020	0.016
	04090090	黏土	m^3	38.33	3.962	3.963	3.963
	34110010	水	m^3	4.58	25.713	24.856	24.000
	99450760	其他材料费	元	1.00	3.10	3.02	2.41
机具	990204025	冲击式打桩机	台班	647.53	2.765	2.323	1.882
	990806020	泥浆泵 出口直径 100(mm)	台班	217.96	2.765	2.323	1.882
	990901015	交流弧焊机 容量 30(kV·A)	台班	94.70	0.160	0.140	0.120

工作内容：1. 护筒埋设及拆除。

2. 准备钻孔机具（含桩机移动）、钻孔出渣、加泥浆和泥浆制作。

3. 清除桩孔泥浆。

计量单位：$10m^3$

定额编号					D1-3-161	D1-3-162	D1-3-163
子目名称					冲孔桩成孔		
					设计桩径(mm)		
					2000 内	2500 内	3000 内
基　价(元)					3331.01	2966.38	2671.81
其中	人工费(元)				1120.22	1001.17	892.44
	材料费(元)				464.61	398.78	384.56
	机具费(元)				1339.15	1201.84	1070.02
	管理费(元)				407.03	364.59	324.79
分类	编码	名称	单位	单价(元)	消　耗　量		
人工	00010010	人工费	元	—	1120.22	1001.17	892.44
材料	03135001	低碳钢焊条 综合	kg	6.01	10.720	10.617	10.529
	03213001	铁件 综合	kg	4.84	15.000	12.000	10.000
	03230111	钢护筒	t	4244.74	0.016	0.012	0.012
	04090090	黏土	m^3	38.33	3.949	3.180	3.180
	34110010	水	m^3	4.58	23.143	22.290	21.430
	99450760	其他材料费	元	1.00	2.31	1.98	1.91
机具	990204025	冲击式打桩机	台班	647.53	1.536	1.379	1.228
	990806020	泥浆泵 出口直径 100(mm)	台班	217.96	1.536	1.379	1.228
	990901015	交流弧焊机 容量 30(kV・A)	台班	94.70	0.103	0.088	0.076

(4) 旋挖桩成孔

工作内容：1. 护筒埋设及拆除。

2. 准备钻孔机具（含桩机移动）、钻孔出渣、加泥浆和泥浆制作。

3. 清除桩孔泥浆。

计量单位：$10m^3$

定额编号					D1-3-164	D1-3-165	D1-3-166
子目名称					旋挖桩成孔		
					设计桩径(mm)		
					1000 内	1500 内	2000 内
基　价(元)					3717.38	2988.08	2754.73
其中	人工费(元)				623.91	460.93	308.31
	材料费(元)				169.80	140.35	138.43
	机具费(元)				2419.91	1982.43	1936.47
	管理费(元)				503.76	404.37	371.52
分类	编码	名称	单位	单价(元)	消　耗　量		
人工	00010010	人工费	元	—	623.91	460.93	308.31
材料	03135071	低合金钢耐热焊条 综合	kg	12.75	1.040	1.040	1.040
	03230111	钢护筒	t	4244.74	0.022	0.016	0.016
	04090090	黏土	m^3	38.33	0.610	0.510	0.460
	34110010	水	m^3	4.58	8.500	8.500	8.500
	99450760	其他材料费	元	1.00	0.84	0.70	0.69
机具	990106030	履带式单斗液压挖掘机斗容量 1(m^3)	台班	1439.74	0.403	0.274	0.224
	990212020	履带式旋挖钻机 孔径 1000(mm)	台班	2166.22	0.576	—	—
	990212040	履带式旋挖钻机 孔径 1500(mm)	台班	2998.37	—	0.392	—
	990212060	履带式旋挖钻机 孔径 2000(mm)	台班	3994.92	—	—	0.320
	990302035	履带式起重机 提升质量 40(t)	台班	1667.09	0.312	0.216	0.176
	990806020	泥浆泵 出口直径 100(mm)	台班	217.96	0.260	0.180	0.144
	990901015	交流弧焊机 容量 30(kV·A)	台班	94.70	0.160	0.140	0.114

关于印发广东省建设工程定额动态调整的通知（第2期）

（粤标定函〔2020〕213号）

各有关单位：

近期我站研究分析了广东省建设工程定额动态管理系统收集的意见，现将有关《广东省城市地下综合管廊工程综合定额（2018）》“超深大直径双向深层水泥搅拌桩”调整内容印发给你们，调整内容与我省现行工程计价依据配套使用，请遵照执行。在执行中遇到的问题，请及时反映。

附件：《广东省城市地下综合管廊工程综合定额（2018）》动态调整内容

广东省建设工程标准定额站
2020年9月8日

附件：

《广东省城市地下综合管廊工程综合定额（2018）》动态调整内容

（2）双向水泥搅拌桩

工作内容：测量放线、桩机移位、定位钻进，喷浆搅拌、提升、调制水泥浆、输送、压浆，泥浆清除。

计量单位：100m

定额编号					G1-2-48	G1-2-49
子目名称					双向水泥搅拌桩	
					桩径 700mm 以内	
					喷浆桩体	喷浆空桩
基　价(元)					8449.48	3245.02
其中	人工费(元)				550.00	412.50
	材料费(元)				3312.92	—
	机具费(元)				3765.71	2313.95
	管理费(元)				820.85	518.57
分类	编码	名称	单位	单价(元)	消　耗　量	
人工	00010010	人工费	元	—	550.00	412.50
材料	04010015	复合普通硅酸盐水泥 P·C 32.5	t	319.11	10.000	—
	34110010	水	m^3	4.58	23.000	—
	99450760	其他材料费	元	1.00	16.48	—
机具	990220027	双向水泥搅拌桩机	台班	1576.79	1.850	1.295
	990610010	灰浆搅拌机 拌筒容量 200(L)	台班	253.21	1.200	—
	990619025	液压注浆机 HYB60/50-1	台班	130.18	1.200	—
	991003040	电动空气压缩机 排气量 3(m^3/min)	台班	138.78	2.800	1.960

关于印发广东省建设工程定额动态调整的通知（第3期）

（粤标定函〔2020〕227号）

各有关单位：

近期，我站研究分析了广东省建设工程定额动态管理系统收集的意见，现将有关《广东省建设工程计价依据（2018）》的房屋建筑与装饰、安装工程定额调整内容印发给你们。本调整内容与我省现行工程计价依据配套使用，请遵照执行。在执行中遇到的问题，请及时反映。

附件：《广东省建设工程计价依据（2018）》动态调整内容

广东省建设工程标准定额站

2020年9月22日

附件：

《广东省建设工程计价依据（2018）》动态调整内容

页码	部位或子目编号	原内容	调整为
广东省房屋建筑与装饰工程综合定额(2018)			
667	章说明	二、一般说明 5. 细石混凝土找平层子目，平均厚度≤60mm 按找平层子目执行，平均厚度＞60mm 部分按混凝土垫层子目执行	5. 细石混凝土找平层子目，平均厚度≤60mm 按找平层子目执行，平均厚度＞60mm 按混凝土垫层子目执行
838	A1-13-298	基价(元) 12111.62 材料费(元) 10216.51	基价(元) 6842.12 材料费(元)4947.01
		14430010 穿孔纸带 m 35.49	14430010 穿孔纸带 m 0.36
	A1-13-299	基价(元) 19332.18 材料费(元) 16438.90	基价(元) 10198.38 材料费(元) 7305.10
		14430010 穿孔纸带 m 35.49	14430010 穿孔纸带 m 0.36
	A1-13-300	基价(元) 9928.99 材料费(元) 7444.49	基价(元) 6099.82 材料费(元) 3615.32
		14430010 穿孔纸带 m 35.49	14430010 穿孔纸带 m 0.36
	A1-13-301	基价(元) 16772.38 材料费(元) 13593.39	基价(元) 9149.17 材料费(元) 5970.18
		14430010 穿孔纸带 m 35.49	14430010 穿孔纸带 m 0.36
广东省通用安装工程综合定额(2018)			
第四册 电气设备安装工程			
49	计量单位	计量单位:见表	计量单位:台
106	1 DW 自动空气断路器		补： DW 自动空气断路器安装 额定电流(A 以内) 1600 额定电流(A 以内) 2500 额定电流(A 以内) 4000 额定电流(A 以内) 6300 (调整后定额子目附 1)

续表

页码	部位或子目编号	原内容	调整为
261～270	C4-8-1～C4-8-38	34130001 标志牌 塑料扁形	删除 (调整后定额子目附 2)
106	C4-4-49	基价(元) 357.49 人工费(元) 268.50	基价(元) 57.70 人工费(元) 35.64
		00010010 人工费(元) 268.50	00010010 人工费(元)35.64
420	说明	无	增加： 十四、多芯软导线定额也适用于BVR、RV、RVV、RJV、RJV22、RVVP、RVVP22 等不同结构形式的软导线，执行定额时，除未计价材料外，其余均不换算。 十五、软导线线槽或桥架配线，执行线槽配线定额，二芯软导线敷设定额项目乘以系数 1.10，三芯软导线敷设定额项目乘以系数 1.20，每增加一芯定额增加 10%，以此类推。单芯软导线敷设定额项目乘以系数 0.90
455	C4-11-100	基价(元) 4269.58 材料费(元) 2948.28	基价(元) 1576.60 材料费(元) 255.30
		03010315 半圆头螺丝 M6～8×12～30 0.16 16848.000	03010315 半圆头螺丝 M6～8×12～30 0.16 16.848
491	子目名称		补： 多芯软导线管内穿线(芯以内) 二芯 导线截面(mm^2 以内) 6 导线截面(mm^2 以内) 16 导线截面(mm^2 以内) 35 导线截面(mm^2 以内) 70 (调整后定额子目附 3)

续表

页码	部位或子目编号	原内容	调整为
491	子目名称		补： 多芯软导线管内穿线(芯以内) 四芯 导线截面(mm^2 以内) 6 导线截面(mm^2 以内) 16 导线截面(mm^2 以内) 35 导线截面(mm^2 以内) 70 六芯 导线截面(mm^2 以内) 0.75 导线截面(mm^2 以内) 1 导线截面(mm^2 以内) 1.5 导线截面(mm^2 以内) 2.5 导线截面(mm^2 以内) 6 导线截面(mm^2 以内) 16 导线截面(mm^2 以内) 35 导线截面(mm^2 以内) 70 (调整后定额子目附 4)
第八册　电气设备安装工程			
31	子目名称	C8-1-40	单套重量(kg 以内) 10 补：单套重量(kg 以内) 20 单套重量(kg 以内) 30 单套重量(kg 以内) 40 单套重量(kg 以内) 50 (调整后定额子目附 5)

附 1

工作内容：开箱、检查、安装、接线、接地。　　计量单位：个

定额编号					C4-4-53-1	C4-4-53-2	C4-4-53-3	C4-4-53-4
子目名称					DW 自动空气断路器安装			
					额定电流(A 以内)			
					1600	2500	4000	6300
基　价(元)					457.29	540.89	604.22	643.86
其中	人工费(元)				334.36	395.20	442.46	472.52
	材料费(元)				18.49	19.60	22.09	23.03
	机具费(元)				6.48	9.72	9.72	9.72
	管理费(元)				97.96	116.37	129.95	138.59
分类	编码	名称	单位	单价(元)	消　耗　量			
人工	00010010	人工费	元	—	334.36	395.20	442.46	472.52
材料	55150050	自动空气断路器 DW 型	个	—	[1.000]	[1.000]	[1.000]	[1.000]
	01130060	镀锌扁钢 综合	kg	3.61	1.170	1.380	1.550	1.660
	02270020	白布	kg	2.75	0.050	0.070	0.070	0.090
	03011605	镀锌六角螺栓 2 平 1 弹垫 M10×100 以内	十套	5.04	0.510	0.510	0.510	0.510
	03134021	铁砂布 0～2#	张	0.94	0.700	0.700	0.900	1.100
	03135001	低碳钢焊条 综合	kg	6.01	0.100	0.150	0.150	0.200
	14030040	汽油 综合	kg	6.38	0.200	0.200	0.250	0.250
	14090010	电力复合脂	kg	14.45	0.050	0.050	0.070	0.070
	28010090	裸铜线 $10mm^2$	kg	53.88	0.060	0.060	0.080	0.080
	29090220	铜接线端子 DT-$10mm^2$	个	2.25	2.030	2.030	2.030	2.030
	99450760	其他材料费	元	1.00	0.50	0.50	0.50	0.50
机具	990901010	交流弧焊机 容量 21(kV·A)	台班	64.83	0.100	0.150	0.150	0.150

注：接地端子已包括在定额内。

附 2

C.4.8 电缆敷设

C.4.8.1 电力电缆

1 铜芯电力电缆

工作内容：开盘、检查、架盘、敷设、锯断、排列、整理、扎绑带、收盘、临时封头、挂牌、电缆敷设设施安装及拆除。

计量单位：100m

定额编号					C4-8-1	C4-8-2	C4-8-3	C4-8-4
子目名称					铜芯电力电缆敷设			
					电缆(截面 mm^2 以下)			
					10	35	70	120
基　价(元)					447.76	851.26	1261.79	1804.55
其中	人工费(元)				323.46	619.02	825.67	1212.68
	材料费(元)				22.01	35.66	105.47	112.65
	机具费(元)				7.25	14.50	72.51	101.52
	管理费(元)				95.04	182.08	258.14	377.70
分类	编码	名称	单位	单价(元)	消　耗　量			
人工	00010010	人工费	元	—	323.46	619.02	825.67	1212.68
材料	28110210	铜芯电缆	m	—	[101.000]	[101.000]	[101.000]	[101.000]
	01530060	封铅 含铅 65% 含锡 35%	kg	26.42	0.612	1.020	1.326	1.550
	02270020	白布	kg	2.75	0.300	0.400	0.500	0.600
	03139521	合金钢钻头Φ10	个	4.57	0.180	0.160	0.150	0.140
	13050210	沥青绝缘漆	kg	6.20	0.060	0.100	0.130	0.150
	14030040	汽油 综合	kg	6.38	0.450	0.750	0.850	0.950
	14330320	硬脂酸	kg	6.33	0.030	0.050	0.070	0.080
	29070150	电缆敷设牵引头 综合	只	370.00	—	—	0.118	0.118
	35250001	电缆敷设滚轮 综合	个	45.50	—	—	0.196	0.196
	35250010	电缆敷设转向导轮 综合	个	116.35	—	—	0.051	0.051
	99450760	其他材料费	元	1.00	0.76	1.16	3.19	3.40
机具	990304004	汽车式起重机 提升质量 8(t)	台班	919.66	0.005	0.010	0.050	0.070
	990401020	载货汽车 装载 质量 5(t)	台班	530.56	0.005	0.010	0.050	0.070

注:塑料扎紧线已综合在其他材料费内。

工作内容：开盘、检查、架盘、敷设、锯断、排列、整理、扎绑带、收盘、临时封头、挂牌、电缆敷设设施安装及拆除。

计量单位：100m

定额编号					C4-8-5	C4-8-6	C4-8-7
子目名称					铜芯电力电缆敷设		
					电缆(截面 mm^2 以下)		
					185	240	400
基　价(元)					2337.59	2878.51	4908.74
其中	人工费(元)				1520.98	1706.54	2617.09
	材料费(元)				121.99	126.91	152.98
	机具费(元)				200.01	430.79	1076.99
	管理费(元)				494.61	614.27	1061.68
分类	编码	名称	单位	单价(元)	消　耗　量		
人工	00010010	人工费	元	—	1520.98	1706.54	2617.09
材料	28110210	铜芯电缆	m	—	[101.000]	[101.000]	[101.000]
	01530060	封铅 含铅65% 含锡35%	kg	26.42	1.860	2.020	2.830
	02270020	白布	kg	2.75	0.700	0.800	1.000
	03139521	合金钢钻头 Φ10	个	4.57	0.120	0.110	0.100
	13050210	沥青绝缘漆	kg	6.20	0.200	0.200	0.280
	14030040	汽油 综合	kg	6.38	1.000	1.040	1.460
	14330320	硬脂酸	kg	6.33	0.090	0.100	0.130
	29070150	电缆敷设牵引头 综合	只	370.00	0.118	0.118	0.118
	35250001	电缆敷设滚轮 综合	个	45.50	0.196	0.196	0.196
	35250010	电缆敷设转向导轮 综合	个	116.35	0.051	0.051	0.051
	99450760	其他材料费	元	1.00	3.67	3.82	4.62
机具	990304008	汽车式起重机 提升质量 10(t)	台班	1007.99	0.130	0.280	0.700
	990401020	载货汽车 装载质量 5(t)	台班	530.56	0.130	0.280	0.700

注:塑料扎紧线已综合在其他材料费内。

2　硬矿物绝缘电力电缆

工作内容：开箱检查、架线盘、敷设、锯断、固定、整理调直、测绝缘、临时封头、挂牌。

计量单位：100m

定额编号					C4-8-8	C4-8-9	C4-8-10	C4-8-11
子目名称					硬矿物绝缘电力电缆敷设			
					1～2芯(截面 mm^2 以下)			
					4	10	35	70
基　价(元)					630.74	680.37	1041.50	1493.48
其中	人工费(元)				115.37	153.63	424.71	756.92
	材料费(元)				452.01	452.39	452.68	453.30
	机具费(元)				23.46	23.46	32.66	51.05
	管理费(元)				39.90	50.89	131.45	232.21
分类	编码	名称	单位	单价(元)	消　耗　量			
人工	00010010	人工费	元	—	115.37	153.63	424.71	756.92
材料	28410001	矿物绝缘电缆	m	—	[100.000]	[100.000]	[100.000]	[100.000]
	02130090	三色塑料带 20mm×40m	卷	2.06	0.015	0.025	0.030	0.040
	02270001	棉纱	kg	11.47	0.020	0.020	0.030	0.040
	03011595	镀锌六角螺栓 2平1弹垫 M8×100以内	十套	3.90	1.580	1.580	1.580	1.580
	03013051	膨胀螺栓 M10	十套	5.82	60.000	60.000	60.000	60.000
	03139021	冲击钻头 Φ12	个	8.55	3.540	3.540	3.540	3.540
	03139281	钢锯条	条	0.43	0.500	0.500	0.800	1.000
	03139521	合金钢钻头 Φ10	个	4.57	0.600	0.600	0.600	0.600
	14030040	汽油 综合	kg	6.38	0.050	0.100	0.100	0.150
	18030590	固定卡子 Φ40	个	1.32	37.500	37.500	37.500	37.500
	27170001	电气绝缘胶带 18mm×10m×0.13mm	卷	2.40	0.050	0.060	0.075	0.100
	99450760	其他材料费	元	1.00	13.22	13.24	13.24	13.26
机具	990304004	汽车式起重机 提升质量8(t)	台班	919.66	0.020	0.020	0.030	0.050
	990401015	载货汽车 装载质量4(t)	台班	506.60	0.010	0.010	0.010	0.010

工作内容：开箱检查、架线盘、敷设、锯断、固定、整理调直、测绝缘、临时封头、挂牌。

计量单位：100m

定额编号					C4-8-12	C4-8-13	C4-8-14	C4-8-15
子目名称					硬矿物绝缘电力电缆敷设			
					1～2 芯(截面 mm² 以下)			
					150	240	300	400
基　价(元)					1730.52	2095.81	2429.96	3038.03
其中	人工费(元)				926.11	1185.89	1370.00	1827.04
	材料费(元)				454.17	454.82	521.74	523.06
	机具费(元)				65.31	88.77	112.23	126.49
	管理费(元)				284.93	366.33	425.99	561.44
分类	编码	名称	单位	单价(元)	消　耗　量			
人工	00010010	人工费	元	—	926.11	1185.89	1370.00	1827.04
材料	28410001	矿物绝缘电缆	m	—	[100.000]	[100.000]	[100.000]	[100.000]
	02130090	三色塑料带 20mm×40m	卷	2.06	0.050	0.060	0.070	0.080
	02270001	棉纱	kg	11.47	0.060	0.080	0.100	0.150
	03011595	镀锌六角螺栓 2 平 1 弹垫 M8×100 以内	十套	3.90	1.580	1.580	1.580	1.580
	03013051	膨胀螺栓 M10	十套	5.82	60.000	60.000	60.000	60.000
	03139021	冲击钻头 Φ12	个	8.55	3.540	3.540	3.540	3.540
	03139281	钢锯条	条	0.43	1.500	1.500	2.000	2.000
	03139521	合金钢钻头 Φ10	个	4.57	0.600	0.600	0.600	0.600
	14030040	汽油 综合	kg	6.38	0.200	0.250	0.300	0.400
	18030590	固定卡子 Φ40	个	1.32	37.500	37.500	—	—
	18030605	固定卡子 Φ90	个	3.03	—	—	37.500	37.500
	27170001	电气绝缘胶带 18mm×10m×0.13mm	卷	2.40	0.125	0.150	0.175	0.200
	99450760	其他材料费	元	1.00	13.29	13.31	15.26	15.29
机具	990304004	汽车式起重机 提升质量 8(t)	台班	919.66	0.060	0.080	0.100	0.110
	990401015	载货汽车 装载质量 4(t)	台班	506.60	0.020	0.030	0.040	0.050

工作内容：开箱检查、架线盘、敷设、锯断、固定、整理调直、测绝缘、临时封头挂牌。

计量单位：100m

定额编号					C4-8-16	C4-8-17	C4-8-18
子目名称					硬矿物绝缘电力电缆敷设		
					3～4 芯(截面 mm² 以下)		
					4	10	35
基　价(元)					609.19	908.17	1533.45
其中	人工费(元)				209.07	389.49	707.82
	材料费(元)				274.31	275.30	425.03
	机具费(元)				51.05	102.10	153.15
	管理费(元)				74.76	141.28	247.45
分类	编码	名称	单位	单价(元)	消　耗　量		
人工	00010010	人工费	元	—	209.07	389.49	707.82
材料	28410001	矿物绝缘电缆	m	—	[100.000]	[100.000]	[100.000]
	02130090	三色塑料带 20mm×40m	卷	2.06	0.050	0.075	0.100
	02270001	棉纱	kg	11.47	0.050	0.080	0.100
	03011595	镀锌六角螺栓 2 平 1 弹垫 M8×100 以内	十套	3.90	5.100	5.100	—
	03011605	镀锌六角螺栓 2 平 1 弹垫 M10×100 以内	十套	5.04	—	—	5.100
	03013041	膨胀螺栓 M8	十套	3.15	20.400	20.400	20.400
	03139011	冲击钻头 Φ10	个	6.84	1.420	1.420	1.420
	03139161	合金钢钻头 Φ8	个	3.70	1.300	1.300	1.300
	03139281	钢锯条	条	0.43	0.500	0.800	1.000
	14030040	汽油 综合	kg	6.38	0.200	0.250	0.300
	18030590	固定卡子 Φ40	个	1.32	125.000	125.000	—
	18030600	固定卡子 Φ63	个	2.43	—	—	125.000
	27170001	电气绝缘胶带 18mm×10m×0.13mm	卷	2.40	0.150	0.200	0.250
	99450760	其他材料费	元	1.00	8.11	8.14	12.50
机具	990304004	汽车式起重机 提升质量 8(t)	台班	919.66	0.050	0.100	0.150
	990401015	载货汽车 装载质量 4(t)	台班	506.60	0.010	0.020	0.030

工作内容：开箱检查、架线盘、敷设、锯断、固定、整理调直、测绝缘、临时封头、挂牌。

计量单位：100m

定额编号					C4-8-19	C4-8-20	C4-8-21	C4-8-22
子目名称					硬矿物绝缘电力电缆敷设			
					3～4 芯(截面 mm^2 以下)			
					70	120	185	240
基　价(元)					1981.47	2617.75	3138.35	3478.19
其中	人工费(元)				944.09	1386.60	1739.13	1951.25
	材料费(元)				503.16	504.03	505.07	506.11
	机具费(元)				204.20	255.25	306.29	357.34
	管理费(元)				330.02	471.87	587.86	663.49
分类	编码	名称	单位	单价(元)	消　耗　量			
人工	00010010	人工费	元	—	944.09	1386.60	1739.13	1951.25
材料	28410001	矿物绝缘电缆	m	—	[100.000]	[100.000]	[100.000]	[100.000]
	02130090	三色塑料带 20mm×40m	卷	2.06	0.130	0.169	0.220	0.286
	02270001	棉纱	kg	11.47	0.120	0.140	0.170	0.200
	03011605	镀锌六角螺栓 2 平 1 弹垫 M10×100 以内	十套	5.04	5.100	5.100	5.100	5.100
	03013041	膨胀螺栓 M8	十套	3.15	20.400	20.400	20.400	20.400
	03139011	冲击钻头 Φ10	个	6.84	1.420	1.420	1.420	1.420
	03139161	合金钢钻头 Φ8	个	3.70	1.300	1.300	1.300	1.300
	03139281	钢锯条	条	0.43	1.300	1.500	1.800	2.000
	14030040	汽油 综合	kg	6.38	0.350	0.400	0.450	0.500
	18030605	固定卡子 Φ90	个	3.03	125.000	125.000	125.000	125.000
	27170001	电气绝缘胶带 18mm×10m×0.13mm	卷	2.40	0.300	0.350	0.400	0.450
	99450760	其他材料费	元	1.00	14.77	14.80	14.83	14.86
机具	990304004	汽车式起重机 提升质量 8(t)	台班	919.66	0.200	0.250	0.300	0.350
	990401015	载货汽车 装载质量 4(t)	台班	506.60	0.040	0.050	0.060	0.070

3 预制分支电缆

工作内容：开盘、检查、架盘、安装挂具及金属网套、吊装、敷设、排列、整理、收盘、扎绑带、临时封头、挂标牌。

计量单位：100m

定额编号					C4-8-23	C4-8-24	C4-8-25	C4-8-26
子目名称					预制分支电缆敷设			
					主电缆(截面 mm^2 以下)			
					10	35	70	120
基　价(元)					604.33	1153.30	1677.84	2421.48
其中	人工费(元)				452.71	866.59	1155.64	1697.72
	材料费(元)				10.31	15.25	78.05	79.01
	机具费(元)				8.70	17.40	87.01	121.82
	管理费(元)				132.61	254.06	357.14	522.93
分类	编码	名称	单位	单价(元)	消　耗　量			
人工	00010010	人工费	元	—	452.71	866.59	1155.64	1697.72
材料	28110500	预制分支电缆	m	—	[100.000]	[100.000]	[100.000]	[100.000]
	02270020	白布	kg	2.75	0.315	0.420	0.525	0.630
	03139521	合金钢钻头 Φ10	个	4.57	0.144	0.128	0.120	0.112
	13050210	沥青绝缘漆	kg	6.20	0.048	0.080	0.104	0.120
	14030040	汽油 综合	kg	6.38	0.360	0.600	0.680	0.760
	14330320	硬脂酸	kg	6.33	0.030	0.050	0.070	0.080
	18310460	PVC 封头帽 Φ25	个	0.48	5.150	—	—	—
	18310470	PVC 封头帽 Φ40	个	0.84	—	4.120	—	—
	18310480	PVC 封头帽 Φ50	个	1.62	—	—	3.090	3.090
	18310530	热缩绝缘保护管 1kV Φ25	m	1.20	2.525	—	—	—
	18310540	热缩绝缘保护管 1kV Φ40	m	2.40	—	2.020	—	—
	18310550	热缩绝缘保护管 1kV Φ50	m	3.12	—	—	1.515	1.515
	29070150	电缆敷设牵引头 综合	只	370.00	—	—	0.118	0.118
	35250001	电缆敷设滚轮 综合	个	45.50	—	—	0.196	0.196
	35250010	电缆敷设转向导轮 综合	个	116.35	—	—	0.051	0.051
	99450760	其他材料费	元	1.00	0.50	0.56	2.39	2.42
机具	990304004	汽车式起重机 提升质量 8(t)	台班	919.66	0.006	0.012	0.060	0.084
	990401020	载货汽车 装载质量 5(t)	台班	530.56	0.006	0.012	0.060	0.084

注：1. 未计价材料：起吊挂具、金属网套。

2. 塑料扎紧线已综合在其他材料费内。

工作内容：开盘、检查、架盘、安装挂具及金属网套、吊装、敷设、排列、整理、收盘、扎绑带、临时封头、挂标牌。计量单位：100m

定额编号					C4-8-27	C4-8-28	C4-8-29
子目名称					预制分支电缆敷设		
					主电缆(截面 mm^2 以下)		
					185	240	400
基　价(元)					3129.81	3822.76	6468.74
其中	人工费(元)				2129.40	2389.01	3664.10
	材料费(元)				79.43	81.63	87.77
	机具费(元)				240.01	516.95	1292.38
	管理费(元)				680.97	835.17	1424.49
分类	编码	名称	单位	单价(元)	消　耗　量		
人工	00010010	人工费	元	—	2129.40	2389.01	3664.10
材料	28110500	预制分支电缆	m	—	[100.000]	[100.000]	[100.000]
	02270020	白布	kg	2.75	0.735	0.840	1.050
	03139521	合金钢钻头 Φ10	个	4.57	0.096	0.088	0.080
	13050210	沥青绝缘漆	kg	6.20	0.160	0.160	0.224
	14030040	汽油 综合	kg	6.38	0.800	0.832	1.168
	14330320	硬脂酸	kg	6.33	0.090	0.100	0.130
	18310490	PVC 封头帽 Φ65	个	2.37	2.060	—	—
	18310500	PVC 封头帽 Φ80	个	2.68	—	2.060	—
	18310510	PVC 封头帽 Φ100	个	3.08	—	—	2.060
	18310560	热缩绝缘保护管 1kV Φ65	m	4.44	1.010	—	—
	18310570	热缩绝缘保护管 1kV Φ80	m	5.40	—	1.010	—
	18310580	热缩绝缘保护管 1kV Φ100	m	7.20	—	—	1.010
	29070150	电缆敷设牵引头 综合	只	370.00	0.118	0.118	0.118
	35250001	电缆敷设滚轮 综合	个	45.50	0.196	0.196	0.196
	35250010	电缆敷设转向导轮 综合	个	116.35	0.051	0.051	0.051
	99450760	其他材料费	元	1.00	2.43	2.50	2.72
机具	990304008	汽车式起重机 提升质量 10(t)	台班	1007.99	0.156	0.336	0.840
	990401020	载货汽车 装载质量 5(t)	台班	530.56	0.156	0.336	0.840

注:1. 未计价材料:起吊挂具、金属网套。

2. 塑料扎紧线已综合在其他材料费内。

C.4.8.2 控制电缆

1 塑料控制电缆

工作内容：开盘、检查、架盘、敷设、切断、排列整理、固定、收盘、临时封头、挂牌。

计量单位：100m

定额编号					C4-8-30	C4-8-31	C4-8-32
子目名称					塑料控制电缆敷设		
					电缆(芯以下)		
					6	14	24
基　价(元)					584.19	662.11	690.31
其中	人工费(元)				398.72	442.68	463.78
	材料费(元)				70.88	73.84	74.88
	机具费(元)				—	14.26	14.26
	管理费(元)				114.59	131.33	137.39
分类	编码	名称	单位	单价(元)	消　耗　量		
人工	00010010	人工费	元	—	398.72	442.68	463.78
材料	28110165	控制电缆	m	—	[101.500]	[101.500]	[101.500]
	02270020	白布	kg	2.75	0.200	0.300	0.400
	03011595	镀锌六角螺栓 2平1弹垫 M8×100以内	十套	3.90	3.060	3.060	3.060
	03139281	钢锯条	条	0.43	1.000	1.000	1.100
	14030040	汽油 综合	kg	6.38	0.300	0.700	0.800
	27170001	电气绝缘胶带 18mm×10m×0.13mm	卷	2.40	0.020	0.040	0.060
	29270110	镀锌电缆卡子 2×35	个	2.30	23.400	23.400	23.400
	99450760	其他材料费	元	1.00	2.18	2.27	2.30
机具	990304004	汽车式起重机 提升质量8(t)	台班	919.66	—	0.010	0.010
	990401015	载货汽车 装载质量4(t)	台班	506.60	—	0.010	0.010

工作内容：开盘、检查、架盘、敷设、切断、排列整理、固定、收盘、临时封头、挂牌。

计量单位：100m

定额编号					C4-8-33	C4-8-34
子目名称					塑料控制电缆敷设	
					电缆(芯以下)	
					37	48
基　价(元)					870.10	1270.28
其中	人工费(元)				602.89	855.92
	材料费(元)				75.58	76.57
	机具费(元)				14.26	71.31
	管理费(元)				177.37	266.48
分类	编码	名称	单位	单价(元)	消　耗　量	
人工	00010010	人工费	元	—	602.89	855.92
材料	28110165	控制电缆	m	—	[101.500]	[101.500]
	02270020	白布	kg	2.75	0.400	0.500
	03011595	镀锌六角螺栓 2平1弹垫 M8×100以内	十套	3.90	3.060	3.060
	03139281	钢锯条	条	0.43	1.100	1.100
	14030040	汽油 综合	kg	6.38	0.900	1.000
	27170001	电气绝缘胶带 18mm×10m×0.13mm	卷	2.40	0.080	0.100
	29270110	镀锌电缆卡子 2×35	个	2.30	23.400	23.400
	99450760	其他材料费	元	1.00	2.32	2.35
机具	990304004	汽车式起重机 提升质量8(t)	台班	919.66	0.010	0.050
	990401015	载货汽车 装载质量4(t)	台班	506.60	0.010	0.050

2 硬矿物绝缘控制电缆

工作内容：开箱检查、架线盘、敷设、锯断、固定、整理调直、测绝缘、临时封头、挂牌。

计量单位：100m

定额编号					C4-8-35	C4-8-36	C4-8-37	C4-8-38
子目名称					硬矿物绝缘控制电缆敷设			
					电缆(芯数)			
					≤7	≤14	≤24	>24
基 价(元)					532.68	595.59	843.95	941.73
其中	人工费(元)				188.21	227.68	294.99	361.49
	材料费(元)				272.02	272.27	415.62	415.95
	机具费(元)				14.26	23.46	37.72	46.92
	管理费(元)				58.19	72.18	95.62	117.37
分类	编码	名称	单位	单价(元)	消 耗 量			
人工	00010010	人工费	元	—	188.21	227.68	294.99	361.49
	28410001	矿物绝缘电缆	m	—	[100.000]	[100.000]	[100.000]	[100.000]
材料	02270001	棉纱	kg	11.47	0.010	0.020	0.030	0.050
	03011595	镀锌六角螺栓 2平1弹垫 M8×100以内	十套	3.90	5.250	5.250	5.250	5.250
	03013041	膨胀螺栓 M8	十套	3.15	20.000	20.000	20.000	20.000
	03139011	冲击钻头 Φ10	个	6.84	1.420	1.420	1.420	1.420
	03139161	合金钢钻头 Φ8	个	3.70	1.300	1.300	1.300	1.300
	03139281	钢锯条	条	0.43	1.000	1.000	1.500	1.500
	14030040	汽油 综合	kg	6.38	0.050	0.060	0.070	0.080
	18030590	固定卡子 Φ40	个	1.32	125.000	125.000	—	—
	18030600	固定卡子 Φ63	个	2.43	—	—	125.000	125.000
	27170001	电气绝缘胶带 18mm×10m×0.13mm	卷	2.40	0.050	0.075	0.090	0.100
	99450760	其他材料费	元	1.00	8.04	8.05	12.22	12.23
机具	990304004	汽车式起重机 提升质量 8(t)	台班	919.66	0.010	0.020	0.030	0.040
	990401015	载货汽车 装载质量 4(t)	台班	506.60	0.010	0.010	0.020	0.020

附 3

工作内容：扫管、涂滑石粉、穿线、编号、接焊包头。　　　　计量单位：100m/束

定额编号					C4-11-226-1	C4-11-226-2
子目名称					多芯软导线管内穿线(芯以内)	
					二芯	
					导线截面(mm^2 以内)	
					6	16
基　价(元)					118.61	158.88
其中	人工费(元)				79.73	109.12
	材料费(元)				15.97	18.40
	机具费(元)				—	—
	管理费(元)				22.91	31.36
分类	编码	名称	单位	单价(元)	消　耗　量	
人工	00010010	人工费	元	—	79.73	109.12
材料	28030410	多股铜芯聚氯乙烯绝缘导线 BV	m	—	[108.000]	[108.000]
	02270001	棉纱	kg	11.47	0.220	0.240
	03137041	焊锡膏	kg	47.01	0.010	0.020
	03138001	锡基钎料	kg	52.47	0.120	0.140
	14030040	汽油 综合	kg	6.38	0.550	0.630
	27170001	电气绝缘胶带 18mm×10m×0.13mm	卷	2.40	1.100	1.160
	99450760	其他材料费	元	1.00	0.53	0.56

工作内容：扫管、涂滑石粉、穿线、编号、接焊包头。　　　　　　　　计量单位：100m/束

定额编号					C4-11-226-3	C4-11-226-4
子目名称					多芯软导线管内穿线(芯以内)	
					二芯	
					导线截面(mm^2 以内)	
					35	70
基　价(元)					212.12	422.10
其中	人工费(元)				149.89	311.40
	材料费(元)				19.15	21.20
	机具费(元)				—	—
	管理费(元)				43.08	89.50
分类	编码	名称	单位	单价(元)	消　耗　量	
人工	00010010	人工费	元	—	149.89	311.40
材料	28030410	多股铜芯聚氯乙烯绝缘导线 BV	m	—	[108.000]	[108.000]
	02270001	棉纱	kg	11.47	0.240	0.260
	03137041	焊锡膏	kg	47.01	0.020	0.030
	03138001	锡基钎料	kg	52.47	0.140	0.150
	14030040	汽油 综合	kg	6.38	0.720	0.820
	27170001	电气绝缘胶带 18mm×10m×0.13mm	卷	2.40	1.220	1.280
	99450760	其他材料费	元	1.00	0.59	0.63

附 4

工作内容：扫管、涂滑石粉、穿线、编号、接焊包头。　　　　计量单位：100m/束

定额编号					C4-11-230-1	C4-11-230-2
子目名称					多芯软导线管内穿线(芯以内)	
					四芯	
					导线截面(mm^2 以内)	
					6	16
基　价(元)					142.89	191.04
其中	人工费(元)				95.20	131.02
	材料费(元)				20.33	22.36
	机具费(元)				—	—
	管理费(元)				27.36	37.66
分类	编码	名称	单位	单价(元)	消　耗　量	
人工	00010010	人工费	元	—	95.20	131.02
材料	28030410	多股铜芯聚氯乙烯绝缘导线 BV	m	—	[108.000]	[108.000]
	02270001	棉纱	kg	11.47	0.240	0.260
	03137041	焊锡膏	kg	47.01	0.030	0.040
	03138001	锡基钎料	kg	52.47	0.140	0.150
	14030040	汽油 综合	kg	6.38	0.660	0.750
	27170001	电气绝缘胶带 18mm×10m×0.13mm	卷	2.40	1.660	1.740
	99450760	其他材料费	元	1.00	0.63	0.67

工作内容：扫管、涂滑石粉、穿线、编号、接焊包头。　　计量单位：100m/束

定额编号					C4-11-230-3	C4-11-230-4	C4-11-230-5
子目名称					多芯软导线管内穿线(芯以内)		
					四芯		六芯
					导线截面(mm^2 以内)		
					35	70	0.75
基　价(元)					255.08	506.99	152.91
其中	人工费(元)				180.02	373.95	104.89
	材料费(元)				23.32	25.57	17.87
	机具费(元)				—	—	—
	管理费(元)				51.74	107.47	30.15
分类	编码	名称	单位	单价(元)	消　耗　量		
人工	00010010	人工费	元	—	180.02	373.95	104.89
材料	28030410	多股铜芯聚氯乙烯绝缘导线 BV	m	—	[108.000]	[108.000]	[108.000]
	02270001	棉纱	kg	11.47	0.260	0.280	0.200
	03137041	焊锡膏	kg	47.01	0.040	0.050	0.020
	03138001	锡基钎料	kg	52.47	0.150	0.160	0.130
	14030040	汽油 综合	kg	6.38	0.860	0.980	0.610
	27170001	电气绝缘胶带 18mm×10m×0.13mm	卷	2.40	1.830	1.920	1.420
	99450760	其他材料费	元	1.00	0.71	0.75	0.51

工作内容：扫管、涂滑石粉、穿线、编号、接焊包头。　　　　计量单位：100m/束

定额编号					C4-11-230-6	C4-11-230-7	C4-11-230-8	C4-11-230-9
子目名称					多芯软导线管内穿线（芯以内）			
					六芯			
					导线截面（mm^2 以内）			
					1	1.5	2.5	6
基　价（元）					159.44	161.81	165.57	164.30
其中	人工费（元）				107.79	109.24	111.18	109.97
	材料费（元）				20.67	21.17	22.44	22.72
	机具费（元）				—	—	—	—
	管理费（元）				30.98	31.40	31.95	31.61
分类	编码	名称	单位	单价（元）	消　耗　量			
人工	00010010	人工费	元	—	107.79	109.24	111.18	109.97
材料	28030410	多股铜芯聚氯乙烯绝缘导线 BV	m	—	[108.000]	[108.000]	[108.000]	[108.000]
	02270001	棉纱	kg	11.47	0.250	0.250	0.250	0.250
	03137041	焊锡膏	kg	47.01	0.030	0.030	0.040	0.040
	03138001	锡基钎料	kg	52.47	0.140	0.140	0.150	0.150
	14030040	汽油 综合	kg	6.38	0.690	0.690	0.690	0.690
	27170001	电气绝缘胶带 18mm×10m×0.13mm	卷	2.40	1.680	1.880	1.980	2.080
	99450760	其他材料费	元	1.00	0.61	0.63	0.67	0.71

工作内容：扫管、涂滑石粉、穿线、编号、接焊包头。　　计量单位：100m/束

定额编号					C4-11-230-10	C4-11-230-11	C4-11-230-12
子目名称					多芯软导线管内穿线(芯以内)		
					六芯		
					导线截面(mm^2 以内)		
					16	35	70
基　价(元)					218.71	292.31	581.65
其中	人工费(元)				150.62	207.00	429.96
	材料费(元)				24.80	25.82	28.12
	机具费(元)				—	—	—
	管理费(元)				43.29	59.49	123.57
分类	编码	名称	单位	单价(元)	消　耗　量		
人工	00010010	人工费	元	—	150.62	207.00	429.96
材料	28030410	多股铜芯聚氯乙烯绝缘导线 BV	m	—	[108.000]	[108.000]	[108.000]
	02270001	棉纱	kg	11.47	0.270	0.270	0.290
	03137041	焊锡膏	kg	47.01	0.050	0.050	0.060
	03138001	锡基钎料	kg	52.47	0.160	0.160	0.170
	14030040	汽油 综合	kg	6.38	0.780	0.890	1.010
	27170001	电气绝缘胶带 18mm×10m×0.13mm	卷	2.40	2.180	2.290	2.400
	99450760	其他材料费	元	1.00	0.75	0.80	0.85

附 5

工作内容：预拼装，检验、核对、拆解、标识、扫描、测量、定位、组对、吊装、安装。

计量单位：套

定额编号					C8-1-40	C8-1-40-1	C8-1-40-2
子目名称					装配式成品管道支架		
					抗震支吊架		
					单套重量(kg 以内)		
					10	20	30
基　价(元)					81.56	115.99	156.50
其中	人工费(元)				52.03	67.64	87.93
	材料费(元)				5.06	10.11	15.18
	机具费(元)				7.11	14.22	21.32
	管理费(元)				17.36	24.02	32.07
分类	编码	名称	单位	单价(元)	消　耗　量		
人工	00010010	人工费	元	—	52.03	67.64	87.93
材料	18270095	抗震支吊架	套	—	[1.000]	[1.000]	[1.000]
	03013011	膨胀螺栓 综合	kg	7.56	0.541	1.082	1.624
	99450760	其他材料费	元	1.00	0.97	1.93	2.90
机具	871113023	手持式激光测距仪 量程:0.2～200m，精度:±1.5%	台班	18.85	0.003	0.006	0.009
	874646014	电子对中仪 测距:20m，精度:±0.001%	台班	182.10	0.003	0.006	0.009
	874646022	红外线水平仪 范围:±1mm/5m	台班	5.30	0.003	0.006	0.009
	990305020	叉式起重机 提升质量 5(t)	台班	557.45	0.008	0.016	0.024
	990510040	手动葫芦 提升质量 10(t)	台班	10.23	0.015	0.030	0.045
	990514020	移动式升降平台	台班	125.10	0.015	0.030	0.045

工作内容：预拼装，检验、核对、拆解、标识、扫描、测量、定位、组对、吊装、安装。

计量单位：套

定额编号					C8-1-40-3	C8-1-40-4
子目名称					装配式成品管道支架	
					抗震支吊架	
					单套重量(kg 以内)	
					40	50
基　价(元)					204.86	263.47
其中	人工费(元)				114.31	148.60
	材料费(元)				20.23	25.29
	机具费(元)				28.43	35.54
	管理费(元)				41.89	54.04
分类	编码	名称	单位	单价(元)	消　耗　量	
人工	00010010	人工费	元	—	114.31	148.60
材料	18270095	抗震支吊架	套	—	[1.000]	[1.000]
	03013011	膨胀螺栓 综合	kg	7.56	2.165	2.706
	99450760	其他材料费	元	1.00	3.86	4.83
机具	871113023	手持式激光测距仪 量程:0.2～200m，精度:±1.5%	台班	18.85	0.012	0.015
	874646014	电子对中仪 测距:20m,精度:±0.001%	台班	182.10	0.012	0.015
	874646022	红外线水平仪 范围:±1mm/5m	台班	5.30	0.012	0.015
	990305020	叉式起重机 提升质量 5(t)	台班	557.45	0.032	0.040
	990510040	手动葫芦 提升质量 10(t)	台班	10.23	0.060	0.075
	990514020	移动式升降平台	台班	125.10	0.060	0.075

第四部分

纠纷案例复函（选编）

关于佛山海纳君庭项目总承包结算争议问题的复函

（粤标定函〔2019〕25号）

广东领地房地产开发有限公司、浙江新东方建设集团有限公司：

贵公司于2018年12月28日通过广东省建设工程造价纠纷处理系统上传的有关佛山海纳君庭项目总包结算争议的咨询函及相关资料收悉。

领地·广东海纳君庭项目位于广东省佛山市大沥镇，发包人为广东领地房地产开发有限公司，采用邀请招标方式确定承包人为浙江新东方建设集团有限公司。本项目总建筑面积约75274.2m^2，合同暂定总价为107265735.00元，工程计价方式为外墙保温工程、防水工程以清单综合单价包干，其他工程执行《广东省建筑和装饰工程综合定额（2010）》《广东省安装工程综合定额（2010）》及相关配套文件以定额计价方式结算。经研究，依据所掌握的项目情况和资料，现对有关竣工结算阶段发生的争议问题答复如下：

一、合同中未约定工程利润率，利润率是否按定额约定的18%计取

依据2014年8月双方签订的《领地·广东海纳君庭建设工程施工总承包合同》（以下简称“本项目施工合同”）39.2“本工程外墙保温工程、防水工程以清单综合单价包干，其他工程执行《广东省建筑和装饰工程综合定额（2010）》《广东省安装工程综合定额（2010）》及相关配套文件”规定，对于采用定额计价方式的分部分项工程，合同未约定工程利润率的具体数值的，应执行相应专业定额规定的利润计算方式计算。

二、商品混凝土泵送材料增加费按信息价16元/m^{3}计取后是否额外计取混凝土泵送增加费

合同约定执行佛山市建设工程造价站发布的材料价格，关于商品混凝土泵送费的应用，佛山市建设工程造价服务中心已于2018年12月18日以《佛山市建设工程造价服务中心关于海纳君庭项目工程造价问题咨询申请的复函》（佛建价函〔2018〕103号）明确，其发布的商品混凝土综合价格，根据坍落度的不同而增加泵送费是指增加材料费，不包含泵送混凝土发生的机械费用，因此混凝土泵送增加费应另外计取，若实际购买的商品混凝土价格未含泵送费用，则可套用相应定额子目计取。

三、外脚手架中靠脚手架安全挡板是否可以计取

本项目施工合同39.9.1.1条款约定不予计算的安全挡板范围未有明确界定，但从提交的资料显示，外脚手架中靠脚手架安全挡板符合本项目施工合同附件7“本工程施工现场安全文明施工管理协议”相应范畴和施工要求，依据本项目施工合同39.9.1.2“安全防护、文明施工费按各专业定额的相关定额子目计算，若施工期间有最新的调整文件，结算时均不得调整”规定，并遵循安全防护、文明施工措施费不得竞争的原则，该安全挡板应按相应定额子目计取。

专此函复。

广东省建设工程标准定额站
2019年2月12日

关于老机场范围年度维修工程结算组价及借工劳务日工资计算争议的复函

（粤标定函〔2019〕59号）

中国南方航空股份有限公司、广州市卓爵建筑工程有限公司：

2019年1月3日，你们通过广东省建设工程造价纠纷处理系统申请解决关于2012房屋维修定额适用工程及借工人工日工资费用计取争议的来函及相关资料收悉。

从2018年9月22日签订的施工合同显示，老机场范围年度维修工程（50万以下）项目地点在老机场，资金来源是企业自筹，发包人为中国南方航空股份有限公司，采用公开招标方式由广州市卓爵建筑工程有限公司负责承建，承包范围详见施工合同第二条，合同约定工程质量标准为合格，采用工程量清单计价方式，合同价格形式为暂定总价合同，工期总日历天数为365天。现依据来函资料对涉及的工程计价争议事项答复如下：

一、关于结算组价的争议

根据争议双方提供的施工合同工程内容，招标文件中的招标范围以及施工合同第十四.3条的结算依据和第十四.2.（2）条，竣工结算以广东省相关建筑工程定额、相关费用和计价文件为依据；该工程结算组价应执行《广东省房屋建筑和市政修缮工程综合定额（2012）》。

二、关于施工过程中签证的借工劳务日工资计算的争议

适用按《广东省房屋建筑和市政修缮工程综合定额（2012）》或广东省相关专业工程综合定额确定人工消耗量的，借工日工资按广州地区综合人工工日×1.18（利润标准）+10元/工日（管理费）计算；不适用《广东省房屋建筑和市政修缮工程综合定额（2012）》或广东省相关专业工程综合定额确定人工消耗量的，借工日工资按《广州市建设工程造价管理站关于发布广州市建设工程价格信息及有关计价办法的通知》劳务日工资相关规定计算。

专此函复。

广东省建设工程标准定额站

2019年3月25日

关于中铁隧道集团科技大厦计价过程中相关争议问题的复函

（粤标定函〔2019〕70号）

中铁隧道局投资有限公司、中铁隧道集团四处有限公司：

2019年1月23日，你们通过广东省建设工程造价纠纷处理系统申请解决中铁隧道集团科技大厦设计施工总承包项目涉及工程计价争议的来函及相关资料收悉。

从2017年11月28日签订的施工合同显示，中铁隧道集团科技大厦设计施工总承包项目地点在广州市南沙区黄阁镇工业四路西侧，资金来源是自筹资金，发包人为中铁隧道局投资有限公司，采用公开招标方式由中铁隧道集团四处有限公司、中铁华铁工程设计集团有限公司联合体负责项目设计施工总承包，施工范围包括但不限于软基处理工程、基坑支护工程、人防工程、建筑主体结构工程、室内外公共部分装饰装修、建筑幕墙、给水排水、电气（含智能化）、通信、消防、环保节能、泛光照明（如有）、园林绿化、景观及市政、污水处理、室内设备设施、配电、发电机等施工总承包，合同约定工程质量标准为合格，采用工程量清单计价方式，合同价格形式为暂定总价合同，工期为21.8日历月。现对来函涉及的计价争议事项答复如下：

一、单轴搅拌桩空桩段定额套用的争议

按照《中铁隧道集团科技大厦地基处理施工图》设计要求，科技大厦基坑开挖前采用搅拌桩进行地基加固处理，其中单轴搅拌桩分为空桩段（水泥用量为25kg/m，掺水泥含量1%石膏粉、0.3%复合外加剂）和实桩段（水泥用量为80kg/m，掺水泥含量1%石膏粉、0.3%复合外加剂）。空桩段应套用《广东省建筑与装饰工程综合定额（2010年）》A2-125喷浆空桩子目，并按设计要求增加水泥及外加剂的用量。

二、钢结构的加工费和场外运输费是否计取的争议

依据《广东省装配式建筑工程综合定额（试行）》总说明第五条“定额中各类预制构配件均按外购成品现场安装进行编制，构配件的设计优化、生产深化费用在其购置价格中考虑”。钢结构制作费与场外运输费应包含在构件的购置价格中，建议双方根据工程实际情况按市场询价协商确定价格。

专此函复。

广东省建设工程标准定额站
2019年4月15日

关于广佛快速通道江门段辅道五洞-西环路隧道综合管廊基坑土方开挖定额套取争议问题的复函

（粤标定函〔2019〕72号）

江门大道工程建设管理办公室辅道工程管理组、中铁江门大道BT工程总包项目经理部：

2019年1月27日，你们通过广东省建设工程造价纠纷处理系统申请解决广佛快速通道江门段（五洞至西环路隧道段辅道和西环路隧道至五邑路段主辅道工程）投融资加施工总承包项目涉及工程计价争议的来函及相关资料收悉。

从2014年12月23日签订的投融资加施工总承包合同显示，广佛快速通道江门段（五洞至西环路隧道段辅道和西环路隧道至五邑路段主辅道工程）投融资加施工总承包项目地点在江门市，其中争议标段广佛快速通道江门段五洞-西环路隧道段辅道工程（K6＋900～K8＋100、K10＋257～K17＋900，路线起点广佛江快速通道江门段五洞立交（桩号：K6＋900），终点位于西环路隧道前（桩号：K17＋900），路线全长共约8.84km；采用公开招标方式由中国中铁股份有限公司负责融资建设、采购、施工等工作，合同约定工程质量标准为合格，项目回购总价款由建安工程结算总额（含设计变更、工料机价差调整）和投融资及财务费用组成。现对来函涉及的1651.9m综合管沟工程计价争议事项答复如下：

1. 本工程不属于隧道工程，故不应执行《广东省市政工程综合定额（2010）》第七册《隧道工程》；

2.《广东省市政工程综合定额（2010）》第一册《通用项目》第1.1.1.5条的“基坑划分规定”是针对整个项目，而不是针对施工节点；编制并通过专家评审和业主授权单位审批的综合管廊专项施工组织方案，属于为满足施工工艺以及安全措施所必须完成的程序，工程造价的确定应以项目整体考虑。

专此函复。

广东省建设工程标准定额站

2019年4月15日

关于高大支模钢支撑计量争议的复函

（粤标定函〔2019〕82 号）

茂名市粮食储备公司，金川集团工程建设有限公司：

2019 年 2 月 15 日，你们通过广东省建设工程造价纠纷处理系统申请解决茂名市粮食储备公司计星粮库搬迁和 5 万吨标准化粮食储备库项目 BT 工程涉及工程计价争议的来函及相关资料收悉。

茂名市粮食储备公司计星粮库搬迁和 5 万吨标准化粮食储备库项目 BT 工程位于茂名市茂南区袂花镇大岭仔居委黑岭村，资金来源是由 BT 投资人筹集建设资金及中央财政补助，发包人为茂名市粮食储备公司，采用公开招标方式确定金川集团工程建设有限公司为承包人，双方于 2016 年 8 月 15 日签订合同，约定承包范围为本 BT 工程实施主体在合同期限内负责本工程的建设-转让。合同约定工程质量标准为合格，采用工程量清单计价方式，工期总日历天数为 546 天。经研究，依据所上传的项目资料，现对来函涉及的工程计价争议事项答复如下：

1. 承包人提出按经专家评审的高支模施工方案，其模板钢支撑实际用量远远高于按《广东省建筑与装饰工程综合定额（2010）》计算得出的定额消耗量，且依据有关文件解释，《广东省建筑与装饰工程综合定额（2010）》模板支撑架主要考虑门式支架，与实际施工方案不一致，因而咨询本工程模板钢支撑应如何计价；

2. 《广东省建筑与装饰工程综合定额（2010）》中模板的钢支撑为周转性材料，其消耗量是按摊销数量考虑的，来函中直接把按定额消耗计算得到的钢支撑摊销数量与实际施工中的一次性用量作对比是不合适的；

3. 经测算分析，《广东省建筑与装饰工程综合定额（2010）》中模板钢支撑考虑的一次性用量高于项目实际施工中的一次性用量；按照项目实际施工中的一次性用量对比定额摊销数量分析，本项目的摊销次数仅为 26 次，远少于国家和省定额考虑的次数。

综合以上情况，本工程模板钢支撑计价应按合同约定套用《广东省建筑与装饰工程综合定额（2010）》相应高度的梁模板子目。

专此函复。

广东省建设工程标准定额站

2019 年 4 月 23 日

关于惠州龙城一品三期总承包工程项目涉及工程计价争议的复函

（粤标定函〔2019〕99号）

惠州市中元和泰投资发展有限公司、标力建设集团有限公司：

2018年12月29日，你们通过广东省建设工程造价纠纷处理系统申请解决惠州龙城一品三期总承包工程项目涉及工程计价争议的来函及相关资料收悉。

惠州龙城一品三期总承包工程项目位于惠州市大湾区内，总建筑面积约16万m^2，地下一层，地上5栋34层。发包人是惠州市中元和泰投资发展有限公司，经协商，确定标力建设集团有限公司为承包人，双方于2014年9月4日签订施工合同，约定承包范围为建筑工程、装饰装修工程、水电安装工程，合同约定工程质量标准为合格，采用清单计价方式，合同价为暂定合同价，约3.5亿元，最终工程结算以竣工图、相关签证、变更文件按实际发生工程量，以甲乙双方确认的结算价为准，工期为700日历天。依据甲乙双方上传的资料，经研究，现对来函涉及的工程计价争议事项答复如下：

一、本工程地下室采用打压钢筋混凝土预制管桩，打桩总长度8000m，其中实际桩长6000m，2000m为送桩长度，双方对6000m实际桩长套价无异议，但是对2000m的送桩套价有异议。根据《广东省建筑与装饰工程综合定额（2010）》A.2桩基础工程章说明第二条规定，送桩套用相应打（压）桩子目，扣除管桩主材含量。

二、本工程1～2层为裙楼，其中有一个立面没有从裙楼缩入，而是直达塔楼和天面，双方对于这些没有缩入直达塔楼和天面的裙楼部分外墙综合脚手架步距套用存在争议。根据《广东省建筑与装饰工程综合定额（2010）》A.22脚手架工程工程量计算规则22.1.1第4点“上层外墙或裙楼上有缩入的塔楼者，工程量分别计算。裙楼的高度和步距应按设计外地坪至裙楼顶面的高度计算；缩入的塔楼高度从缩入面计至塔楼的顶面，但套用定额步距的高度应从设计外地坪至塔楼顶面”。故外围没有缩入裙楼而直通塔楼和天面部分的裙楼综合脚手架按塔楼高度一致的步距套价。

三、本工程标准层主卧房间窗户外设计有花池，对于这些花池部位是否按其外围凸凹计算外墙综合脚手架存在争议。根据《广东省建筑与装饰工程综合定额（2010）》A.22脚手架工程工程量计算规则22.1.1“外墙综合脚手架工程量，按外墙外边线的凹凸（包括凸出阳台）总长度乘以设计外地坪至外墙的顶板面或檐口的高度以面积计算；不扣除门、窗、洞口及穿过建筑物的通道的空洞面积。屋面上的楼梯间、水池、电梯机房等的脚手架工程量应并入主体工程量内计算”。故凸出来的花池不计算综合脚手架。

四、本工程部分短肢剪力墙的端柱设计长度为700～900mm，对于较长的端柱是套剪力墙还是异形柱双方存在争议。根据《广东省建筑与装饰工程综合定额（2010）》A.4 混凝土及钢筋混凝土工程章说明第四条第 13 点规定“异形柱与剪力墙的单向划分”。故该端柱应按异形柱计算。

五、本工程标准层外墙设计的结构节点，该节点存在 2 个或 2 个以上的 90°弯折，对于该节点是否按小型构件计算混凝土浇捣和零星抹灰计价存在争议。根据《广东省建筑与装饰工程综合定额（2010）》A.4 混凝土及钢筋混凝土工程章说明第一条第 4 点“小型构件指每件体积在 0.05m^3 以内”和 A.10 墙柱面工程章说明第九条第 4 点“零星抹灰和零星镶贴块料面层项目适用于挑檐、天沟、腰线、窗台线、门窗套、压顶、扶手、遮阳板、雨篷周边、碗柜、过人洞、暖气壁龛池槽、花台以及单体 0.5m^2 以内少量分散的抹灰和块料面层”。故该外墙设计的结构节点不属于小型构件，同样不属于零星抹灰的范围。

六、本工程标准层凸窗有混凝土标准凸窗和砖砌凸窗（砖砌高度 600mm）两种类型，对于砖砌凸窗部位是否计算建筑面积双方存在争议。根据所提供的资料争议问题 6 附件平面图图纸，无法判断该砖砌凸窗部分是否为飘窗，请参照《建筑工程建筑面积计算规范》GB/T 50353—2013 中术语凸窗（飘窗）的定义并按其计算规范计算面积。

七、本工程标准层每层都在核心筒两侧和北侧采光区域设置有现浇混凝土单梁，对于这些单梁是否计算综合脚手架双方存在争议。按照《广东省建筑与装饰工程综合定额（2010）》A.22 脚手架工程工程量计算规则 22.1.7“现浇钢筋混凝土屋架以及不与楼板相接的梁，按屋架跨度或梁长乘以高度以面积计算综合脚手架，高度从地面或楼面算起，屋架计至架顶平均高度，单梁高度计至梁面，在外墙轴线的现浇屋架、单梁及与楼板一起现浇的梁均不得计算脚手架”。故该问题的单梁需要计算综合脚手架。

专此函复。

广东省建设工程标准定额站

2019 年 5 月 8 日

关于东莞监狱“十一五”增容扩建工程（单体完善项目）涉及工程计价争议的复函

（粤标定函〔2019〕140号）

广东省东莞监狱、汕头市建安（集团）公司：

2019年4月22日，你们通过广东省建设工程造价纠纷处理系统申请解决东莞监狱“十一五”增容扩建工程（单体完善项目）涉及工程计价争议的来函及相关资料收悉。

从2014年12月1日签订的施工合同显示，东莞监狱“十一五”增容扩建工程单体完善工程项目地点在广东省东莞市石碣镇新洲，资金来源是财政拨款，发包人为广东省东莞监狱，采用公开招标方式由汕头市建安（集团）公司负责承建，承包范围详见合同协议书。合同约定工程质量标准为合格，采用工程量清单计价方式，合同价格形式为固定综合单价，工期总日历天数为120天。经研究，依据所上传的项目资料，现对来函涉及的工程计价争议事项答复如下：

一、关于48栋、49栋消防闸阀工程结算价格确定相关造价的争议，由争议双方确认的《关于广东省东莞监狱增容扩建项目工程（单体完善项目）48栋、49栋消防工程结算明杆闸阀项目漏算的情况说明》可知，本争议中明杆闸阀结算工程量的增加是由于招标清单漏算工程量所致，不属于变更项目。

二、根据争议双方提供的合同协议书中工程承包范围为：“由承包人根据发包人提供的图纸、工程量清单、资料以及招标文件的要求，综合单价包干、项目措施费包干、工程量按实结算”和合同专用条款13.5款第（三）点的第（3）小点：“当实际工程量超过招标清单工程量的+5%时，结算工程量按实际发生工程量与招标清单工程量的5%之差计算，综合单价不变，调整合同结算价格（以上结算方式不包括新增项目）”。

综上所述，东莞监狱“十一五”增容扩建工程（单体完善项目）48栋、49栋消防闸阀工程结算单价应按中标综合单价计算，不得调整。

专此函复。

广东省建设工程标准定额站

2019年6月26日

关于汕尾碧桂园时代城二标段主体工程项目涉及工程计价争议的复函

（粤标定函〔2019〕142号）

中国建筑第四工程局有限公司、南通兴江建乐桦建安劳务有限公司：

2019年3月13日，你们通过广东省建设工程造价纠纷处理系统申请解决汕尾碧桂园时代城二标段主体工程项目涉及工程计价争议的来函及相关资料收悉。

汕尾碧桂园时代城二标段主体工程项目位于汕尾市火车站向南500m，建筑面积66445.38m^2，五栋小高层住宅及一个地库，框剪结构。发包人为中国建筑第四工程局有限公司。经洽商，确定南通兴江建乐桦建安劳务有限公司为承包人，根据双方签订的施工合同，约定工程质量为合格，合同价格形式为综合单价，按《建筑工程建筑面积计算规范》GB/T 50353—2013的计算规则（其中其飘窗、飘窗侧墙、屋面各种构架、自行车坡道及汽车坡道、粉刷层、保温层、沉降缝、幕墙及其以上均不计算建筑面积）作为结算依据。经研究，现对来函的争议问题答复如下：

关于1-2轴交A轴、1-2轴交D轴、3-7轴交A轴的外窗内区域建筑面积和外窗侧结构建筑面积的计算。根据《建筑工程建筑面积计算规范》GB/T 50353—2013中术语2.0.15凸窗（飘窗）定义："凸出建筑物外墙面的窗户"，2.0.15条文说明："凸窗（飘窗）既作为窗，就有别于楼（地）板的延伸，也就是不能把楼（地）板延伸出去的窗称为凸窗（飘窗）。凸窗（飘窗）的窗台应只是墙面的一部分且距（楼）地面应有一定的高度"。根据报送的施工图及现场图片显示，本项目1-2轴交A轴、1-2轴交D轴、3-7轴交A轴的外墙窗为凸出建筑物外墙面的窗户且距（楼）地面有一定的高度，飘窗下的装饰板不属于外墙面，因此该外墙窗应为飘窗。该处飘窗建筑结构净高在2.1m以下，根据《建筑工程建筑面积计算规范》GB/T 50353—2013规定，不应计算建筑面积。

专此函复。

广东省建设工程标准定额站

2019年6月27日

关于斗谭路供热管道迁改工程涉及工程计价争议的复函

（粤标定函〔2019〕143 号）

广州协鑫蓝天燃气热电有限公司，湖南省工业设备安装有限公司：

2019 年 3 月 3 日，你们通过广东省建设工程造价纠纷处理系统申请解决斗谭路供热管道迁改工程项目涉及工程计价争议的来函及相关资料收悉。

从 2017 年 9 月签订的施工合同显示，广州协鑫蓝天 2×196MW 燃气-蒸汽联合循环机组项目斗塘路供热管道迁改工程施工项目位于广州经济开发区木古路 7 号，发包人为广州协鑫蓝天燃气热电有限公司，承包人为湖南省工业设备安装有限公司，资金来源自筹；承包范围为斗塘路供热管道迁改工程施工；合同约定工程质量标准为满足国家标准，验收合格；采用定额计价方式，合同价格形式为暂估价格；合同工期总日历天数 30 天。现对来函涉及的工程计价争议事项答复如下：

一、关于外护管割瓦组对安装碰头，应采用 D. 6. 1. 8 节，用比例法计价，每处碰头计价方法为：（D6-1-60 基价/D6-1-31 基价）×D6-1-177 基价，还是应套用 D. 6. 2 计价有异议。依据《广东省市政工程综合定额（2010）》对于外护管割瓦组对安装碰头，建议按 D. 6. 2 管件计价；

二、关于零星保温损耗系数和零星防腐损耗系数的争议，按《广东省安装工程综合定额（2010）》第十一册相应项目定额规定执行，损耗率不作调整。

专此函复。

广东省建设工程标准定额站

2019 年 6 月 27 日

关于双瑞藏珑湾花园建筑施工总承包工程项目涉及工程计价争议的复函

（粤标定函〔2019〕191号）

珠海市乾祥房地产开发有限公司、沈阳北方建设股份有限公司：

2019年2月26日，你们通过广东省建设工程造价纠纷处理系统申请解决双瑞藏珑湾花园建筑施工总承包工程项目涉及工程计价争议的来函及相关资料收悉。

从2018年11月13日签订的《双瑞藏珑湾花园建筑施工总承包合同（补充协议）》（合同编号：ZFXM/HTGL/2019/0014）显示，项目地点在珠海市香洲区湾仔，发包人珠海市乾祥房地产开发有限公司采用直接发包方式，由承包人沈阳北方建设股份有限公司负责承建，承包范围为施工总承包，包括土建工程、安装工程、室外综合管网工程等，合同约定工程最低质量标准须达到广东省样板工程，合同约定采用以定额下浮率组价为工程量清单的计价方式，按照经双方确认的包干预算加变更、签证金额进行结算。依据所上传的项目资料，经研究，现对来函涉及的孤石处理费用计价争议事项答复如下：

本工程基坑支护采用的是旋挖成孔灌注桩，桩的直径为800mm，施工时遇地下孤石，更换全回力旋转转头破除孤石，双方就此破除孤石的费用采用定额子目计算还是按照市场价格计算产生争议。发包人认为，本工程合同约定以定额下浮率组价为工程量清单计价，对孤石的处理可执行《广东省建筑与装饰工程综合定额（2010）》A2-84、A2-85子目；承包人认为，《广东省建筑与装饰工程综合定额（2010）》无合适子目套用，可按市场询价计算。我站认为，依据本合同“第六条结算方式”规定，本工程采用双方确认的包干预算加变更、签证金额进行结算，合同第2.1条约定是承包人根据发包人提供的资料和现场情况进行预算报价，如承包人漏报、错报的，责任由承包人自行承担，结算时除协议约定的可调整内容以外均不作调整，但目前工程在施工而包干的预算仍在核算过程中，无法确认包干价的组成内容。同时，来函资料中，双方未提供地质勘察报告，无法判断孤石是属于已经勘察的地质情况还是属于与勘察报告不符情况，并且也未提供双方确认的孤石处理方案，因此，建议双方明确地质勘察报告的风险分担规定，按照经过审定的孤石处理方案，协商解决具体计价方法。

专此函复。

广东省建设工程标准定额站

2019年8月29日

关于东莞恒大绿洲花园（1～12号、综合楼及配套商业）主体及配套建设工程项目涉及工程计价争议的复函

（粤标定函〔2019〕192号）

东莞市泽和实业有限公司、深圳市建筑工程股份有限公司：

2019年5月29日，你们通过广东省建设工程造价纠纷处理系统申请解决东莞恒大绿洲花园（1～12号、综合楼及配套商业）主体及配套建设工程项目涉及工程计价争议的来函及相关资料收悉。

从2015年2月13日签订的《东莞恒大绿洲花园（1～12号、综合楼及配套商业）主体及配套建设工程施工合同》（合同编号：恒粤莞工合字15［0-73-6］006）显示，本项目位于东莞市宏盈工业区，由12栋高层、1栋综合楼、2栋商铺、地下1层车库组成；发包人为东莞市泽和实业有限公司，采用邀请招标方式，由承包人深圳市建筑工程股份有限公司承建，具体承包范围详见该施工合同第二条“承包范围”内容；合同约定工程质量标准为合格，合同范围内工程除合同约定项目按含税综合单价包干方式计价外，均以定额计价的方式计算。目前本项目处于竣工结算阶段。依据所上传的项目资料，现对来函涉及的工程计价争议事项答复如下：

一、关于综合脚手架子目中脚手架钢管材料价差调整方法的争议

综合脚手架子目中脚手架钢管的规格为Φ51×3.5，而现行规范《建筑施工扣件式钢管脚手架安全技术规范》JGJ 130—2011第3.1.2条规定“脚手架钢管宜采用Φ48.3×3.6钢管”，本工程施工现场使用脚手架钢管规格为Φ48.3×3.6，与规范要求一致。合同约定材料价格先按施工同期《东莞工程造价信息》中公布的价格计算价差，东莞市没有公布指导价的材料按照施工同期《广州工程造价信息》发布的参考价计算价差。经双方查询确认，东莞市和广州市均无发布实际使用规格Φ48.3×3.6的钢管价格，但《广州工程造价信息》各季度信息价登载有规格Φ51×3.5的钢管价格。发包人认为应以《广州工程造价信息》规格Φ51×3.5的钢管价格为基础，采用直径比例换算为Φ48.3×3.6钢管价格；承包人认为使用的Φ48.3×3.6钢管已经满足规范要求，规格Φ51×3.5的钢管在市场上基本无法购买，信息价上价格应该就是Φ48.3×3.6钢管价格，定额也是按Φ51×3.5的钢管考虑消耗量的，若按Φ48.3×3.6规格调整单价，则定额消耗量也要一并调整。

我站认为，定额是按照相关的标准、规范要求，综合考虑各种因素，采用社会平均水平取定工料机的配置和消耗量，除有允许调整的定额说明或规则外，不得以实际使用与定额不一致作为调整依据，因此，本工程脚手架使用的钢管应按定额子目的规格和数量，按

照合同约定的价格确定规则计算价差。

二、关于内墙抹灰不需要罩面压光，对内墙抹灰子目人工含量进行调整方法的争议

本工程的标准电梯厅面层为贴砖，内墙抹灰不需要罩面压光，且面层非承包人施工，由承包人完成抹灰后交由发包人另行发包的精装修单位施工。发包人认为，套取内墙抹灰子目时应调减子目人工含量（如参考深圳市2003定额人工消耗量×0.87），作为内墙抹灰不需要罩面压光的费用；承包人认为，面层虽然非其施工，但是在对标准层电梯厅内墙进行抹灰施工时，发包人并未下发指令要求其停止罩面压光，其已按罩面压光施工则不应调整人工消耗量。

根据双方提供的施工合同第七条第二款约定：本合同范围内工程除合同约定项目按含税综合单价包干方式计价外，均以定额计价的方式计算。来函资料显示，公共部分内墙抹灰不属于单价包干范围，应采用定额计价方式计算。此外，从本合同协议书附件10“土石方工程、室内初装修和低层住宅分户围墙工程工作界面表”显示，公共部分室内墙面抹灰为承包人施工范围，但无资料显示罩面压光由谁负责施工。我们认为，承包人实施墙面抹灰理应按发包人确定的施工图施工，如果施工图明确有要求罩面压光做法，则不需要对抹灰子目进行调整，直至发包人发出明确的变更指令；如果施工图无明确进行罩面压光或发包人发出指令取消罩面压光，则块料面层底抹灰可以执行《广东省建筑与装饰工程综合定额（2010）》墙柱面工程底层抹灰相关定额子目。

三、关于外墙装修在砂浆中压入一道玻璃纤维网后定额子目调整方法的争议

外墙装修时，在砂浆中压入一道玻璃纤维网，非干挂。发包人认为，套用定额子目A10-42“墙、柱面钉（挂）钢（铁）网 玻璃纤维网”，由于圆钉、膨胀螺栓、903胶等材料均未使用，施工难度也相应降低，应删除未使用材料并减少人工含量；承包人认为，定额是综合考虑各种施工工艺，不应因为现场没有使用哪种材料则调整材料，而且发包人要求调整的并非是主材。

依据双方提供的施工图外墙面做法，在聚合物水泥砂浆中压入琉璃纤维网格布，在《广东省建筑与装饰工程综合定额（2010）》中没有相应的子目可以套用，属于定额缺项，建议双方协商解决。

专此函复。

广东省建设工程标准定额站
2019年8月29日

关于肇庆恒大世纪梦幻城二期A21主体及配套建设工程项目涉及工程计价争议的复函

（粤标定函〔2019〕193号）

广东聚廷峰房地产开发有限公司、兖矿东华建设有限公司：

2019年6月27日，你们通过广东省建设工程造价纠纷处理系统申请解决肇庆恒大世纪梦幻城二期A21主体及配套建设工程项目涉及工程计价争议的来函及相关资料收悉。

从2018年6月29日签订的《肇庆恒大世纪梦幻城二期A21主体及配套建设工程施工合同》（合同编号：恒粤穗工合字18［0.16-41］130）显示，本项目地点在肇庆市高要回龙镇，资金来源是自筹，发包人广东聚廷峰房地产开发有限公司采用邀请招标方式，由承包人兖矿东华建设有限公司负责承建，承包范围详见合同协议书第二条条款。合同约定采用定额计价方式，其中主体工程为总价包干，室外配套等室外零星工程为非总价包干。合同工期为230日历天。依据所上传的项目资料，经研究，现对来函提交的关于地下室开挖承台、底板、集水井等基础土石方计取土石方垂直运输费用的争议答复如下：

本工程实施中，发包人将地下室大开挖土方单独分包专业土方单位施工完成后场地移交给承包人，双方就承包人负责开挖的承台、底板、集水井等基础土石方，是否应按《广东省建筑与装饰工程综合定额（2010）》上册第11页A.1土石方工程章说明第10点“地下室土方大开挖后再挖地槽、地坑，其深度按大开挖后土面至槽、坑底标高计算，加垂直运输和水平运输”规定计取土石方垂直运输产生争议。发包人认为，由发包人另行发包的土方专业承包单位负责大开挖，至筏板面标高以上约30cm处，承包人仅进行筏板、承台等土方的开挖，且施工现场非坑上作业，也非井上作业，实际大基坑坑内作业开挖土方装车后，通过场内一定舒缓坡度的临时道路运输至场外，故不存在土石方垂直运输的实情，不应计算土石方垂直运输费用；承包人认为，地下室土方经过土方专业承包单位大开挖后再由承包人挖槽、坑土方，符合定额说明情形，应该计取土石方垂直运输。

我站认为，地下室土石方开挖按照合同约定属于主体工程范围，其计价方式按照本合同的“第七条：合同价”相关约定，采用经过双方确定的价格为总价包干，并且在本合同第10页规定“3.合同总价不因……双方在包干总价预算书中的任何错误或遗漏，都视为已经包括在总价包干中，不再另行调整”，即审定价格包含土石方的垂直运输费用时，不论实际是否发生，包干的总价不作调整；或者审定价格未计算土石方的垂直运输费用时，不论实际是否发生，包干的总价亦不作调整。但是依据双方提供的资料显示，此项目采用两审模式，现阶段土方开挖已经实施但约定包干部分的总价仍处于建设单位集团审计部门审核过程中，无法确认包干总价的内容组成。因此，建议双方遵循合同签订的真实意愿，协商解决。

专此函复。

广东省建设工程标准定额站

2019 年 8 月 29 日

关于珠海博物馆布展设计与施工承包项目涉及工程计价争议的复函

（粤标定函〔2019〕194号）

珠海城建投资开发有限公司、广东省集美设计工程有限公司：

2019年6月10日，你们通过广东省建设工程造价纠纷处理系统申请解决珠海博物馆布展设计与施工承包项目涉及工程计价争议的来函及相关资料收悉。

从2015年1月30日签订的《珠海博物馆布展设计与施工承包项目施工合同》（合同编号：CJHT-LG-201502& ＃41显示，本项目地点在珠海市情侣路文化公园南部，资金来源是财政拨款，发包人珠海城建投资开发有限公司采用公开招标的方式，由广东省集美设计工程有限公司（主办方）、苏州金螳螂展览设计工程有限公司（成员一）、广东省中港装饰股份有限公司（成员二）负责设计与施工。承包范围为博物馆序厅及公共区域精装修工程、珠海博物馆展陈面积约6868m^2范围的陈展工程、珠海博物馆布展工程、博物馆序厅及公共区域等的设计与施工。合同约定工程质量标准为合格，采用经珠海市财政部门审定的博物馆布展工程施工图预算价（扣除暂列金额）为布展工程包干价，合同价格形式为：博物馆序厅及公共区域精装修工程采用固定单价包干方式，博物馆布展工程施工及博物馆序厅及公共区域及博物馆展陈标识工程（本合同中统称珠海博物馆布展工程施工）采用总价包干方式。合同工期为2015年9月30日前完工。依据所上传的项目资料，经研究，现对来函涉及的工程计价争议事项答复如下：

因双方未提供固定总价和固定单价合同相关资料，且合同约定工程造价以珠海市财政部门审定的施工图预算价为依据，初步判定项目仍处于预算核对阶段，则依据合同协议书约定，采用国家《建设工程工程量清单计价规范》GB 50500—2013和套用《广东省建筑与装饰工程综合定额（2010）》等相关专业定额及配套计价方法作为解决争议的遵循原则。

一、关于搭设高度为13～16m的满堂脚手架计价的争议

本项目满堂脚手架搭设高度为13～16m，双方认为搭设高度10m以上脚手架参照市场价计价。根据《广东省建筑与装饰工程综合定额（2010）》（下册）第1201页脚手架一般说明："第9条、定额里脚手架、满堂脚手架子目适用于搭设高度10m以内；搭设高度超过10m时，按照审定的施工方案确定"。因此，我们认为本项目满堂脚手架搭设高度超过10m，则满堂脚手架整体（并非只有超过10m以上部分）按双方审定的施工方案确定价格，具体计价方法应按合同相关条款执行，若无约定则由双方协商明确。

二、关于双排脚手架执行定额的争议

《广东省建筑与装饰工程综合定额（2010）》（下册）第1202页单独装饰工程脚手架说

明："外走廊、阳台的外墙、走廊柱及独立柱的砌筑、捣制、装饰和外墙内面装饰的脚手架，高度在 3.6m 以内的按活动脚手架子目执行，高度超过 3.6m 的按单排脚手架子目执行。"本工程审批的施工方案中采用双排脚手架，在执行定额子目方面，双方认为应执行此说明规定并按施工方案调整相应定额。我站认为，上述说明只适用于单独装饰工程施工时使用活动脚手架和单排脚手架的计价规则，本工程采用的双排脚手架在《广东省建筑与装饰工程综合定额（2010）》中并无相应子目，属于定额缺项，建议双方协商解决。

三、关于定额计价结果与市场价格相差悬殊的调整方法争议

本项目为单独装饰工程，合同规定施工图预算采用《广东省建筑与装饰工程综合定额（2010）》，对于定额脚手架单价与市场价相差悬殊存在偏差的情况，发包人认为搭设高度低于 10m 的脚手架应执行定额相应子目计价，承包人则认为搭设高度低于 10m 的脚手架应按市场价调整。我站认为，《广东省建筑与装饰工程综合定额（2010）》中的脚手架定额子目是按照社会平均水平结合各种因素编制的，材料主要考虑为周转性材料，其消耗量是按合理的摊销数量考虑的，并非一次性购买的使用量，亦非一次性投入价格；且来函中提及的高于定额价的脚手架市场价并未提供相关价格构成或分析资料，无法论证其合理性，与定额按摊销次数考虑的材料综合价之间不具备可比性，故在未有合理依据支撑下，或未有相应的定额勘误文件下，本工程的脚手架按定额计价方式执行，相应的定额子目不作调整。

专此函复。

广东省建设工程标准定额站
2019 年 8 月 29 日

关于怡翠尊堤观园总承包项目涉及脚手架工程计价争议的复函

佛山市凯能房地产开发有限公司、广东省化州市建筑工程总公司：

2019 年 7 月 26 日，你们通过广东省建设工程造价纠纷处理系统，申请解决怡翠尊堤观园总承包项目涉及脚手架工程计价争议的来函及相关资料收悉。

从 2016 年 3 月 7 日签订的《怡翠尊堤观园总承包项目施工合同》(合同编号：KN099-16022BS）显示，本项目地点在佛山市南海区大沥镇奇槎“老鼠墩”“狮头”地段，资金来源是自筹。发包人佛山市凯能房地产开发有限公司，采用邀请招标方式，由广东省化州市建筑工程总公司承建，承包范围为土建及安装，合同约定工程质量标准为合格，采用定额计价方式，工期总日历天为 1095 天。依据所上传的项目资料，经研究，现对来函涉及的脚手架工程计价争议事项答复如下：

一、关于轴线 3-18 轴至 3-20 轴交 3-N 轴至 3-Q 轴位置外墙综合脚手架工程量计算的争议

本项目在三、四座施工平面图 J-8（3、4 座四～三十层平面图）中，轴线 3-18 轴至 3-20 轴交 3-N 轴至 3-Q 轴位置，外墙脚手架未沿着凹凸面搭设，双方对脚手架工程量计算产生争议。发包人认为应按实际搭设面积计算一排综合脚手架计算工程量；承包人认为应按外墙外边线凹凸面计算工程量。我站认为，本工程施工合同约定的计价依据为“《建筑工程建筑面积计算规范》GB/T 50353—2005、《广东省建筑与装饰工程综合定额（2010）》……国家、地方有关配套执行的规定等”，并且定额是按照相关的标准、规范要求，综合考虑各种因素，采用社会平均水平取定工料机的配置、消耗量和价格，因此，除合同和定额另有说明外，应按《广东省建筑与装饰工程综合定额（2010）》第 22.1.1 条规定“外墙综合脚手架工程量，按外墙外边线的凹凸（包括凸出阳台）总长度乘以设计外地坪至外墙的顶板面或檐口的高度以面积计算”。

二、关于轴线 3-Q（北面）砖砌装饰柱的外墙脚手架工程量计算的争议

本项目轴线 3-Q（北面）砖砌装饰柱的外墙脚手架是按外墙外边线（含附墙砖砌柱垛和附墙井道）凹凸面计算工程量，还是按现场实际搭设沿最外边外墙线直接拉直计算综合脚手架，双方产生争议。发包人认为应按外边外墙线直接拉直计算工程量；承包人认为应按外墙外边线凹凸面计算工程量。根据《关于印发 2010 年广东省建筑与装饰工程综合定额问题解答、勘误及补充子目的通知》（粤建造函〔2011〕39 号）第 22.2 条“建筑物外挑封闭式窗台、飘窗，计算外墙综合脚手架时，是否按外墙外边线的凹凸面总长度计算？答复：凸出外墙 60cm 以上的，按凹凸面长度计算外墙综合脚手架”，我站认为，轴线 3-Q（北面）砖砌装饰柱因突出墙面没超过 60cm，故该位置外墙脚手架应按最外边外墙边线直接拉直计算综合脚手架。

三、关于两座楼交接位（10-26 轴至 9-1 轴位置）外墙脚手架工程量计算的争议

本项目在九、十座施工平面图 J-8（9、10 座四～三十层平面图）中，两座楼交接位（10-26 轴至 9-1 轴位置），两面分户墙之间宽度为 900mm，且不贴外墙砖，双方对脚手架是按外墙外边线凹凸面计算还是按现场实际搭设面积计算一排综合脚手架的争议。发包人认为应按实际搭设面积计算一排综合脚手架计算工程量；承包人认为应按外墙外边线凹凸面计算工程量。我站认为，同争议一的理由，除合同和定额另有说明外，应按《广东省建筑与装饰工程综合定额（2010）》第 22.1.1 条规定“外墙综合脚手架的工程量，按外墙外边线的凹凸（包括凸出阳台）总长度乘以设计外地坪至外墙顶板面或檐口的高度以面积计算”。但本争议部位的南北两面有做伸缩缝，合同双方需根据实际情况判断是否为外墙。

专此函复。

广东省建设工程标准定额站
2019 年 10 月 21 日

关于汕头市潮南区生活垃圾焚烧发电厂项目涉及工程计价争议的复函

中节能（北京）节能环保工程有限公司、中国电建集团四川工程有限公司：

2019 年 8 月 7 日，你们通过广东省建设工程造价纠纷处理系统申请解决汕头市潮南区生活垃圾焚烧发电厂项目涉及结算计价争议的来函及相关资料收悉。

从 2016 年 4 月签订的《汕头市潮南区生活垃圾焚烧发电厂项目施工总承包合同》（合同编号：CNLF-C-G-2016-001）显示，本项目地点在汕头市潮南区，发包人为中节能（北京）节能环保工程有限公司采用公开招标方式，由中国电建集团四川工程有限公司负责承建，主要承包范围为本工程红线外 1m 内生产设施、生产辅助设施及行政生活服务设施的建筑工程，场地平整、护坡和地基处理工程，红线外进场道路、桥梁及护坡，给水排水系统，施工水源等。合同约定工程质量标准为合格，采用 2010 年广东省各专业综合定额计价方式。项目计划工期为 2016 年 4 月 30 日至 2017 年 12 月 31 日。依据所上传的项目资料，经研究，现对来函涉及的工程计价争议事项答复如下：

一、关于钢筋长度计算规则的争议

关于《广东省建筑与装饰工程综合定额（2010）》第四章中“现浇、预制构件钢筋制作安装工程量，按设计长度乘以单位理论质量计算”，其中并未明确设计长度是以钢筋外皮还是以钢筋中心线计算，合同双方产生争议。发包人依据《广东省房屋建筑与装饰工程综合定额（2018）》第五章工程量计算规则中“（三）现浇构件钢筋（包括预制小型构件钢筋）制作安装工程量，按设计图示中心线长度乘以单位理论质量计算，设计规范要求的搭接长度、预留长度等并入钢筋工程量”规定，认为应按设计图示中心线长度作为设计长度；承包人认为设计长度应理解为外皮尺寸，中轴线计算只适用于现场钢筋下料。我站依据《关于广东省建设工程定额动态管理系统定额咨询问题解答的函（第一期）》（粤标定函〔2019〕9 号）第 2 条的解释，认为钢筋长度按钢筋中轴线（即钢筋中心线）并考虑弯曲调整值计算。

二、关于预算包干费是否包含因场内场地受限而产生的土方转运费用的争议

本项目发生因场内场地受限而产生的土方转运，发包人依据《广东省建筑与装饰工程综合定额（2010）》中的预算包干费内容包含“因地形影响造成的场内料具二次运输”，认为因场内场地受限而产生的土方转运费用应属于预算包干范围内；承包人认为场内料具二次运输应理解为施工现场内工具、料具二次运输，且取土回填为正常基础回填工作内容，不属于二次运输，另场外取土运输回填为场外运输至场内，并不存在场内二次运输。我站认为，《广东省建筑与装饰工程综合定额（2010）》明确“预算包干费内容一般包括施工雨（污）水的排除、因地形影响造成的场内料具二次运输、20m 高以下的工程用水加压措施、施工材料堆放场地的整理、水电安装后的补洞工料费、工程成品保护费、施工中的临时停水停电、基础埋深 2m 以内挖土方的塌方、日间照明施工增加费（不包括地下室和特殊工程）、完工清场后的垃圾外运等”，其中的“因地形影响造成的场内料具二次运输”，是指施工材料、机具因场地地形影响不能一次运至施工场内而发生的二次转运，不包含场地内、外土方转运费用。

三、关于回填土松散系数的争议

本项目由于施工场地原因，需要承包人将土方开挖后运至业主指定弃土场，回填时再从业主弃土场取土回填，回填时土方由于已堆弃较长时间，计算回填土的工程量时，双方对采用的松散系数产生争议。发包人认为回填土的工程量应为填方按压（夯）后的体积；承包人认为回填时土方已是堆弃时间较长的土方，土方松散度已经不是天然密实状态下的密实度，应在执行回填运输土方子目 A1-27 时乘以松散系数 1.49。我站根据《广东省建筑与装饰工程综合定额（2010）》第一章说明及土方体积折算系数表，认为回填取土（定额子目 A1-27）运土工程量按回填量乘以系数 1.15 计算。

四、关于选择商品混凝土碎石粒径的争议

本工程商品混凝土配比中碎石粒径为 5～31.5mm，计算价差时，其材价对应定额子目中商品混凝土碎石粒径是选择 20 石还是 40 石，双方产生争议。发包人认为定额所指的 20 石是指规格不大于 20mm 粒径，40 石指规格不大于 40mm 粒径，本工程混凝土配比中粒径为 5～31.5mm，即大于 20 粒径小于 40 粒径，所以应按 40 粒径石的商品混凝土价格执行；承包人认为定额中 20 石和 40 石为标准值，非区间值，根据配合比普通商品混凝土价格应该执行碎石粒径 20 石较为合适。我站认为，根据来函资料显示工程当地（汕头市潮南区）商品混凝土站出示的混凝土配合比中碎石粒径为 5～31.5mm，鉴于涉及构件类型和强度等级等可能会有数量众多的不同配合比，建议商品混凝土价格根据相关规范和设计要求，结合各工程使用部位（构件）及用量，取碎石粒径 20 石、40 石（或其他粒径）普通商品混凝土价格的加权平均值计算。

五、关于建筑墙面涂刷聚合物防水砂浆选用定额依据的争议

本项目建筑墙面涂刷聚合物防水砂浆，在《广东省建筑与装饰工程综合定额（2010）》无相应子目，双方对套用子目产生争议。发包人认为工程结算原则是依据《广东省建筑与装饰工程综合定额（2010）》，应执行定额第 10 章 A10-16，聚合物水泥砂浆 20mm，按实际换算主材；承包人认为 2014 概算定额为《广东省建筑与装饰工程综合定额（2010）》的配套补充定额，且该做法为墙面涂刷防水砂浆，故选用抹灰定额 A10-16 不合适，应选用 2014 概算定额中 A7-191 定额较合适。我站认为，根据合同约定的计价依据和对应的配套专业综合定额，建筑墙面涂刷的聚合物防水砂浆应套用《广东省建筑与装饰工程综合定额（2010）》定额子目 A10-16（聚合物水泥砂浆 20mm），按设计或配比进行主材与消耗量换算。

六、关于 3.6m 及以下承重满堂脚手架费用计取的争议

本项目发生 3.6m 以下搭设满堂脚手架，但定额无相应子目，双方就此费用计算产生争议，发包人认为 3.6m 以下满堂脚手架无适用定额，且定额说明（含补充说明）没有明确在 3.6m 以下采用满堂脚手架时，允许调整以及如何调整，其费用应当视为综合在其他定额子目中；承包人认为为满足楼板自重荷载要求以及支撑承重的稳固性，现场不论是否低于3.6m均必须搭设满堂脚手架，此架为承重脚手架，搭设的承重满堂脚手架其工作内容已超过里脚手架范围，并不能含在里脚手架费用中，应该单独计取费用。我站认为，现浇混凝土楼板模板定额子目中已综合考虑支撑方式，不得调整，不单独计取满堂脚手架。

专此函复。

广东省建设工程标准定额站

2019年10月21日

关于广东省怀集监狱“十二五”基础设施建设项目（一标段）施工总承包项目涉及工程计价争议问题的复函

广东省肇庆监狱、广州市第四建筑工程有限公司：

2019年8月19日，你们通过广东省建设工程造价纠纷处理系统，申请解决广东省怀集监狱“十二五”基础设施建设项目（一标段）施工总承包工程涉及工程计价争议的来函及相关资料收悉。

从2016年4月29日签订《广东省怀集监狱“十二五”基础设施建设项目（一标段）施工总承包合同》（合同编号：建集四建合〔2016〕投05号）显示，本项目地点在广东省四会市二广高速公路四会济广段南侧，资金来源为财政资金，发包人为广东省怀集监狱（以下简称发包人），后更名为广东省肇庆监狱，采用公开招标方式，由广州市第四建筑工程有限公司（以下简称承包人）中标承建的施工总承包项目，该项目总建筑面积53870m^2，包括四栋单体工程，合同约定工程质量标准为合格，采用工程量清单计价模式，合同方式为综合单价及项目措施费包干；工期为365日历天。该工程《建设工程施工许可证》的发证日期是2016年5月6日。依据所上传的项目资料，经研究，现对来函涉及的工程计价争议事项答复如下：

一、关于“营改增”后安全文明施工措施费调整方法的争议问题

本项目合同签订时间为2016年4月29日，施工许可证日期为2016年5月26日。双方认为该项目符合《广东省住房和城乡建设厅关于营业税改增值税后调整广东省建设工程计价依据的通知》（粤建市函〔2016〕1113号）（以下简称《调整通知》）有关规定，拟对合同价格进行调整，但对安全文明施工措施费的调整方法产生争议。发包人认为合同约定本项目为措施费包干，应遵守“营改增”的文件精神，为保证“营改增”前后造价不变，应按原合同安全文明施工费×（1＋3.477％）＝调整后安全文明施工费×（1＋11％）的方式进行调整。承包人则认为应按原合同安全文明施工费×（1＋11％）的方式进行调整。

根据《关于明确执行〈关于营业税改征增值税后调整广东省建设工程计价依据的通知〉有关事项的通知》（粤建造函〔2016〕234号）文件的精神，符合《调整通知》第七条规定且2016年4月30日前已按“营改增”前的计价规定进行招投标或签署施工合同的建设工程项目，如招标文件或施工合同中未考虑“营改增”因素，发承包双方可依据《调整通知》和财税部门的规定，通过协商签订施工合同补充协议以明确“营改增”后价款调整方法。

建议发承包双方根据文件精神先行协商“营改增”后价款调整方法并签订施工合同补

充协议。若双方不能达成一致意见，建议按《调整通知》中措施项目费的调整方法进行调整。分部分项工程费以招标控制价中的分部分项工程费除税后金额为计算基础，做如下调整：

以费率计算的安全文明施工措施费，结合内含的进项税额与计费基数的变化，按下式调整：除税安全文明施工措施费率＝定额安全文明施工措施费率×综合调整系数；以分部分项费用为计费基础的，综合调整系数为 1.22；以人工费为计费基础的，综合调整系数为 1.09。

二、关于电线配管暗敷墙面开凿和修复工程量计算的争议

本项目在暗敷电线管施工中，发生墙面开凿和修复，双方对此计价产生争议。发包人认为安装定额说明及广州市建设工程造价管理站公开信回复，墙面的开凿和修复已经综合考虑在线管敷设子目中，不能另外计算；承包人认为原投标清单电气配管并未包含墙体开凿及修复的费用，且墙体开凿及修复投标清单列有电气配管暗敷墙体开凿及修复的费用。

经查实，该项目为施工总承包项目，根据合同通用条款 62.1 条的约定，该项目的计量规则和计价办法，以国家标准《通用安装工程工程量计算规范》GB 50856—2013 为准，并非以定额规定作为标准。根据国家规范工程量清单项目编号 030411001 配管的清单已包含了预留沟槽的工作内容，投标报价时应在相应清单项目考虑预留沟槽的费用。而沟槽修复费用，建议双方核实招标文件，是否在招标工程量清单特征中描述或另有约定，再据此确定计算方法或以缺漏项处理。

三、关于桩长工程量计算的争议

本项目在计量桩的长度时，双方对桩长计算的约定文字“入土桩的长度”有分歧。发包人认为合同条款中桩基础工程结算约定桩长按实际入土桩长桩的长度（含桩尖）计算即打桩完成后交付时的入土长度计算；承包人认为结算桩长应根据实际施工的桩基础工程现场记录表，桩长工程量按实际入土桩的长度（含桩尖）计算。

经查实，根据合同专用条款 72.4.2 第四点的约定，工程量按实际施工工程量结算，与国家标准《房屋建筑与装饰工程工程量计算规范》GB 50854—2013 关于桩长按“设计图示尺寸计算”的规则不一致，应由双方依据招标投标时的真实合意，明确“按实际施工工程量结算”的含义，协商确定桩长。

专此函复。

广东省建设工程标准定额站
2019 年 10 月 21 日

关于华邦国际中心项目（AH040108、AH040110 地块）总承包工程项目涉及工程计价争议的复函

（粤标定函〔2019〕230 号）

广州福铭置业有限公司、广州福川商务有限公司、中国建筑第二工程局有限公司：

2019 年 8 月 28 日，你们通过广东省建设工程造价纠纷处理系统申请解决华邦国际中心项目（AH040108、AH040110 地块）总承包工程项目涉及工程计价争议的来函及相关资料收悉。

从 2018 年 5 月 28 日签订的《华邦国际中心项目（AH040108、AH040110 地块）总承包工程施工合同》显示，本项目地点在广州市海珠区琶洲西区，由发包人广州福铭置业有限公司和广州福川商务有限公司联合开发，采用公开招标方式，承包人中国建筑第二工程局有限公司负责承建，承包范围详见本合同的第二条款，合同约定工程质量标准为合格，采用工程量清单计价，工期总日历天数为 802 天。合同约定本工程按承包范围除人工费、主要材料价格可按合同约定进行调差外，其他按综合单价包干、工程量按实结算，措施费总价包干（含模板及脚手架等），总包管理配合费综合包干。依据所上传的项目资料，经研究，现对来函涉及的工程计价争议事项答复如下：

一、关于钢筋按外皮尺寸还是中心线尺寸汇总的争议

本工程钢筋算量统一使用广联达 BIM 土建计量平台 GTJ2018 软件算量，而广联达软件中有“按照钢筋图示尺寸-即外皮尺寸”和“按照钢筋下料尺寸-即中心线汇总”两种计算方法，双方对采用的计算方法发生争议。发包人认为钢筋按中心线汇总，与钢筋的下料长度是一致的，符合钢筋制作加工的实际情况。承包人认为钢筋按外皮汇总，根据（1）合同第四部分清单编制说明中，本工程钢筋配置和结构尺寸以大样图（含基础表、柱表）为准；（2）钢筋图集、施工图纸标注钢筋尺寸均为外皮；（3）根据《广东省建筑与装饰工程综合定额（2010）》213 页计算规则第 4.3 第 2 条“现浇、预制构件钢筋制作安装工程量，按设计长度乘以单位理论重量以质量计算”；（4）有类似相关工程案例，中山市分站已给出的答复。

我站认为，广联达 BIM 土建计量平台 GTJ2018 软件算量的差异应咨询该公司给予回复，但不作为工程量计算规则依据。按照合同协议书第 5.2 款约定采用工程量清单计价模式。根据《房屋建筑与装饰工程工程量计算规范》GB 50854—2013 钢筋工程量计算规则为“按设计图示钢筋（网）长度（面积）乘单位理论质量计算。注：除设计（包括规范规定）标明的搭接外，其他施工搭接不计算工程量，在综合单价中综合考虑”，故钢筋长度

按中心线计算，其弯曲调整值应在综合单价中综合考虑。

二、关于钢筋的计算规则，“四舍五入＋1”还是“向上取整＋1”的争议

发包人认为在满足施工规范的前提下，按“四舍五入＋1”更符合现场实际情况；承包人认为本工程是超高层写字楼，“向上取整＋1”是结构安全需要。我站认为，根据《房屋建筑与装饰工程工程量计算规范》GB 50854—2013 钢筋工程量计算规则为“按设计图示钢筋（网）长度（面积）乘单位理论质量计算”，故本工程钢筋计算应按设计图示长度计算。

专此函复。

广东省建设工程标准定额站
2019 年 11 月 6 日

关于普宁市人民医院内科大楼建设项目涉及工程计价争议的复函

（粤标定函〔2019〕231号）

普宁市人民医院、建粤建设集团股份有限公司：

2019年7月10日，你们通过广东省建设工程造价纠纷处理系统，申请解决普宁市人民医院内科大楼建设项目涉及工程计价争议的来函及相关资料收悉。

从2018年3月28日签订的《普宁市人民医院内科大楼建设项目工程勘察设计施工总承包合同》显示，本项目地点在普宁市流沙大道30号东侧（原慢性病防治中心），资金来源是除上级专项补贴外，不足部分由建设单位自筹解决。发包人为普宁市人民医院，采用公开招标方式，由建粤建设集团股份有限公司（联合体牵头人、施工单位）、汕头市潮汕水电勘察有限公司（联合体成员、勘察单位）、广东新长安建筑设计院有限公司（联合体成员、设计单位）中标承包，承包范围为普宁市人民医院内科大楼建设项目勘察、设计、施工总承包。合同约定勘察、设计成果文件须符合国家现行的相关规范要求，工程施工质量要求达到“合格”或“合格”以上。采用定额计价方式，合同价款为施工费暂定合同价，工程竣工结算时，工程量按实计算，根据定额及相关结算条款编制结算，依中标下浮率调整后进行结算，工期为690日历天。工程结算定额和取费依据，按《建设工程工程量清单计价规范》GB 50500—2013、《广东省建设工程计价通则（2010）》《广东省建筑与装修工程综合定额（2010）》《广东省市政工程综合定额（2010）》《广东省安装工程综合定额（2010）》、《广东省园林绿化工程综合定额（2010）》及《广东省住房和城乡建设厅关于营业税改征增值税后调整广东省建设工程计价依据的通知》（粤建市函〔2016〕1113号）等有关文件规定及普宁市、揭阳市取费标准进行工程结算编制，人工、机械台班费按普宁市、揭阳市施工期有关部门规定计取。根据上传的项目资料，经研究，现对来函涉及的计价争议事项答复如下：

一、关于旋挖咬合灌注桩的争议

本项目设计图纸中基坑支护桩为旋挖咬合灌注桩，我省现行定额没有相对应的子目，双方就此旋挖咬合灌注桩的定额子目计取问题产生争议。发包人坚持以工程造价管理站回复的意见为准；承包人认为，应套用《广东省建筑与装饰工程综合定额（2010）》旋挖成孔灌注桩子目A2-84和入岩增加费子目A2-85计取旋挖咬合灌注桩费用。我站认为，根据《咬合式排桩技术标准》JGJ/T 396—2018中术语的定义，咬合式排桩是混凝土灌注桩相互咬合搭接形成的具有挡土和止水作用的连续桩墙，施工顺序为先行间隔施工被咬合的混凝土灌注桩（Ⅰ序桩），后续施工并与相邻Ⅰ序桩咬合的混凝土灌注桩（Ⅱ序桩）。钢筋混凝土桩在混凝土素桩初凝后再进行咬合搭接，由于混凝土初凝后不会达到入岩强度（初凝时间为水泥加水拌合起，至水泥浆开始失去塑性所需的时间。终凝时间从水泥加水拌合起，至水泥浆完全失去塑性并开始产生强度所需的时间），故可借用旋挖成孔灌注桩子目，但不需计取入岩增加费。

二、关于基坑土方开挖套用定额的争议

本项目基坑施工是先进行基坑支撑梁、加固板及钢立柱的施工，后进行土方开挖，双方对此施工工艺是否属于盖挖法、是否套用基坑大开挖子目时产生争议。发包人坚持以工程造价管理站回复的意见为准；承包人认为，此类情况应套用基坑大开挖子目，按盖挖法土方开挖，机械为主，人工为辅。我站认为，根据《地下工程盖挖法施工规程》JGJ/T 364—2016 中术语的定义，盖挖法是“在盖板及支护体系的保护下，进行土方开挖、结构施工的一种地下工程施工方法”；此外，定额“A.1 土石方工程”章说明规定，“盖挖法是指先施工地下室某层楼板结构，然后在该楼板结构以下开挖土方的施工方法”。根据双方提供的施工图及施工方案的描述，施工图基坑设计总说明 10 施工顺序为“场地平整—灌注桩，立柱桩施工—开挖至压顶标高，浇筑压顶梁内撑梁—井点降水—分层开挖—基坑开挖到底、逐个开挖、浇筑承台……”施工方案的施工顺序为“①支护灌注桩、支撑桩及坑顶截水沟和安全护栏；②第一层土方开挖（－1.3m 以上），并完成冠梁、支撑梁施工；③第二层土方开挖（－1.3～2.8m）……⑨第八层土方开挖（－10.3～11.0m），并完成坑底排水沟、集水井等施工”，从二者的描述看均不符合盖挖法施工特征，因此，不应套盖挖法挖土方，应套用一般土（石）方开挖相应子目。

专此函复。

广东省建设工程标准定额站
2019 年 11 月 6 日

关于惠州市金龙大道改造项目涉及工程计价争议的复函

（粤标定函〔2019〕232号）

惠州市公用事业管理局、惠州市园林管理局、中国建筑股份有限公司：

2019年9月12日，你们通过广东省建设工程造价纠纷处理系统，申请解决惠州市金龙大道改造项目涉及计价争议的来函及相关资料收悉。

由2016年4月21日惠州市人民政府（甲方）与中国建筑股份有限公司（乙方）签订的《惠州市惠新大道及梅湖大道、四环路南段、金龙大道、小金河大道、市西出口改造五项市政基础设施PPP项目合作合同》显示，惠州市金龙大道改造工程项目（以下简称：本工程）位于惠城区江北东区段，南起惠城区三环北路，向北经过江北东区，从三环北路至广仍路新建综合管廊，总长度6.8km，合同约定的工程造价预结算执行依据为：单项工程项目的预结算（含设计变更）执行《2010年广东省综合定额》《建设工程工程量清单计价规范》GB 50500—2013和广东省、惠州市工程造价管理文件。工程结算采取按惠州市工程预结算审核中心审定预算单价执行，工程量按经审查合格的施工图进行计算，变更部分按实签证列入结算，灯具、设备的使用应符合市财政审定预算及设计的要求。措施费用按经批准的施工组织设计、专项施工方案、现场确认记录并经有关部门确认后进行计取。鉴于本工程处于编制预算阶段，现对来函涉及的综合管廊拉森钢板桩引孔计价争议答复如下：

惠州市金龙大道改造工程主要为管廊结构工程，管廊土方开挖时深度在5.8～7.8m时，设计为12m的Ⅳ型拉森钢板桩支护，由于地质原因，钢板桩现场无法沉桩，设计采用直径为400mm引孔钻孔后进行打拔拉森钢板桩，双方对引孔计价发生争议。发包人认为应以咨询造价管理部门意见为依据。承包人认为，本项目钢板桩由于地质原因现场无法沉桩，经监管单位、设计单位和监理单位共同同意后，在钢板桩施工前增加引孔工作内容，此部分费用应予以计取；另外由于引孔孔径为400mm，孔径小，且孔与孔之间并排施工，施工难度较大，且《2010广东省综合定额》中无类似子目进行计价，应根据现场施工记录表进行工效对比和成本测算，提出了按现场实际工效出具钢板桩引孔补充定额的意见。我站认为，根据《广东省市政工程综合定额（2010）》第一册通用项目D.1.3桩工程中的打拔拉森钢板桩子目（D1-3-17～D1-3-20）工作内容“1.打拉森钢板桩：钢板桩装、卸和运输，打钢板桩。2.拔拉森钢板桩：拔桩，运转、堆放，回程运输”规定，未包含本工程设计采用的引孔钻孔施工工艺和工作内容，应予另行计算引孔费用，但无相应定额子目套用，建议双方根据现场施工记录表进行工效对比和成本测算数据协商计算相应费用。

专此函复。

广东省建设工程标准定额站

2019 年 11 月 7 日

关于翠湖香山国际花园地块五（一期）精装修工程项目涉及工程计价争议的复函

（粤标定函〔2019〕233号）

珠海九控房地产有限公司、湖南省衡五建设有限公司：

2019年8月7日，你们通过广东省建设工程造价纠纷处理系统申请解决翠湖香山国际花园地块五（一期）精装修工程项目涉及工程计价争议的来函及相关资料收悉。

从2016年1月12日签订的《翠湖香山国际花园地块五（一期）精装修工程》（合同编号：ZHCH-5-B-BG-2015-100）显示，本项目位于珠海市高新区金凤路东、金唐东路南翠湖香山国际花园地块五范围内，资金来源是企业自筹，发包人为珠海九控房地产有限公司，采用公开招标方式由湖南省衡五建设有限公司负责承建，具体承包范围详见该施工合同协议书第二条款，合同约定工程质量标准为合格，采用清单计价方式，合同价格形式为固定总价合同，工期总日历天数为300天。依据所上传的项目资料，经研究，现对来函涉及超高降效费计价争议事项答复如下：

本项目合同清单有安装部分的超高降效费，没有装修部分的超高降效费清单，双方对超高降效费是否属于措施费包干项产生争议。发包人认为本项目合同是固定总价，超高降效费是措施费，招标文件约定措施费包干，不应另计。承包人认为超高降效费按定额规定属于分部分项工程费，应有项目特征描述，或者单独列项放入分部分项工程费中，存在项目特征不符或者漏项。

我站认为，本项目施工合同通用条款第62.1条工程计量和计价的依据为国家标准《建设工程工程量清单计价规范》GB 50500—2013，依据《通用安装工程工程量计算规范》GB 50856—2013，附录N（通用安装工程）措施项目，双方争议的“超高降效费”属于合同清单安装部分，即安装清单规范中“清单项目编码031302007高层施工增加”措施项目费，根据《房屋建筑与装饰工程工程量计算规范》GB 50854—2013规定、装修部分的“超高降效费”应属于“项目编码011704001超高施工增加”措施项目费。

根据招标文件，项目概况及招标内容11.4条“项目措施费是指完成招标工程量清单所需的所有措施费用，投标人应当根据招标项目具体情况，以‘项’列清单报价”“对于招标人确认的设计变更、工程洽谈、工程量增减，措施费不予调整；对于因政策调整或其他原因导致工程规模缩减、工程终止，措施费按实调整；重复计算的内容按实调整”、11.10条投标报价风险“招标工程量清单的项目、数量及格式不得修改。否则，一旦中标，中标人将必须无条件接受招标人按照有利于招标人的原则对造价进行调整”、施工合同专用条款30.2款：承包人风险中其他事项“1. 本工程采用固定总价合同模式，投标总价在招标文件及施工合同约定的风险范围之内不可调整。”与“4. 投标报价中应包括工程量清单项目所发生的人工费、材料费、机械费、管理费、利润、项目措施费、规费、税金、配合费、暂定金额以及施工合同包含的所有风险、责任等各项应有费用，承包人漏报或不报，发包人将视为有关费用已包括在工程量清单项目的其他单价及合价中而不予支付。因此导致承包人损失的，发包人不予赔偿。”等规定，以及本项目合同文件组成及优先顺序为施工设计图纸优于工程量清单的约定，“超高降效费”是否应属于措施费清单漏项，与合同约定的工程量清单项目措施费包干不一致，应由双方依据招标投标时的真实合意，明确措施费包干的范围，协商确定超高施工增加费。

专此函复。

广东省建设工程标准定额站

2019 年 11 月 6 日

关于国通外贸产业城一期 A区工程项目计价争议的复函

（粤标定函〔2019〕244号）

广东国通物流城有限公司、汕头市建安（集团）公司：

2019年8月26日，你们通过广东省建设工程造价纠纷处理系统申请解决国通外贸产业城一期A区工程项目计价争议的来函及相关资料已收悉。

从2016年4月签订的《国通外贸产业城一期A区工程施工合同》（合同编号：GTLC-GCGL_WMC1Q20160801）显示，本项目地点在广东省佛山市顺德区陈村镇白陈公路石洲路段国通物流城，资金来源是企业自筹，发包人广东国通物流城有限公司采用邀请招标方式，由汕头市建安（集团）公司负责承建。承包范围为国通外贸产业城一期A区工程施工内容。合同约定工程质量标准为佛山市建设工程优质奖标准或通过发包人按照佛山市建设工程优质奖评选标准自行组织的评审标准，结算时由施工单位根据《广东省建设工程计价通则（2010）》《广东省建设工程计价依据（2010）》等依据编制施工图预算，经发包人确认后乘以中标下浮系数，作为结算单价及进度款的支付依据，工期总日历天数为450天。依据所上传的项目资料，经研究，现对来函涉及的工程计价争议事项答复如下：

一、关于降水、排水计价的争议

合同约定预算包干费包含承包人施工范围内的降水、排水措施费用，该费用包干使用不作调整。但施工过程中存在基坑支护渗水，相邻标段造成的外渗水的抽、排水费用增加的问题，双方就预算包干费中的降水、排水费用如何理解及区分所占比例存在争议。发包人认为无需区分所占比例，因本工程为费率招标，在招标文件所附合同中已写明预算包干费已含承包人施工范围内的降水、排水措施费用，承包人在投标前已对项目现场条件进行了解踏勘，并在投标时，综合考虑所有因素，才填报投标下浮率，故降水、排水费用在预算包干费及中标下浮率中已综合考虑。承包人认为：（1）根据《广东省建筑与装饰工程综合定额（2010）》规定的预算包干费和合同约定的“降水、排水费用”仅含抽、排施工范围的自然雨水、地面流水（含污水）以及降、排渗透进入土壤的自然雨水、地面流水（含污水）工作内容，并不包括抽、排基坑水位内地下水、基坑底部涌水以及基坑支护渗漏水、施工范围外渗水等水体工作内容；（2）其承包的B标段范围不含基坑支护，按合同约定两标段应对各自施工范围抽水、排水工作内容进行预算包干；但基坑支护完成后，业主要求A标段施工范围的基坑先施工，水往低处流而无法清晰界定大量基坑支护渗水，造成A标施工抽、排水成本费用增加，如按预算包干费计取，该按什么比例计取。

我站认为，《广东省建筑与装饰工程综合定额（2010）》中预算包干内容一般包括施工雨（污）水的排除，不含施工过程地下水的降排水。但根据合同专用条款第24.33条款已明确了本工程预算包干费按建筑与装修工程的分部分项工程造价 1.5%计取，该部分已含施工抽水排水的费用，费用包干使用，不作调整，及合同协议书约定“合同价格不因施工组织设计方案的调整而额外增加工程费用。如基坑工程中边坡塌方或雨天（含基坑降水）等应急处理，基坑周边市政道路、行车或建筑的影响等均应考虑在施工组织及报价的风险因素中；相邻标段对本标段的影响而增加的相应措施或降效费以及基坑围护措施等费用应考虑在施工组织及报价的风险因素中。”也做了清晰的界定。同时，投标人在招标投标阶段如有疑问，应进行澄清，并充分考虑所有因素后再做报价。因此，根据合同的契约精神，本项目约定的预算包干费是已包含施工降水、排水费用，不应另行计算。

二、关于湿土划分的争议

本工程地下常水位平均标高为黄海标高 1.47m ，是否应以采取降水措施后的常水位作为干湿土的划分标准。发包人认为根据合同约定预算包干费已包含承包人施工范围内的降水、排水措施费用；根据《广东省建筑与装饰工程综合定额（2010）》P10 页第（二）1 点说明“干湿土的划分……如采用降水措施的，应以降水后的水位为地下常水位。”本工程现为施工图预算阶段，现场出现积水，是施工单位未按合同采取抽水降水措施，故此工程不需按湿土计取。承包人认为《广东省建筑与装饰工程综合定额（2010）》P10 页第（二）1 点说明“干湿土的划分，以地下常水位为准划分，地下常水位以上为干土，以下为湿土。”且因本项目地质条件为粉细泥质土，饱和含水，采取降水措施，但无法降低地下常水位。故此工程需按湿土计取。

我站认为，根据合同约定预算包干费已包含承包人施工范围内的降水、排水措施费用，按《广东省建筑与装饰工程综合定额（2010）》A.1 章说明规定，对“干湿土的划分……以地下常水位为准划分，地下常水位以上为干土，以下为湿土，如采用降水措施的，应以降水后的水位为地下常水位。”故本工程应以降水后的水位为地下常水位，降水后的地下常水位以上为干土，以下为湿土。

三、关于流砂划分的争议

根据本工程的地勘报告，地下水位以下细砂，平均含水率为 48.5%，本工程采用基坑支护围蔽，但施工过程中存在基坑支护渗水，以及相邻标段造成的外渗水等问题，导致此部分土质含水量增加，呈流砂形态，双方就此部分细砂是按一、二类土计价，还是按流砂计价产生争议。发包人认为地勘报告只能证明是细砂的形态，现本工程采用基坑支护围蔽，如受动力水影响而呈现流动状态的细砂才属于流砂，此部分细砂依据《广东省建筑与装饰工程综合定额（2010）》第 13 页附表土壤及岩石（普氏）分类表按一、二类土计价；现阶段为施工图预算，按地勘报告细砂按一、二类土计价，结算时如有流砂，按现场签证结算。承包人认为：（1）根据地质勘察资料，该淤泥与泥质细砂混杂层均在地下常水位以下，含水饱和，液化等级属严重，不宜集中降水；（2）同一基坑分 A、B 两标段，本工程承包施工范围为 A 标段，业主要求 A 标段基坑先施工，水往低处流且基坑支护的止水帷幕失效，基坑开挖时大量地下水夹带泥砂从基坑外涌入开挖基坑内，两者都加重了常水位下土层液化程度，淤泥与泥质细砂混杂呈烂泥或流砂状态；（3）开挖时只能采取沟槽排水措施，无法有效降低地下水位。综上所述，根据地质资料及结合现场该地质层应套用“A1-33 挖土机挖淤泥流砂自卸汽车运淤泥流砂”定额子目进行计价。

我站认为，根据地质勘察资料，本工程砂土层为粉（细）砂、淤泥质粉（细）砂，而流砂是受动水的影响下呈现流动状态的细砂，是细砂的一种状态。故在施工图预算阶段应根据定额，按一、二类土计价，结算时如有流砂，按现场签证结算。

四、关于挖淤泥、流砂计量的争议

根据《广东省建筑与装饰工程综合定额（2010）》第10页第2点“挖淤泥、流砂工程量，按挖土方工程量计算规则计算；未考虑涌砂、涌泥，发生时按实。”双方就预、结算地质资料中的淤泥、流砂计算产生争议。发包人认为施工图预算按地质勘查资料计算，结算按施工中实际发生的淤泥、流砂、涌砂、涌泥等签证资料计算。承包人认为涌砂、涌泥，发生时按实计算，挖淤泥、流砂按地质勘查资料计算。

我站认为，根据合同协议书规定“工程量按实结算，除经发包人批准的有效工程变更或经发包人确认的有效现场签证、材料价差调整（钢筋、商品混凝土）外，其他人工、材料、机械一律不作调整。”故本工程施工图预算按地质勘查资料计算，结算按施工中实际发生的淤泥、流砂、涌砂、涌泥等签证资料计算。

五、关于地下室模板超高计价的争议

根据《广东省建筑与装饰综合定额（2010）》第1139页第四条规定“地下室楼板按相应子目的工日、钢支撑及载货汽车用量乘以系数1.20计算”中系数1.2考虑哪些内容，本工程部分区域高度约为8m，超过3.6m部分应如何调整，双方产生争议。发包人认为根据定额规定，系数1.20已综合考虑了高度、厚度等因素。承包人认为根据《广东省建设工程重要造价文件汇编》中模板工程章说明，地下室楼板高度超过3.6m时，超过部分按相应的每增加1m以内子目计算，套用“A21-57板模板”计算。

我站认为，应根据《关于印发2010年广东省建筑与装饰工程综合定额问题解答、勘误及补充子目的通知》（粤建造函〔2011〕039号）附件二模板工程章说明“地下室楼板支模高度超过3.6m每增加1m按相应子目的工日、钢支撑及载货汽车消耗量乘以系数1.20计算。”的规定执行。

六、关于脚手架计价的争议

本工程外墙脚手架高度达190.53m，施工方案采用分层悬挑托架（采用型钢工字钢、槽钢）方式搭设外墙脚手架，《广东省建筑与装饰工程综合定额（2010）》第1201页第一条第2点“高层脚手架50.5～200.5m还包括托架和拉杆的费用。”双方就高层脚手架是否含分层悬挑托架的费用产生争议。发包人认为根据定额规定，施工方案中采用分层悬挑托架已在定额中综合考虑，无需按实调整；合同第40页约定“脚手架、模板费用＝按实际竣工图纸以合同规定的计量规则计算清单工程量乘以双方确认的施工图纸预算清单综合单价”和第41页第12.3.1计量原则第（1）条“由于承包人的不良施工方案造成的超工作量、不予计量。”故本工程脚手架不考虑施工方案，以施工图纸和工程量清单计算规则计算。承包人认为：（1）根据定额子目工料机内容，未显示相关托架及悬挑脚手架的材料；（2）《建筑施工扣件式钢管脚手架安全技术规范》JGJ 130—2011明确悬挑脚手架的设置、构造；（3）外脚手架方案已由监理，管理单位、建设单位确认同意施工，以及经专项方案专家组三次审定确认，建设单位亦明确严格按照方案执行；（4）合同第20页，“承包人对项目经理的授权范围”也明确项目经理应按监理工程师批准的施工组织设计（施工方案）……组织施工。故外墙综合脚手架悬挑部分工作内容，应套用《佛山市建设工程补充定额（2013）》“F-1-24 悬挑脚手架支架”定额计算。

我站认为，根据双方提供的施工合同第 41 页约定计价文件为“《广东省建设工程计价通则（2010）》《广东省建筑与装饰综合定额（2010）》《广东省安装工程综合定额（2010）》……”定额是按照相关的标准、规范要求，综合考虑各种因素，采用社会平均水平取定工料机的配置、消耗量和价格。因此除合同和定额另有说明外，应按定额规定执行，不予调整。

七、关于计算凿槽、刨沟的争议

本工程安装的电线管预埋、暗敷由总承包单位施工，现砌体采用蒸压加气混凝土砌块，双方就是否应计算凿槽、刨沟的费用产生争议。发包人认为根据广州市建设工程造价管理站于 2015 年 12 月 16 日回复中建四局第一建筑工程有限公司、广州珠江侨都房地产有限公司“《关于申请建设工程计价依据解释的报告》的复函”说明“《广东省安装工程综合定额（2010）》中电气线管安装子目中的工作内容不包含砖墙的开槽和补槽，定额的考虑是在土建的时候就算预留好线管的位置，如果在实际施工中发生了开槽工作，不得另行计算开槽费用。但假如是设计变更或者二次装修引起的开槽，则能够另外计算开槽费用。”本工程特征不属于因设计变更或二次装修，参考复函，预算暂不考虑开槽费用。承包人认为：(1) 根据砌体定额工作内容说明，未预留沟槽工作内容；(2) 根据《通用安装工程工程量计算规范》GB 50856—2013 中，D. 11 配管、配线清单注释第 7 点“配管安装中不包括凿槽、刨沟，应按本附录 D. 13 相关项目编码列项。”综上所述，应根据清单列项，按工作内容套用相应定额计算。

我站认为，根据双方提供的施工合同第 41 页约定计价文件为“《广东省建设工程计价通则（2010）》《广东省建筑与装饰综合定额（2010）》《广东省安装工程综合定额（2010）》……”本项目采用定额计价，则应按定额相关规定执行，而不应按清单计量规范规定作为解释依据。工程施工范围为土建、水电安装、预留预埋等施工与管理，定额的考虑是在土建的时候即预留好线管的位置，故电气线管安装子目中的工作内容不包含砖墙的开槽和补槽。因此，“凿槽、刨沟”等相关费用不作考虑。若应设计变更或者二次装修引起的开槽，则费用另计。

八、关于管材含量及管件含量的争议

本工程雨水管及排水立管采用柔性接口机制抗震排水铸铁管，橡胶圈密封不锈钢卡箍连接，套用铸铁排水管（卡箍连接）定额，双方对定额的管材含量及管件含量是否需按实调整产生争议。发包人认为本工程施工范围仅为雨水管及排水立管，不包含排水横支管，参考《广东省通用安装工程综合定额（2018）》第十册《给排水、采暖、燃气工程》关于铸铁排水管、铸铁雨水管的相关规定，管材含量及管件含量按实调整。承包人认为根据合同文件第 41 页，第 12. 3. 3 条规定，按 2010 年省定额计算，定额中的管材和管件含量，已综合考虑，无需按实调整。

我站认为根据双方提供的施工合同第 41 页约定计价文件为“《广东省建设工程计价通则（2010）》《广东省建筑与装饰综合定额（2010）》《广东省安装工程综合定额（2010）》……”定额是按照相关的标准、规范要求，综合考虑各种因素，采用社会平均水平取定工料机的配置、消耗量和价格。因此，不适用 2018 定额的相关规定，故除合同和定额另有说明外，定额中的管材和管件，含量不予调整。

九、关于土方开挖调整工日的争议

本工程地下室土方大开挖深度分别为：－9.05m，－9.55m，－13.75m，土方开挖按人机配合，机械挖土按94%，人工辅助按6%计算。该部分地下室人工辅助的土方开挖，是否按《广东省建筑与装饰综合定额（2010）》第11页第9点“地下室人工挖土深度超过1.5m时，按‘地下室人工挖土方超深增加工日表’”调整工日计算。发包人认为本工程地下室开挖为非人工开挖，套用机械大开挖土方，另外6%计算人工辅助开挖，故不应按定额规定的地下室人工挖土深度超过1.5m时增加工日。承包人认为应按地下室人工挖土调整工日。

我站认为，本工程地下室土石方开挖为机械大开挖，机械大开挖过程中出现的人工消耗量是属于辅助开挖的人工，不能按照地下室人工挖土深度超过1.5m时增加工日的规则再计人工费用。

十、关于细石混凝土保护层的争议

本工程屋面细石混凝土（砂浆）找平（坡）层及防水卷材细石混凝土保护层，按《屋面工程技术规范》GB 50345—2012规范需要留设分格缝，双方就分隔缝是按楼地面细石混凝土找平层计价还是按屋面细石混凝土刚性防水计价。发包人认为本工程屋面施工图采用柔性防水，不是细石混凝土刚性防水；屋面细石混凝土（砂浆）找平（坡）层按楼地面细石混凝土找平层计价，防水卷材细石混凝土保护层按楼地面细石混凝土面层计价。承包人认为根据《屋面工程技术规范》GB 50345—2012第10页，4.4.3关于找平层做法要求及第19页4.7.3及4.7.4关于保护层做法要求，与定额屋面刚性防水做法及部位相一致，应套用相应屋面刚性防水子目计价。

我站认为，根据设计变更洽商函（2018年12月26日2号），C20细石混凝土找坡层应套用楼地面细石混凝土找平层。如屋面保护层是按《屋面工程技术规范》GB 50345—2012设分格缝，可按屋面细石混凝土刚性防水定额换算计价。

十一、关于空桩计算的争议

本工程采用旋挖成孔灌注桩，平均桩长40m，其中空桩的平均长度为8.0m，双方就空桩的计价产生争议。发包人认为根据合同文件第41页，第12.3.3条规定，工程采用《广东省建筑与装饰工程综合定额（2010）》或《佛山市建设工程补充定额（2013）》，空桩借用旋挖成孔灌注桩定额，应扣除未发生的工作内容，如混凝土材料、灌注机含量、人工含量等。承包人认为：（1）根据《佛山市建设工程补充定额（2013）》，没有空桩定额子目；（2）旋挖成孔灌注桩综合定额，已综合考虑整个成孔过程中实桩和空桩部分的人机材消耗量。在编制工程量清单时，只需要设置实桩清单，调整混凝土材料量。

我站认为，根据双方提供的合同文件第41页第12.3.3条，工程计价采用《广东省建筑与装饰综合定额（2010）》。空桩应单独列项计算，空桩可借用旋挖成孔灌注桩定额，同时扣除未发生的混凝土材料及相关机械含量，浇筑混凝土人工参照相关定额比例扣减。

专此函复。

广东省建设工程标准定额站

2019年11月18日

关于韶关监狱“十二五”基础设施建设项目场地平整及施工监管围墙工程计价争议的复函

（粤标定函〔2019〕272号）

广东省韶关监狱、广东宇晟建设工程有限公司：

2019年9月16日，你们通过广东省建设工程造价纠纷处理系统，申请解决关于韶关监狱“十二五”基础设施建设项目场地平整及施工监管围墙工程计价争议问题的来函及相关资料收悉。

从2016年12月19日签订《韶关监狱“十二五”基础设施建设项目场地平整及施工监管围墙工程》显示，本项目地点在韶关市浈江区犁市镇北韶关监狱内，资金来源为财政资金，发包人为广东省韶关监狱（以下简称发包人），采用公开招标方式，由广东宇晟建设工程有限公司（以下简称承包人）中标承建的项目，该项目内容包括拆除危旧房屋约36219余平方米及拆除建筑垃圾外运，场地土方外运量约6.5万m^3，建设场地5m高施工监管围墙约760余米，临时施工监管值班室一间约$50m^2$，监狱围墙新开施工大门一处（高5m×宽5m），配套附属监控安防设施等一批（具体以工程清单为准），合同约定工程质量标准为合格，采用工程量清单计价模式，合同方式为综合单价及项目措施费包干；工期为90日历天。依据所上传的项目资料，经研究，现对来函涉及的工程计价争议事项答复如下：

一、关于钢筋拆除回收综合单价的争议问题

本工程“钢筋拆除回收”清单项目的投标报价中的综合单价为－415元/t，招标控制价综合单价为－700元/t，投标综合单价超过招标控制价综合单价285元/t，双方就工程结算时，应执行投标时的综合单价还是招标控制价的综合单价产生争议。发包人认为，根据合同专用条款68.1款“约定合同价款：合同价款即为中标价款。合同价款中包括的风险范围：投标综合单价项目在整个合同执行期间，价格、费用均不作任何调整，且投标报价中的综合单价不得超过招标控制价公布函中相应的综合单价控制价”的规定，目前结算阶段仍属合同执行期间，应执行68.1款投标报价中的综合单价不得超过招标控制价的综合单价控制价，审核结算综合单价按－700元/t计算。承包人认为投标清单作为招标投标文件的一部分，是经过严格招标投标程序审核的，是参建主体双方确认的组成文件，且双方签订的合同条款中也约定“68.1约定合同价款：合同价款即为中标价款”的规定，且投标文件中的清单综合单价（包括钢筋拆除回收清单综合单价）在没有设计变更的情况下不予调整，应按参建主体双方均以确认的原投标清单综合单价计量计价。

经查，根据本工程合同专用条款68.1款“约定合同价款：合同价款即为中标价款。

合同价款中包括的风险范围：投标综合单价项目在整个合同执行期间，价格、费用均不作任何调整，且投标报价中的综合单价不得超过招标控制价公布函中相应的综合单价控制价”和专用条款 72.4 款约定“调整承包人报价偏差的方法：如出现承包人在工程量清单中填报的综合单价高于发包人招标控制价相对应的综合单价，则结算时按招标控制价的综合单价×（1－投标下浮率）进行调整。”我站认为，“钢筋拆除回收”清单项目的投标报价中的综合单价为－415 元/t，超过招标控制价综合单价为 285 元/t，应该执行专用条款 72.4 规定，结算时按招标控制价的综合单价×（1－投标下浮率）进行调整。

二、关于工期延期处罚的争议问题

本项目合同约定工期总日历天数为 90 天，工程于 2016 年 12 月 21 日开工，2017 年 5 月 26 日通过竣工验收，施工工期为 157 天。双方就工期延期处罚产生争议。发包人认为本项目工程联系单上同意工期顺延 48.5 天，其顺延天数中包含元旦、春节等法定节假日共 8 天，根据《广东省建设工程施工标准工期定额》的规定：标准工期综合考虑了冬期施工、雨期施工、一般气候影响、常规土质、节假日等因素，故法定节假日不予顺延，最终实际顺延 40.5 天，实际施工工期为 116.5 天，共超期 26.5 天，按合同约定误期处罚 2474 元/天，共处罚 72795.5 元（含原一审已扣 25936.5 元）。承包人认为《单项工程结算审核汇总对比表》中扣减违约金额为 108536 元，二审扣减的违约金额为 61677 元，不知为何比一审多扣 46859 元，没有扣减明细，因此不接受此扣减。

我站认为，首先发承包双方应保证建设工程有合理的施工工期，不得任意压缩工期，否则违背了《建筑工程质量管理条例（2019 年 4 月 23 日修正版）》第十条“建设工程发包单位不得迫使承包方以低于成本的价格竞标，不得任意压缩合理工期”的相关规定，则相应的违约条款亦属无效条款。其次，本项目的工期应依据《广东省建设工程施工标准工期定额（2011）》相关规定计算，需要对工期进行调整的，应提供详细的施工进度计划和确保工程质量安全的赶工措施与施工方案，按规定通过评审是合理且可行的，否则属于任意压缩工期。再者，工期顺延是指施工过程中因非承包人原因影响施工进度，按照施工合同约定增加或补偿施工天数并相应推迟计划竣工日期，因此双方应依据合同约定，对工期延误因素进行分析后确定可以调整的日历天数，合同未有约定或者约定不明的，应依据《广东省建设工程施工标准工期定额（2011）》中一般规定的 3.3 工期的调整规定进行。因此，对于来函提交的签证等资料，尚缺合理支撑，请双方遵循上述原则执行。

专此函复。

广东省建设工程标准定额站
2019 年 12 月 17 日

关于惠州光明学校项目涉及工程计价争议的复函

（粤标定函〔2019〕273 号）

惠州市光正投资有限公司、中建四局第三建筑工程有限公司：

2019 年 9 月 10 日，你们通过广东省建设工程造价纠纷处理系统申请解决惠州光明学校项目涉及工程计价争议的来函及相关资料收悉。

从 2017 年 2 月 27 日签订的《惠州光明学校项目施工合同》显示，本项目地点在惠州市惠城区汝湖镇虾村惠州光明学校内，发包人为惠州市光正投资有限公司，采用邀请招标方式由中建四局第三建筑工程有限公司负责承建，承包范围为惠州光明学校二期（初中宿舍 A、初中宿舍 B 与食堂、高中教学楼和图书馆与办公楼、体育馆与教师公寓、原艺术楼），合同约定工程质量标准为合格，采用定额计价方式，合同价格形式为可调综合单价，工期总日历天数为 280 天。依据所上传的项目资料，经研究，现对来函涉及的宿舍楼阳台建筑面积计算方式争议事项答复如下：

本项目宿舍楼阳台在悬挂板上，外侧为栏板和构造柱，双方就宿舍阳台的建筑面积应按 1/2 计算面积，还是全面积计算产生争议。发包人认为，根据《建筑工程建筑面积计算规范》GB/T 50353—2013（以下简称 13 建筑面积规范），本项目的阳台属于结构外建筑，且栏板一侧敞开，非围合空间，应按 1/2 计算面积。承办人认为，本项目的阳台属于宿舍内阳台，应计算全部面积。我站认为，根据合同专用条款第五条计价依据第 1 款“执行 2010 年《广东省建筑与装饰工程综合定额》《广东省安装工程综合定额》《广东省市政工程综合定额》等；合同签订后政府发出的新计价文号均不作为计价依据。”13 建筑面积规范是在本合同签订前发布的，故本项目建筑面积计算依据应执行 13 建筑面积规范。根据 13 建筑面积规范的规定，第 2.0.22 款“阳台：附设于建筑物外墙，设有栏杆或栏板，可供人活动的室外空间。”第 2.0.23 款“主体结构：接受、承担和传递建设工程所有上部荷载，维持上部结构整体性、稳定性和安全性的有机联系的构造。”第 3.0.21 款“在主体结构内的阳台，应按其结构外围水平面积计算全面积；在主体结构外的阳台，应按其结构底板水平投影面积计算 1/2 面积。”故从本工程结构图上看，宿舍卫生间、阳台板及相关梁柱钢筋混凝土整体浇筑，且 2 层以上柱、梁、板形成有机联系构造，属于主体结构内阳台，依据规范标准该项目阳台应按其结构外围水平面积计算全面积。

专此函复。

广东省建设工程标准定额站
2019 年 12 月 13 日

关于60万吨/年航煤加氢改造及配套工程项目涉及工程计价争议的复函

（粤标定函〔2019〕278号）

中国石化湛江东兴石油化工有限公司、广东茂化建集团有限公司：

2019年9月2日，你们通过广东省建设工程造价纠纷处理系统，申请解决60万吨/年航煤加氢改造及配套工程项目涉及工程计价争议的来函及相关资料收悉。

从2018年5月17日签订的《60万吨/年航煤加氢改造及配套工程项目施工总承包合同》（合同编号：35650000-18-FW0205-0005）显示，本项目地点位于广东省湛江市霞山区湖光路15号，资金来源为企业自筹，发包人为中国石化湛江东兴石油化工有限公司，采用公开招标方式，由广东茂化建集团公司负责承建，承包范围为建筑工程、工艺设备安装、钢结构制作安装、工艺管道安装、电气、电信安装、自控仪表安装、供排水工程、衬里、防火工程、采暖通风工程、设备、管道防腐保温等；工程中涉及的设备拆除、清障等。合同约定工程质量为合格，采用定额计价方式，合同价款形式为暂定总价，合同总工期为118天。依据所上传的项目资料，经研究，现对来函涉及关于“安全生产费1.5%”计取争议的事项答复如下：

本工程合同约定建筑工程执行《广东省建筑与装饰工程综合定额（2010）》、构筑物拆除工程执行《广东省房屋建筑与市政工程修缮综合定额（2012）》及配套定额。执行相应定额取费时，双方就有关安全生产费项目是否应按财企〔2012〕16号有关规定增加1.5%安全生产费产生争议。发包人认为，安全生产费已在相关定额的安全文明施工措施费中综合考虑了，无需另行计取。承包人认为根据财企〔2012〕16号及中石化股份工单建标〔2012〕406号文的说明，安全生产费未包含在定额的安全文明施工措施费中，应该按照文件说明另外计取。

我站认为，依据本项目合同专用条款14.2.1.2款的约定“建筑工程执行《广东省建筑与装饰工程综合定额（2010）》、构筑物拆除工程执行《广东省房屋建筑与市政工程修缮综合定额（2012）》以及广东省、湛江市工程施工期间有关工程计价的现行规定，其中，措施项目费按定额规定计取”。因此，采用定额计价方式，按上述定额计取的措施项目已经包含安全文明施工措施费，即已包含安全生产费，故不应另行计取1.5%安全生产费。

专此函复。

广东省建设工程标准定额站

2019年12月17日

关于东莞恒大绿洲花园（1～12号、综合楼及配套商业）主体及配套建设工程项目涉及工程计价争议的复函

（粤标定函〔2020〕4号）

东莞市泽和实业有限公司、深圳市建筑工程股份有限公司：

2019年9月11日，你们通过广东省建设工程造价纠纷处理系统申请解决东莞恒大绿洲花园（1～12号、综合楼及配套商业）主体及配套建设工程项目涉及工程计价争议的来函及相关资料收悉。

从2015年2月13日签订的《东莞恒大绿洲花园（1～12号、综合楼及配套商业）主体及配套建设工程施工合同》（合同编号：恒粤莞工合字15-〔0-73-6〕006）显示，本项目地点在东莞市宏盈工业区，发包人为东莞市泽和实业有限公司，采用邀请招标方式，由深圳市建筑工程股份有限公司负责承建，承包范围包括地上12栋高层、1栋综合楼、2栋商铺；地下一层车库等的土建、安装及配套工程施工。合同约定工程质量标准为合格，合同范围内除合同约定项目按含税综合单价包干方式计价外，均采用定额计价。依据所上传的项目资料，经研究，现对来函涉及的工程计价争议事项答复如下：

一、关于人工降效及照明费用计取的争议

《广东省建筑与装饰工程综合定额（2010）》总说明第十一条第3点“在洞内、地下室内、库内或暗室内（需要照明）进行施工的工程，按该部分工程的人工费增加40%作为人工降效及照明等费用”，双方就地下室搭拆满堂脚手架、里脚手架是否应按定额规定计取人工降效及照明费用产生争议。发包人认为地下室搭设满堂脚手架是为做天棚抹灰工程、里脚手架是为做砌筑工程及墙面抹灰工程的，此部分都为工程实体，且该部分工程实体已经计取过暗室增加费，故不再重复计取人工降效及照明等费用。承包人认为定额此规定并未说明只计取分部分项实体工程，且地下室满堂脚手架、里脚手架的搭拆也在洞内，同样有人工降效及照明辅助，故应按定额规定计取暗室增加费。

我站认为定额对在洞内、地下室内、库内或暗室内（需要照明）进行施工的工程，规定可以计算其降效和照明等费用，并无区分分部分项工程还是措施工程，或者附带其他约定条件，即表示只要符合定额规定的特殊环境和条件均按此规定综合考虑计算，因此，本项目在地下室的脚手架搭拆可以按此规定增加计算人工降效和照明等费用。

二、关于地下室底板（筏板）套用定额子目的争议

本工程地下室底板（筏板）厚度为350mm、400mm厚，双方对套用定额子目A4-2其他混凝土基础还是A4-3地下室地板子目产生争议。发包人认为筏板厚度大于600mm，

属于基础，厚度小于600mm，属于底板，承台部位在底板底面以上部分按A4-3地下室地板套价，在底板底面以下部分按A4-2其他混凝土基础套价。承包人认为筏板基础应套用A4-2其他混凝土基础。我站依据双方提交的图纸，认为争议部位应按设计图示承台部分套用A4-2子目，地下室底板部分套用A4-3子目。

三、关于固定双层钢筋的铁马凳是否按钢筋以质量计算的争议

2010年定额A.4混凝土及钢筋混凝土工程章中工程量计算规则第4.3条第10点：固定预埋螺栓及铁件的支架、固定双层钢筋的铁马凳、垫铁等，根据审定的施工组织设计，分别按预埋螺栓、预埋铁件和钢筋以质量计算。双方就"固定预埋螺栓"是否对应"预埋螺栓""铁件的支架"是否对应"预埋铁件""固定双层钢筋的铁马凳、垫铁等"是否对应"钢筋"产生争议。发包人认为马凳筋制作材料取材于普通钢筋，故"铁件的支架"对应套用"预埋铁件""固定双层钢筋的铁马凳、垫铁等"对应套用"钢筋"。承包人认为"固定预埋螺栓及铁件的支架"对应"预埋螺栓""固定双层钢筋的铁马凳"对应"预埋铁件""垫铁等"对应"钢筋"。我站认为根据《广东省建筑与装饰工程综合定额（2010）》规定"固定预埋螺栓"应套用预埋螺栓子目，"铁件的支架"应套用预埋铁件子目，"固定双层钢筋的铁马凳、垫铁等"应套用钢筋子目。

专此函复。

广东省建设工程标准定额站

2020年1月3日

关于广东石油化工学院学生宿舍楼二区C栋工程项目涉及结算材料调差计算方式争议的复函

（粤标定函〔2020〕5号）

广东石油化工学院、山东黄河工程集团有限公司：

2019年9月30日，你们通过广东省建设工程造价纠纷处理系统，申请解决广东石油化工学院学生宿舍楼二区C栋工程项目涉及结算材料调差计算方式争议的来函及相关资料收悉。

从2012年12月25日签订的《广东石油化工学院学生宿舍楼二区C栋工程施工合同》（合同编号2012年第449号）显示，本项目地点在茂名市官渡二路139号大院，资金来源为自筹。广东石油化工学院（以下简称发包人）采用公开招标方式，由山东黄河工程集团有限公司（以下简称承包人）负责承建，承包范围包括建筑及装饰装修、排水、电气照明、消防、防雷、电梯等工程的施工，合同约定工程质量标准为合格，采用工程量清单计价方式，合同价格形式为固定单价合同，工期总日历天为240天。依据所上传的项目资料，经研究，现对来函涉及的关于材料调差计算方式的争议事项答复如下：

发包人认为本项目材料价差调差方式应按照茂名市建设局《关于转发广东省建设厅〈关于指导调整建材价格的通知〉的通知》（茂建字〔2004〕12号）文件规定计算材料价差，计算方法为施工期间的信息价平均值（A）与投标时信息价（B）对比，差价超过±10%的规定则作相应调整条件。承包人认为应执行合同通用条款第76.3条款和专用条款第76.1条款规定的材料价差调整（参照财审系统方法）：①当施工期间信息价平均值（A）与合同基准价（B）对比为超过+5%时，期材差调整为：$[A-(B+B\times5\%)]\times$（实际材料数量D）；②当施工期间信息价平均值（A）与合同基准价（B）对比为超过−5%时，期材差调整为：$[A-(B-B\times5\%)]\times$（实际材料数量D）。

我站认为根据专用合同条款第68.2条约定物价变化为可调整因素，物价调整的范围应执行专用合同条款第76.1条款的约定“工程竣工验收合同，按图纸、工程量清单中指定材料规格、品种施工的没有发生变更部分，按中标价结算，其中人工、钢材、水泥、商品混凝土、砌块、铝合金型材、装饰块料、电线电缆施工期间的信息价平均值增减超出合同工程基准日期相应单价或价格5%时，其价差可以调整”。另外，合同通用条款第76.3条款约定材料调差计算方式为下列方法之一：1. 价格系数法；2. 价格调差法；但专用条款中未明确具体调整方法。建议发承包双方依据通用合同条款的约定签订补充协议明确材料的调整方法。

专此函复。

广东省建设工程标准定额站
2020年1月3日

关于御江苑二期项目计价争议的复函

（粤标定函〔2020〕7号）

广州市共青河贸易有限公司、茂名市建筑集团有限公司：

2019年11月25日，你们通过广东省建设工程造价纠纷处理系统申请解决御江苑二期项目涉及工程计价争议的来函及相关资料已收悉。

从2015年6月签订的《御江苑二期项目施工合同》（合同编号：SF-2013-0204）显示，本项目地点在广州市南堤二马路36-40号，资金来源是企业自筹，广州市共青河贸易有限公司（以下简称发包人）采用公开招标方式，由茂名市建筑集团有限公司（以下简称承包人）负责承建，承包范围为御江苑二期的土建工程、装修工程、安装工程、消防工程、弱电工程及区内市政道路、给水排水、其他配套等工程。合同约定工程质量标准为合格，工期总日历天数为1140天。本合同总造价为暂定价，工程结算按施工图纸及会审记录、设计变更、双方审定的施工方案、现场签证等实际完成的工程量计算。土建、装修装饰工程套用《广东省建筑与装饰工程综合定额(2010)》，安装工程套用《广东省安装工程综合定额(2010)》，市政工程套用《广东省市政工程综合定额（2010)》，上述未选定计价定额或者选定定额没有的项目，参照现时实行的相关定额计价或由双方根据实际消耗量及市场价格确定项目单价。现根据所上传的项目资料，经研究，对来函涉及的计价争议事项答复如下：

一、关于基坑支护支撑梁拆除的计价争议

本项目基坑支护支撑梁拆除，根据审定的施工方案和现场实际的施工工艺，是采用机械切割，汽车吊拆除，手持式风镐修整支撑梁与连续墙交接处切口，双方对基坑支护支撑梁拆除套用定额子目产生争议。发包人认为地下基坑支护项目是建筑物地下室施工采用的措施项目，也是城市地下空间利用的市政工程项目，该项目属本工程中所包含的市政工程项目，其性质、特征和工作内容完全符合适用市政定额里的机械拆除子目D1-4-73；况且土建定额也没有机械切割拆除的相应子目，按合同规定定额缺项时也应参照现行的相关定额计价。承包人认为此为土建、装饰装修工程，应按发包人提供且经承包人认可的预算书套用建筑与装饰定额子目A20-79计算。

我站认为，根据本项目合同专用条款第68.2条约定工程结算按施工图纸及会审记录，设计变更，双方审定的施工方案，现场签证等实际完成的工程量计算。内支撑拆除及换撑专项施工方案中内支撑拆除采用机械切割，汽车吊拆除方式，该施工工艺与《广东省建筑与装饰工程综合定额（2010)》P1103章说明第五条“拆除工程按手工操作工艺考虑”不同，定额A20-79钢筋混凝土梁子目不适用；而《广东省市政工程综合定额（2010)》中

D. 1. 4. 6 拆除混凝土障碍物，D1-4-73 拆除混凝土障碍物—机械拆除（有筋）该定额子目的机械是采用风动凿岩机和内燃空气压缩机，与本项目施工方案工艺不同，定额子目不适用。因此，该拆除方式属于上述未选定计价定额或者选定定额缺项的项目，现时实行的相关定额也无适用的定额子目，双方应根据合同专用条款第 68. 2 款的第 4 条约定，发承包双方应结合施工方案，根据实际消耗量及市场价格确定项目单价。

二、关于基坑支护垂直运输的争议

本项目场地狭窄、基坑较深，因基坑采用内支撑体系无法设置出土口，因此双方对基坑支护是否能计取垂直运输费用产生争议。发包人认为土方开挖的垂直运输费已包含在所计算的子目中，其余项目包含在地下室面积计算子目内。承包人认为根据地下室的定义，基坑支护及土石方工程不属于地下室范畴，此工程基坑支护形式为连续墙加支撑梁，不能设置常规的出土口由汽车运输土石方及材料，且无法计算建筑面积，应根据 A. 23 垂直运输工程章说明“不能计算建筑面积且高度超过 3. 6m 的工程（如围墙），垂直运输费按其人工费的 5%计算。”

我站认为，垂直运输费用是指建筑物或构筑物需要增加垂直运输设备而产生的费用，本项目土石方工程由于场地原因无法设置出土口需要垂直运输，应先由合同双方确认土石方运输施工方案，参考机械垂直运输土方相关子目或办理施工签证处理。

专此函复。

广东省建设工程标准定额站

2020 年 1 月 14 日

关于国有企业职工家属区供水设施维修改造及相关服务（第一批）项目计价争议的复函

（粤标定函〔2020〕8号）

广州市自来水公司，广州自来水专业建安有限公司：

2019年10月24日，你们通过广东省建设工程造价纠纷处理系统，申请解决关于国有企业职工家属区供水设施维修改造及相关服务（第一批）项目计价依据争议的来函及相关资料收悉。

从2018年9月14日签订的《国有企业职工家属区供水设施维修改造及相关服务（第一批）合同》（合同编号：SGY-HT-18005-A-01）显示，本项目地点在广州市白云区等六区，资金来源是自筹。广州市自来水公司（以下简称发包人）采用公开招标方式，由广州自来水专业建安有限公司（联合体主办方）（以下简称承包人）和广州市市政工程设计研究总院有限公司（联合体成员）中标承揽勘察、设计、采购施工总承包。承包范围主要内容包括新装D108×8～D426×10的钢管总长约6470m，DN20～DN50的钢塑管总长约664362m，DN100～DN400的球墨铸铁管，总长约65911m及相关的配套设备。合同约定工程质量标准为合格，工程竣工通水日期为2018年12月31日。合同约定，总承包工程费以经招标人委托的第三方造价咨询机构或财政部门审定的施工图预算乘以（1－投标下浮率）计算，并作为拨付工程进度款及竣工结算依据，经核定的预算单价作为结算单价，并预算编制的依据为相关定额。依据所上传的项目资料，经研究，现对来函涉及的项目计价所使用的定额存在争议答复如下：

本项目除个别小区采用原点置换外，全部废除小区旧供水系统，新建或整体更新改造小区整套供水系统，由于采用施工图预算下浮作为结算，双方在专用合同条款第5.8.9承包人提交的施工图预算编制的依据与原则中包含“（4）国家、广东省以及广州市有关工程造价方面的相关规定和办法（以提交施工图预算时政府部门公布的最新版本为准，结算时不予调整），如《广东省建设工程计价通则（2010）》《广东省市政工程综合定额（2010）》《广州市市政工程补充综合定额（2011）》《广东省安装工程综合定额（2010）》《广东省建筑与装饰工程综合定额（2010）》《广东省园林绿化工程综合定额（2010）》等”，但对于其中所列的综合定额之外其他专业定额，是否可以作为计价依据使用产生了争议。

发包人认为该条款已明确应执行的专业定额，“等”并不代表可以扩大使用范围。承包人认为该条款后续使用“等”即代表没有列出的定额，例如《广东省房屋建筑和市政修缮工程综合定额（2012）》，如果适用则应作为计价依据，理由是根据《中华人民共和国合同法》第39条规定："格式条款是当事人为了重复使用而预先拟定，并在订立合同时未与对方协商的条款"；该合同条款中使用"等"的表述，是发包人为了在招标项目中重复使用而预先拟定，并在订立合同时未与承包人协商的条款，属于格式条款；对格式条款的理解发生争议的，应当按照通常理解予以解释，对格式条款有两种以上解释的，应当作出不利于提供格式条款一方的解释。

我站认为本工程合同范围为新建管道为主，发承包双方在合同约定了施工图预算的编制要求和采用的计价依据文件，且与第5.8.8条承包人提交的初步设计概算编制的依据与原则是一致的，并无对定额使用范围有所增减。因此从合同的整体理解看，投标人是基于所列定额的计价水平进行投标报价的，本工程应按照合同条款所列的定额编制施工图预算。

专此函复。

广东省建设工程标准定额站

2020年1月14日

第五部分

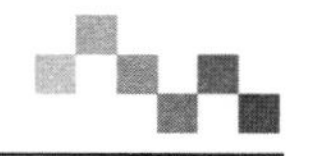

新冠肺炎疫情法律问题及应对建议

工程造价受新冠肺炎疫情事件影响涉及的相关法律问题及应对建议

2020年伊始，新冠肺炎疫情突然暴发，给社会经济活动带来很多不利影响，有关行业涌现出诸多亟待解决的问题，政府有关部门为此先后发文，规范处于疫情这一特殊时期的法律法规和指导性文件。为合力降低疫情影响，及时化解工程纠纷，我站组织邀请法律专家解答工程造价从业人员关心的与疫情防控有关的商事合规问题和法律问题，助力工程造价领域依法依规维护各方权益，共同推动疫情防控和有序复工复产。

为协助广大工程造价从业人员了解工程造价涉及与疫情相关的法律问题，提前做好工程造价争议解决规划，保障工程项目顺利实施，法律专家团队迅速撰写整理本稿，供大家参考，为各方妥善处理工程造价问题提供支持。

本稿由上海科汇律师事务所王先伟律师主审，共分为四章，第一章新冠肺炎疫情的法律性质及后果和第二章新冠肺炎疫情对发包人的影响及其应对建议由广西同望律师事务所刘少威、黄强光两位律师共同执笔，第三章新冠肺炎疫情对承包人的影响及其应对建议由广东建联律师事务所谢煌贵律师执笔，第四章新冠肺炎疫情对项目其他关联方的影响及其应对建议由广东楷泓律师事务所律师袁楚鹏律师执笔。参与解答和审核的法律界专家有朱宏伟、田荣、郭秀桂、李锦船、黄罗平、周林飞、陈广鹏、刘义、彭宁、郭雁熙、周利明、宋歌、詹秦、李嘉仪、张旗、唐涛、黄良钦、刘红霞、张皓、李彪、陈旭刚、谭福龙、谭国戬、白峻、傅显扬、黄志春等。

注：本稿为法律专业人士交流内容，涉及观点不代表我站观点，但如有遗漏或不妥，欢迎予以指正。

第一章　新冠肺炎疫情的法律性质及后果

1. 新冠肺炎疫情是否属于不可抗力？

2019年12月底始发于武汉的新冠肺炎疫情，在2020年1月波及全国各地。2020年1月20日，国家卫健委发布公告，将新冠肺炎纳入《中华人民共和国传染病防治法》规定的乙类传染病，并采取甲类传染病的预防、控制措施；1月30日，世界卫生组织（WHO）宣布新冠肺炎疫情为“国际关注的突发公共卫生事件”（PHEIC）；为控制疫情蔓延，国家及各地政府均就人员流动、交通、生产、商业等方面实施了相应严格的限制措施，导致在春节假期结束后全国各地仍限制复工。即使在2020年2月中旬各地陆续复工后，由于缺乏防疫物资、部分重点区域仍限制人员流动等原因，部分企业仍缺乏复工条件。

就本次发生的新冠肺炎疫情，部分地方法院已经出台相关意见，认为本次新冠肺炎疫情对因此不能履行合同或及时行使权利的当事人而言属于“不能预见、不能避免、不能克服”的客观情况，依据《中华人民共和国民法总则》第180条和《中华人民共和国合同法》（以下简称《合同法》）第117条的规定构成不可抗力。如广州市中级人民法院《关于充分发挥司法职能作用服务打赢疫情防控阻击战的意见》（2020年2月26日）、浙江省高级人民法院《关于审理涉新冠肺炎疫情相关商事纠纷的若干问题解答》（2020年2月13日）、江苏省高级人民法院《关于为依法防控疫情和促进经济社会发展提供司法服务保障的指导意见》（2020年2月14日）、广西壮族自治区高级人民法院《关于审理涉及新冠肺炎疫情民商事案件的指导意见》（2020年2月20日）、宁波市中级人民法院《关于加强疫情防控、援企稳岗商事审判工作的实施意见（试行）》（2020年2月12日）等指导意见均认为新冠肺炎疫情构成不可抗力。

2. 疫情作为不可抗力对合同履行有什么影响？应当满足什么条件？

（1）疫情作为不可抗力对合同履行的影响。

认定本次疫情为不可抗力，在符合免责事由的前提下，依据《合同法》的规定可发生以下法律后果：

1）《合同法》第117条规定，因不可抗力不能履行合同的，根据不可抗力的影响，部分或者全部免除责任，但法律另有规定的除外。

2）《合同法》第94条规定，因不可抗力致使不能实现合同目的，可以解除合同。

就部分免除责任，包括以下情形：

1）对于不能按约定时间履行合同义务的，可以免除逾期责任，顺延履行期限；

2）对于部分不能履行的合同，可以免除不能履行部分的责任，根据当事人要求变更合同为部分履行。

（2）适用不可抗力免责事由应满足的条件。

浙江省高级人民法院在《关于审理涉新冠肺炎疫情相关商事纠纷的若干问题解答》第二条中认为，新冠肺炎疫情虽属不可抗力，但并非对所有商事合同的履行都构成阻碍。对于在疫情发生前签订的商事合同，当事人一方以受新冠肺炎疫情影响，导致合同不能履行为由，要求解除合同的，需要结合合同签订时间、履行期限届满的时间节点、采取替代措施的可行性及履约成本等因素，综合考量疫情对于商事合同履行的影响程度，区分具体情况，依法做出处理。

广西壮族自治区高级人民法院在《关于审理涉及新冠肺炎疫情民商事案件的指导意见》中认为，认定不可抗力的关键要素是结合个案考虑同时满足“不能预见、不能避免、不能克服”的要件，以及准确认定不可抗力和后果之间的因果关系。合同履行中遇到疫情或者政府及有关部门实施疫情防控、应急措施，但没有导致当事人不能按照合同履行义务的，不能认定为不可抗力。并且，不可抗力作为免责事由，仅在不可抗力影响所及的范围内不发生责任，在此范围内可以认定为完全免责；如果不可抗力与债务人的原因共同构成损害发生的原因，则应根据原因力大小，判令债务人承担相应部分的责任。

宁波市中级人民法院在《关于加强疫情防控、援企稳岗商事审判工作的实施意见（试行）》第二条中认为，对疫情是否构成不可抗力免责事由的认定，应结合合同预期、疫情影响程度、是否不可归因于当事人、是否与合同履行不能之间具有因果关系等情形进行审查。

结合《合同法》的规定并参考部分法院的观点，疫情作为合同不能履行或者解除的免责事由，需要满足如下条件：

1）疫情发生前，合同已成立且尚未履行完毕，不存在因延迟履行导致合同受不可抗力影响的情形；

2）疫情对于当事人履行合同义务而言，具有“不可预见、不能避免、不能克服”的特征；

3）合同义务不能履行或者迟延履行由疫情所造成，与疫情有必然的因果关系。

3. 什么情况下不能以不可抗力作为免责事由？

（1）疫情对合同履行没有影响或影响显著轻微，不满足当事人所主张的免责范围。

浙江省高级人民法院在《关于审理涉新冠肺炎疫情相关商事纠纷的若干问题解答》第2点中认为，疫情对合同履行没有影响的，应当按约继续履行，当事人一方以疫情属不可抗力为由，要求解除合同的，不予支持；疫情对合同履行虽有一定影响，但未导致合同不能履行或未导致履行对一方当事人明显不公平、不能实现合同目的等情形的，应当鼓励交易，可以引导当事人通过变更履行期限、履行方式、部分合同内容等方式，继续履行合同。一方当事人以疫情属不可抗力为由要求解除合同的，原则上不予支持。

宁波市中级人民法院在《关于加强疫情防控、援企稳岗商事审判工作的实施意见（试行）》第四条中认为，不宜认定构成不可抗力免责事由的情形包括：

1）疫情造成合同履行不便、合同履行成本增加，但未造成履行不能；

2）当事人受疫情影响显著轻微，而拒绝履行合同或者迟延履行的。

广西壮族自治区高级人民法院在《关于审理涉及新冠肺炎疫情民商事案件的指导意见》第三点中认为，不可抗力作为免责事由，仅在不可抗力影响所及的范围内不发生责任，在此范围内可以认定为完全免责；如果不可抗力与债务人的原因共同构成损害发生的原因，则应根据原因力大小，判令债务人承担相应部分的责任。

南京市中级人民法院在《关于妥善审理商事合同纠纷案件促进中小微企业稳定发展的实施意见》第4点中认为，疫情对合同履行的影响符合不可抗力构成要件的，应当认定不可抗力抗辩成立，并根据不可抗力的影响，依法部分或全部免除责任；疫情与未依约履行事实之间无法律上因果关系的，应当认定不可抗力抗辩不成立。要防范债务人以疫情为由、以不可抗力为名逃避合同义务。

（2）因迟延履行后发生不可抗力的。

根据《合同法》第117条规定，在当事人迟延履行后发生不可抗力的，不能免除责任。

宁波市中级人民法院在《关于加强疫情防控、援企稳岗商事审判工作的实施意见（试行）》中认为，疫情出现之前当事人已经违约或者预期违约的不宜认定构成不可抗力免责事由。

（3）未采取合理措施导致损失扩大的，对扩大损失部分不能以不可抗力为由免责。

根据《合同法》第118条的规定，当事人一方因不可抗力不能履行合同的，应当及时通知对方，以减轻可能给对方造成的损失。受疫情影响不能履行合同的一方，未采取合理措施导致损失扩大的，对扩大损失部分不能以不可抗力为由主张免责。

4. 在不可抗力之外，是否可以依据情势变更原则依法变更或者解除合同？

《最高人民法院关于适用〈中华人民共和国合同法〉若干问题的解释（二）》（法释

〔2009〕5号）第26条规定，合同成立以后客观情况发生了当事人在订立合同时无法预见的、非不可抗力造成的不属于商业风险的重大变化，继续履行合同对于一方当事人明显不公平或者不能实现合同目的，当事人请求人民法院变更或者解除合同的，人民法院应当根据公平原则，并结合案件的实际情况确定是否变更或者解除。

依据上述规定，如果疫情对当事人的影响不能被认定为不可抗力，而是继续履行合同对于一方当事人明显不公平或者不能实现合同目的，此时可引用情势变更原则主张变更或者解除合同。

广东省高级人民法院在《关于依法保障受疫情影响企业复工复产的意见》中认为，可引导当事人在疫情消除后根据“不可抗力”或“情势变更”情形，采取顺延期限、调整价格、减少收费、分担损失等形式继续履行合同。

广州市中级人民法院在《关于充分发挥司法职能作用服务打赢疫情防控阻击战的意见》第五点中认为，疫情防控虽不成为当事人履行义务的障碍，但义务的履行对一方当事人明显不公平或不能实现合同目的，当事人请求变更或者解除合同的，适用情势变更规定处理。

江苏省高级人民法院在《关于为依法防控疫情和促进经济社会发展提供司法服务保障的指导意见》第一（5）点中认为，合同成立后因疫情形势或防控措施导致继续履行对一方当事人明显不公平或者不能实现合同目的，当事人起诉请求变更或者解除合同的，可以适用合同法关于情势变更的规定，因合同变更或解除造成的损失根据公平原则裁量。

广西壮族自治区高级人民法院在《关于审理涉及新冠肺炎疫情民商事案件的指导意见》中认为，因疫情原因或者政府及有关部门实施疫情防控、应急措施，继续履行合同对一方当事人明显不公平或者不能实现合同目的，应当按照《最高人民法院关于适用〈中华人民共和国合同法〉若干问题的解释（二）》第二十六条的规定处理。

以上法院指导意见可供参考。

5. 情势变更原则的构成要件和认定关键要素是什么?

根据情势变更的定义和疫情的特点，一些地方法院对情势变更的认定标准做出了较为详细的规定。

宁波市中级人民法院在《关于加强疫情防控、援企稳岗商事审判工作的实施意见（试行）》中认为，当事人基于情势变更原则主张变更或者解除合同的，应当满足以下条件：

（1）疫情是否使当事人赖以存在的客观情况发生变化；

（2）客观情况的变化是否具有可预见性；

（3）客观情况的变化是否发生在合同签订后、履行完毕前；

（4）客观情况的变化是否属于商业风险；

（5）继续按原合同执行是否存在显失公平。

广西壮族自治区高级人民法院在《关于审理涉及新冠肺炎疫情民商事案件的指导意见》第四条第2点中认为，当事人在案件中主张因新冠肺炎疫情适用情势变更规则时，需要举证证明变更事项与其处于重大不利状态具有直接因果关系、相应变更事项非因其原因引起、不属于商业风险且不可预见。如新冠肺炎疫情防控、应急措施的采取导致合同当事人的缔约基础（对价机制、定费依据、履行条件等）发生变更，继续维持原合同效力会导致合同当事人权利义务失衡的。

依据法律规定并参考各地方法院指导意见，合同当事人如果主张情势变更，需同时满足以下几个构成要件：

(1) 疫情发生前，合同已成立且尚未履行完毕；

(2) 合同成立时可预见的基础条件发生重大变化；

(3) 该重大变化是因疫情导致的结果，与疫情有必然因果关系；

(4) 该重大变化在订立合同时无法预见、其发生不可归责当事人且不属于商业风险范畴的；

(5) 该重大变化导致继续履行原合同条款对一方当事人明显不公平或者权利义务严重失衡。

6. 当事人合同权利义务受疫情影响，如何正确选择适用不可抗力、情势变更来主张权利?

不可抗力和情势变更存在相似之处容易混淆，在因疫情导致发生损失、价格发生重大变化、合同无法履行等情形时，应当正确选择适用不可抗力或者情势变更。

广州市中级人民法院《关于充分发挥司法职能作用服务打赢疫情防控阻击战的意见》第五条规定，疫情防控对当事人履行交付货物、提供劳务等合同义务而在生产、运输等环节造成不能克服障碍的，适用不可抗力规定处理；疫情防控虽不成为当事人履行义务的障碍，但义务的履行对一方当事人明显不公平或不能实现合同目的，当事人请求变更或者解除合同的，适用情势变更规定处理。

如果疫情导致合同实际上无法履行或者迟延履行，比如因政府停工命令、交通管制导致必备的材料无法进场、员工无法上班等，则可适用不可抗力的规定处理。

如果疫情影响下合同仍然可以履行，但因合同据以定价的人工、材料设备、机械等价格发生重大变化，继续履行合同将导致对其中一方严重不公平或不能实现合同目的，此时可适用情势变更的规定处理。

7. 疫情对 PPP 项目各方主体产生何种影响?

疫情对 PPP 项目的政府、社会资本方、施工方、融资方可能会产生如下影响：

(1) 在项目招标前，疫情可能导致需要重新评估项目的风险和成本，从而制定更合理、妥当的项目投资、回收计划和招标文件。

(2) 在项目招标投标环节，可能对招标投标程序开展产生影响，包括不能及时递交标书、不能按时开标评标、不能按时签署合同等。如果上述情形确实是受疫情影响造成，则根据实际情况合同调整各环节的时间，适当予以延长。

(3) 在项目建设环节，疫情可能导致工期、成本均发生变化，从而对社会资本方的投资回报期、投资成本产生重要影响。

(4) 在项目经营环节，疫情可能导致社会资本方的经营收益下降甚至亏本而导致项目各方权益发生重大变化，政府和社会资本方可以结合相关协议的约定，依据不可抗力、情势变更、公平原则等，对项目考核标准、移交期限、特许经营收费标准等进行调整，合理分担风险。

8. 疫情对工程总承包各方主体产生何种影响? 如何处理和应对?

(1) 工程总承包合同下的工期和造价分担规则。

《房屋建筑和市政基础设施项目工程总承包管理办法》于 2019 年 12 月 23 日出台，2020 年 3 月 1 日起正式施行。该办法对建设单位和总包方在工期、造价、风险等方面规定如下：

1）就总包方的责任，第三条规定总承包是指承包单位按照与建设单位签订的合同，对工程设计、采购、施工或者设计、施工等阶段实行总承包，并对工程的质量、安全、工期和造价等全面负责的工程建设组织实施方式。

2）就工程造价，第十六条规定企业投资项目的工程总承包宜采用总价合同，政府投资项目的工程总承包应当合理确定合同价格形式。采用总价合同的，除合同约定可以调整的情形外，合同总价一般不予调整。

3）就合同工期，第二十四条规定建设单位不得设置不合理工期，不得任意压缩合理工期。工程总承包单位应当依据合同对工期全面负责，对项目总进度和各阶段的进度进行控制管理，确保工程按期竣工。

4）就风险分担，第四条规定工程总承包活动应当遵循合法、公平、诚实守信的原则，合理分担风险。第十五条规定，建设单位和工程总承包单位应当加强风险管理，合理分担风险。建设单位承担的风险主要包括：

①主要工程材料、设备、人工价格与招标时基期价相比，波动幅度超过合同约定幅度的部分；

②因国家法律法规政策变化引起的合同价格的变化；

③不可预见的地质条件造成的工程费用和工期的变化；

④因建设单位原因产生的工程费用和工期的变化；

⑤不可抗力造成的工程费用和工期的变化。具体风险分担内容由双方在合同中约定。

根据以上规定，工程总承包遵循了如下两个方面的要求：首先是由总承包单位全面负责项目工期和造价；其次是强调合同约定，合同应当对不可抗力造成的工程费用和工期变化的风险进行约定；再者是合理分担风险。

应当注意，由于《房屋建筑和市政基础设施项目工程总承包管理办法》为国务院部门规章而非行政法规，并且该办法是到 2020 年 3 月 1 日起才正式施行，对在此之前发生的疫情缺乏溯及力。

（2）疫情对未成立总承包合同的影响。

预计本次疫情将对项目建设的工期、造价产生重要影响，在总承包合同成立之前，双方需要高度重视疫情可能对工期、造价产生的影响，并在合同中就工期、价款调整的条件、方式做出明确、可行的调整机制。

（3）疫情对已成立总承包合同的影响。

在总承包合同成立后，如果合同约定了明确、合理的价款和工期调整方式，则可按照合同约定处理。

如果合同对此没有约定、约定不明或约定不合理导致不能适用的，受损失一方可以参照《住房和城乡建设部办公厅关于加强新冠肺炎疫情防控有序推动企业开复工工作的通知》第二（五）条、广东省高级人民法院《关于依法保障受疫情影响企业复工复产的意见》第八点、广州市中级人民法院在《关于充分发挥司法职能作用服务打赢疫情防控阻击战的意见》第五点关于妥善处理疫情导致合同纠纷的相关意见，以及《房屋建筑和市政基础设施项目工程总承包管理办法》第 15 条关于风险分担的规定，要求对工期、价款价款进行调整，双方合理分担风险。

9. 疫情对物资采购合同有何影响？如何处理？

受疫情影响，发包人或者施工方所签署的物资采购合同可能迟延履行或者无法履行。就疫情所产生的影响，买卖双方可根据合同中关于履行期限、价格风险的相关约定处理。如果合同对此没有约定、约定不明或约定不合理导致不能适用的，可参考下述情形处理：

（1）如果疫情导致合同约定的供货义务无法履行，货物供应方可以以不可抗力为由主张免责及解除合同；

（2）如果疫情导致货物发送迟延，但仍可以履行的，货物供应方可以依据不可抗力主张免除迟延履行责任，顺延履行期限；

（3）如果疫情导致货物采购价格涨幅过大，如果按原定价格履行将导致供应商亏损，供应商可以主张情势变更并要求调整合同价款或者解除合同；

（4）如果疫情导致货物迟延发送，并且该迟延发送将导致合同目的无法实现的，采购人或供应商可以依据不可抗力主张解除合同，对因此发生的损失由双方各自分担。

第二章　新冠肺炎疫情对发包人的影响及其应对建议

10. 在项目前期进行工程估算、概算、预算编制阶段，发包人应如何处理疫情引发的变化？

在项目前期进行工程估算、概算、预算编制阶段，发包人应当充分考虑疫情对工程项目造价和工期等可能产生的影响，对疫情可能引发的风险做出预判，考虑相应的价款和工期并在后续的招标文件或者合同中予以约定。

疫情可能引发的风险一般包括：（1）新增疫情防控措施费用；（2）因疫情引发的材料和人工等费用异常波动；（3）政府管制导致项目停工窝工；（4）因疫情导致工人和物资保障不到位而延长工期；（5）因项目停工而导致其他损失承担；（6）赶工费用；（7）合同解除的损失等其他风险。

对于上述风险，若无合同约定、约定不明或不能适用的，均可能引发纠纷。建议发包人在项目前期编制估算、概算、预算阶段时应充分考量上述风险的影响，并在招标文件或合同中对风险分担做出明确、合理的约定。

11. 在项目发出招标公告后、投标截止前发生疫情的，发包人应如何应对疫情引发的变化？

在发布招标公告后、投标截止前发生疫情的，招标人可以依法修改招标文件，根据上题所述疫情可能引起的各种风险，补充疫情相关内容，并适当延长投标的时间。《中华人民共和国招标投标法实施条例》第二十一条规定，招标人可以对已发出的资格预审文件或者招标文件进行必要的澄清或者修改。澄清或者修改的内容可能影响资格预审申请文件或者投标文件编制的，招标人应当在提交资格预审申请文件截止时间至少 3 日前，或者投标截止时间至少 15 日前，以书面形式通知所有获取资格预审文件或者招标文件的潜在投标人；不足 3 日或者 15 日的，招标人应当顺延提交资格预审申请文件或者投标文件的截止时间。

12. 在项目定标后签署合同之前发生疫情，如疫情对中标项目的建设工期、工程价款等产生实质性影响的，发包人可采取哪些救济措施？

投标人递交投标文件后，招标人经过评标、定标后合同即成立，对招标投标双方具有约束力，任何一方不得单方解除或者变更。

《最高人民法院关于审理建设工程施工合同纠纷案件适用法律问题的解释（二）》第十条规定，当事人签订的建设工程施工合同与招标文件、投标文件、中标通知书载明的工程范围、建设工期、工程质量、工程价款不一致，一方当事人请求将招标文件、投标文件、中标通知书作为结算工程价款的依据的，人民法院应予支持。但是，若发承包双方按疫情暴发前提交的招标投标文件签订施工合同将导致承包人亏损及违约，建议中标人与招标人进行协商，在中标合同中明确疫情导致的实质性变更或另签补充协议。

13. 因疫情导致发包人经营状况发生重大变化并导致缺乏支付能力，发包人能否要求调整进度款支付时间？

疫情可能导致发包人经营状况发生重大变化，并导致缺乏支付能力。发包人的主要合同义务是支付工程款，该义务是否能履行与疫情之间可能存在间接的因果关系，但疫情发生并不必然导致发包人缺乏支付能力，因此发包人一般不能要求迟延支付工程款或者免除迟延付款而引发的违约责任。

浙江省高级人民法院在《关于审理涉新冠肺炎疫情相关商事纠纷的若干问题解答》第4点中认为，金钱债务的迟延履行除对方当事人同意外，一般不得因不可抗力而免除责任。债务人主张因新冠肺炎疫情免除因迟延付款产生的利息及其他经济损失赔偿责任的，一般不予支持。

广西壮族自治区高级人民法院在《关于审理涉及新冠肺炎疫情民商事案件的指导意见》第三条中认为，不可抗力作为免责事由，并不是所有的给付义务均能适用。对于金钱债务，一般不得因不可抗力而免除给付义务。

14. 因疫情导致发包人投资该项目的目的不能实现，发包人能否解除合同？

为准确适用不可抗力，应当对合同目的含义进行准确理解。

在建设工程纠纷的视野下，发包人的主要合同目的一般限于有形的建设工程成果，即由施工方按照约定的设计、工期、价格完成施工活动交付竣工的各类建筑工程。合同目的要符合签约时的可预期性和确定性，如某项工程明确用于某个固定时间，迟延完成就不再具有使用价值，此时因疫情影响导致工期延误，发包人的合同目的将无法实现，可以解除合同。但对于有些情形，虽然发包人的合同目的无法实现，但该合同目的本身就带有随机性和不确定性，此时则不能解除合同。

如因疫情导致经济衰退并导致其投资建设的收益无法达到预期，则不属于合同目的无法实现，不能因此要求解除施工合同。

15. 因疫情防控导致工期延误，应如何计算工期顺延？

《住房和城乡建设部办公厅关于加强新冠肺炎疫情防控有序推动企业开复工工作的通知》第二条第（五）项规定，疫情防控导致工期延误，属于合同约定的不可抗力情形。地方各级住房和城乡建设主管部门要引导企业加强合同工期管理，根据实际情况依法与建设单位协商合理顺延合同工期。

就具体应当如何计算工期顺延期间，可从以下几个方面考虑：

（1）如果在疫情发生之前工程项目应该完工（包含合理的工期顺延），但由于承包人迟延履行未完工的，承包人不能以疫情为由要求顺延工期。《合同法》第一百一十七条规定，当事人迟延履行后发生不可抗力的，不能免除责任。

（2）如果在疫情发生之前，由于发包人原因导致项目顺延的完工时间在疫情发生时点之后的，承包人可以不可抗力主张工期顺延，且与疫情导致工期顺延期间的重叠部分可以重复计算。

（3）政府命令禁止开工的时间，可以作为计算工期顺延的期间的依据。疫情防控期间的起止时间以广东省人民政府启动和终止疫情重大突发公共卫生事件响应的时间为依据确定，当事人主张顺延的工期一般不应超过该防控时长，当事人能另行举证证明因疫情导致延误时长的除外。

（4）工期顺延应当履行的程序要求。在程序上，工期顺延应当经过双方确认，如果双方就此未能形成签证的，依据《最高人民法院关于审理建设工程施工合同纠纷案件适用法律问题的解释（二）》第六条的规定处理。当事人约定顺延工期应当经发包人或者监理人签证等方式确认，承包人虽未取得工期顺延的确认，但能够证明在合同约定的期限内向发包人或者监理人申请过工期顺延且顺延事由符合合同约定，承包人以此为由主张工期顺延的，人民法院应予支持。当事人约定承包人未在约定期限内提出工期顺延申请视为工期不顺延的，按照约定处理，但发包人在约定期限后同意工期顺延或者承包人提出合理抗辩的除外。

（5）在政府管制结束后，对施工方提出继续顺延工期的要求，发包人应如何识别和应对？

新冠肺炎疫情对社会各方面波及非常广，政府管制结束后，仍可能存在因为施工人员不能返岗或者防疫物资缺乏而导致无法复工的情况，此时施工方可基于不可抗力要求工期顺延。发包人审查承包人工期顺延申请时，可综合考虑以下几个因素：1）要求承包人证明存在不能施工的事实；2）要求承包人证明不能施工的事实与疫情之间存在必然因果关系；3）要求承包人证明不能施工的事实而顺延工期长短的合理性；4）审查承包人是否已按合同约定履行通知义务，并采取适当措施避免损失扩大；5）审查是否存在应当由承包人承担责任的其他导致工期延误的事实。

16. 施工项目为应对疫情而新增防疫费用如何承担？

《住房和城乡建设部办公厅关于加强新冠肺炎疫情防控有序推动企业开复工工作的通知》（建办市〔2020〕5 号）要求，因疫情防控增加的防疫费用，可计入工程造价。因此相关防疫费用应该由发包人承担，具体由发承包双方根据实际发生的费用签证确认。

各地住房城乡建设管理部门对该费用也出具了相关指导意见。如广西壮族自治区住房城乡建设厅发布的《自治区住房城乡建设厅关于新冠肺炎疫情防控期间建设工程计价的指导意见》规定，为防控疫情所发生的费用由发包人承担，具体由发承包双方根据实际发生的费用签证确认；郑州市住房城乡建设局发布《疫情防控期间支持建筑企业复工复产的实施意见》明确规定防疫期间施工单位在对应承建项目所产生的防疫成本列为工程造价予以全额追加。

17. 如果因疫情导致材料和人工等价格重大变化，合同关于由承包人承担全部材料和人工等变动风险的约定能否得到执行，应当如何处理？

（1）该类约定可能面临不能执行的风险：

如果合同明确约定所有材料及人工等在任何情况下均不调价，那么在疫情导致材料和人工等价格异常波动的背景下，施工方将可能面临较大亏损，这对建筑市场秩序和工程质量都会产生负面影响。

在未能协商达成一致意见的情况下，承包人可以依据《最高人民法院关于适用〈中华人民共和国合同法〉若干问题的解释（二）》第二十六条的规定，主张因疫情影响继续履行合同对于一方当事人明显不公平或者不能实现合同目的，适用情势变更原则变更或者解除合同。

（2）因疫情导致材料和人工等价格重大变化不调整将导致施工方成本过大并显失公平的，可参考如下规则处理：

1）由双方协商处理。《住房和城乡建设部办公厅关于加强新冠肺炎疫情防控有序推动企业开复工工作的通知》（建办市〔2020〕5号）第二条第5点规定，因疫情造成的人工、建材价格上涨等成本，发承包双方要加强协商沟通，按照合同约定的调价方法调整合同价款。因疫情导致材料和人工等价格重大变化，如按合同约定不调整合同价格，将导致施工方成本过大并显失公平的，双方可以进行协商处理。

2）如果双方不能协商达成一致的，可以依据情势变更请求变更或者解除合同。广州市中级人民法院在《关于充分发挥司法职能作用服务打赢疫情防控阻击战的意见》第五点中认为，疫情防控虽不成为当事人履行义务的障碍，但义务的履行对一方当事人明显不公平或不能实现合同目的，当事人请求变更或者解除合同的，适用情势变更规定处理。

3）双方可根据《建设工程工程量清单计价规范》GB 50500—2013条文说明中第3.4.2、3.4.3条的风险负责原则，人工可参照相关主管部门发布的信息价调整，材料设备可参照“5％以内的价格风险承包人承担，超过部分发包人承担”、施工机械使用费可参照“10％以内的价格风险承包人承担，超过部分发包人承担”的原则调整。

18. 在疫情发生后发包人要求赶工的费用如何承担？

《建设工程工程量清单计价规范》GB 50500—2013第9.10.2条规定，不可抗力解除后复工的，若不能按期竣工，应合理延长工期。发包人要求赶工的，赶工费用应由发包人承担。

《建设工程施工合同示范文本》GF—2017—0201第17.3.2条第（5）项规定，因不可抗力引起或将引起工期延误，发包人要求赶工的，由此增加的赶工费用由发包人承担。

部分地方法院和住房城乡建设管理部门亦认为因疫情导致工程延期复工应合理顺延工期，发包人要求赶工的，相应的赶工费应该由发包人承担，如《江苏省住房城乡建设厅关于新冠肺炎疫情影响下房屋建筑与市政基础设施工程施工合同履约及工程价款调整的指导意见》、绍兴市中级人民法院《涉新冠肺炎疫情建设工程合同纠纷指导意见》均表达上述类似观点。故，因不可抗力导致工期顺延的，发包人要求赶工所增加的费用，由发包人承担。

19. 对承包人所主张的因疫情影响而要求提前支付进度款，发包人如何应对？

按照工程通常标准和履行情况，进度款支付一般是与工程造价和施工进度相匹配的。如果双方经协商确定工程造价进行调增，比如新增用以防控疫情的措施费，则承包人要求新增进度款是合理的，可以在协商调整工程造价时，一并协商新增造价部分的进度款支付方式。

如果双方并未对工程造价进行调增，在施工进度未达合同约定付款条件的情况下，支付进度款与疫情之间并不存在必然因果关系，此时承包人所主张的要求提前支付进度款，缺乏法律及合同依据。

20. 疫情导致的相关损失如何承担？发包人应如何应对？

因疫情可能导致的损失，一般包括材料、设备停放时间过长导致的损坏、人员伤亡、机械停滞台班、周转材料和临时设施摊销费用增加等停工损失、人员工资等。上述因疫情导致的损失如果合同中没有特别约定承担方式，合同当事人可按以下原则合理承担：

（1）已运至施工现场的材料和工程设备的损坏由发包人承担。

《建设工程工程量清单计价规范》GB 50500—2013 第 9.10.1 条第 1 款和《建设工程施工合同示范文本》（GF—2017—0201）通用条款第 17.3.2 条第（1）项规定，发包人运至施工现场的材料和待安装的设备发生损坏应当由发包人承担。发承包双方可以约定运至施工场地用于施工的材料和待安装的设备由承包人保管并承担保管责任，因此发生的费用应由发包人承担。

（2）承包人施工设备的损坏由承包人承担。

《建设工程工程量清单计价规范》GB 50500—2013 第 9.10.1 条第 3 款和《建设工程施工合同示范文本》（GF—2017—0201）通用条款第 17.3.2 条第（2）项规定，承包人施工设备的损坏由承包人自己承担。

（3）发包人、承包人人员伤亡应各自承担。

参考《建设工程工程量清单计价规范》GB 50500—2013 第 9.10.1 条第 2 款和《建设工程施工合同示范文本（GF—2017—0201）》中华人民共和国通用条款第 17.3.2 条第（3）项规定，发包人和承包人承担各自人员伤亡和财产的损失，因工程损坏造成第三人人员伤亡和财产损失的由发包人承担。

（4）因疫情导致承包人机械等周转材料的停滞费用由承包人承担，停工期间必要的人工费由发包人承担。

《建设工程工程量清单计价规范》GB 50500—2013 第 9.10.1 条第 3 款规定，因疫情导致承包人机械等周转材料停滞费用由承包人承担，《建设工程工程量清单计价规范》GB 50500—2013 第 9.10.1 条第 4 款和《建设工程施工合同示范文本》中华人民共和国通用条款第 17.3.2 条第（4）项规定，停工期间留在施工场地的必要的管理人员及保卫人员费用由发包人承担。

从发包人角度，对于承包人提出的承担因疫情所发生的必要人工费的要求，可要求承包人就具体发生的金额承担举证责任，经审查无误后的费用可由发包人承担。

21. 发包人受疫情影响而无法及时履行合同义务而导致停工的损失，发包人能否以不可抗力为由主张免责？

发包人在施工合同中的义务，一般包括支付工程款和其他配合义务，包括交付场地、图纸、交付甲供材料等。如果发包人未履行上述义务，可能导致工程停工并发生停工损失。就此，应当根据合同义务的内容和性质具体分析：

发包人支付工程款的义务与疫情一般不存在必然因果关系，因此不能成为免责事由；

发包人交付场地、图纸、交付甲供材料等义务，则需要结合实际情况来判断是否由于疫情而导致无法交付。如确因不可抗力导致发包人无法及时履行合同义务造成承包人停工损失的，发包人应当顺延工期，双方应将本意见中因不可抗力引起的各种具体损失处理方式就发生的损失予以合理分担。

第三章　新冠肺炎疫情对承包人的影响及其应对建议

22. 受肺炎疫情影响，承包人在什么条件下可以解除施工合同？

承包人在下列条件下可以解除施工合同：

（1）约定解除权。受疫情影响，在符合约定的解除合同条件时，承包人可以解除施工合同。

《合同法》第九十三条规定："当事人协商一致，可以解除合同。当事人可以约定一方解除合同的条件。解除合同的条件成就时，解除权人可以解除合同。"该条文规定了合同约定解除权的适用情形，只要不存在违反《合同法》第五十二条导致合同无效的情形，当事人的约定理应有效。

例如，《建设工程施工合同（示范文本）》GF—2017—0201 通用条款第 17.4 条关于解除合同的约定："因不可抗力导致合同无法履行连续超过 84 天或累计超过 140 天的，发包人和承包人均有权解除合同。"

（2）法定解除权。受疫情影响，有充分证据证明不能实现合同目的或者继续履行合同对承包人明显不公平的，承包人可以解除施工合同。

《合同法》第九十四条第（一）项规定，因不可抗力致使不能实现合同目的，当事人可以解除合同。《最高人民法院关于适用〈中华人民共和国合同法〉若干问题的解释（二）》第二十六条规定："合同成立以后客观情况发生了当事人在订立合同时无法预见的、非不可抗力造成的不属于商业风险的重大变化，继续履行合同对于一方当事人明显不公平或者不能实现合同目的，当事人请求人民法院变更或者解除合同的，人民法院应当根据公平原则，并结合案件的实际情况确定是否变更或者解除。"根据上述规定，因疫情导致合同目的不能实现的或明显不公平的，当事人可以解除合同。

但基于鼓励合同继续履行原则，承包人需慎重使用合同解除权。需要注意的是，若不可抗力仅导致合同在合理范围内存在部分履行不能，可以履行的部分仍应继续履行。

23. 因疫情导致工期延误，承包人是否可以要求顺延工期？

本次疫情已被认定为不可抗力事件，疫情发生后政府先后采取延长假期、延迟复工等措施，客观上已导致工程项目工期延误，该工期延误属于不可归责于承包人的原因，承包人可以对工期延误主张免除违约责任。

承包人计算需要顺延的工期可考虑以下因素：（1）春节假期延长期间；（2）地方行政主管部门规定的迟延复工期间；（3）因疫情排查、防范和控制导致的无法复工时间；（4）受疫情影响，劳动力短缺引起的工期延误；（5）受疫情影响，无法及时采购、租赁建筑材料及机械设备引起的工期延误；（6）因疫情引起施工降效的相关时间；（7）其他受疫情影响而导致的工期延误。

本次疫情被认定为突发公共卫生事件后，为保护人民群众身体健康和生命安全，政府及有关部门采取了相应疫情防控措施。对于因此不能履行施工合同及行使权利的，可基于本次疫情属于不能预见、不能避免并不能克服的不可抗力要求免责。但疫情对工期的影响是否都可以构成工期违约的免责事由，还需根据疫情实际影响的事件进行具体分析。

（1）如本次疫情发生时合同工期已经届满，则疫情发生前的工期延误（即在先工期）与疫情导致的合同履行障碍受损存在直接因果关系。建议发承包双方按以下原则处理：①因承包人单方原因造成在先工期延误时，承包人不得提出不可抗力免责，不能主张工期顺延。②因发包人单方原因造成在先工期延误时，承包人可在不可抗力影响的范围内免责，可以主张工期顺延。③因发承包双方原因造成在先工期延误，应由发承包双方按照造成在先工期延误的过错比例，分担不可抗力造成的违约后果。

（2）如本次疫情发生时合同工期尚未届满，则在先工期延误与本次受疫情影响产生违约损失之间不存在因果关系，即使不存在在先工期延误，但对方仍会因不可抗力导致合同履行障碍受损。因此，针对在先工期延误后、发生在合同工期内的不可抗力，不论因何方原因导致在先工期延误，承包人仍可在不可抗力影响的范围内免责，可主张工期顺延。

同时在计算工期顺延时，并不是简单地把受疫情影响各工序的工期相加，而是要根据工序是否在关键线路上、非关键线路和关键线路是否发生变化、扣除工序搭接时间等综合因素进行确定，处于非关键线路上工序的工期损失不予补偿。如发包人不同意承包人工期顺延的请求时，承包人应按合同约定办理工期索赔或按争议解决条款处理。

24. 本次疫情引起的后果及造成的损失由哪一方承担？

本次疫情引起的后果及造成的损失可按下列方法进行处理：

（1）本次疫情引起的后果及造成的损失在合同中有约定的，按照合同约定执行；

（2）合同未约定、约定不明或不能适用的，发承包双方可以按照建设工程领域的行业惯例（《建设工程工程量清单计价规范》GB 50500—2013、《建设工程施工合同示范文本》GF—2017—0201 的通用条款等）以及发承包双方的交易习惯进行处理；

（3）按照建设工程行业惯例以及双方交易习惯仍不能确定的，可以根据《合同法》第五条规定的公平原则，由发承包双方合理分担因疫情造成的风险和责任；

（4）合同约定显失公平的，发承包双方可以根据工程实际情况及市场因素，按照公平原则，根据《最高人民法院适用〈中华人民共和国合同法〉若干问题的解释（二）》第二十六条情势变更的规定，签订补充协议，合理协商变更施工合同的相关条款。

另，如发承包双方对不可抗力造成的风险和损失已经购买了商业保险，投保人可按保险合同的约定向保险公司索赔。

25. 本次疫情承包人可以向发包人索赔的费用损失一般包含哪些？

施工承包合同中，承包人可以向发包人索赔的费用损失一般包含：（1）永久工程、已运至施工现场的材料和工程设备的损坏，以及因工程损坏造成的第三人人员伤亡和财产损失由发包人承担；（2）停工期间必须支付的工人工资由发包人承担；（3）疫情导致工期延长，增加施工机械设备的租赁费用，双方合理分担；（4）疫情导致工期延长，增加施工周转材料的租赁费用，双方合理分担；（5）疫情导致工期延长，增加的企业管理费用，双方合理分担；（6）疫情导致工期延长，增加的履约担保费用，双方合理分担；（7）因复工需要增加的疫情防护措施费用；（8）疫情引起的市场价格波动较大，人工、材料、机械大幅上涨造成工程造价的增加，首先按合同约定执行。没有约定的，可参照《建设工程工程量清单计价规范》GB 50500—2013 等行业惯例及公平原则合理分担；（9）承包人在停工期间按照发包人要求进行照管、清理和修复工程的费用由发包人承担；（10）发包人因疫情影响工期而要求赶工的，赶工费用由发包人承担；（11）其他因疫情引起的费用损失。

承包人索赔费用损失时，应当准备充分的证据材料，证明确由疫情不可抗力因素造成的费用损失。原则上由于不可抗力造成的各项损失，发承包双方应合理分摊。根据合同约定、行业规范或行业惯例等应由承包人承担的费用损失部分（如承包人人员伤亡和施工机械设备损坏等），承包人无权向发包人索赔。

26. 承包人如何应对新冠肺炎疫情造成的工期延误及财产损失？

（1）承包人应及时与发包人履行本次疫情导致不可抗力的确认手续。疫情发生后，承包人应收集证明不可抗力发生及不可抗力造成损失的证据，并及时认真统计本次疫情所造成的损失。发包人对本次疫情是否属于不可抗力或具体损失的意见不一致的，按施工合同相关条款的约定处理。

（2）承包人应及时履行通知义务。《合同法》第一百一十八条规定："当事人一方因不可抗力不能履行合同的，应当及时通知对方，以减轻可能给对方造成的损失，并应当在合理期限内提供证明。"疫情持续期间，承包人应及时向发包人和监理人提交中间报告，说明不可抗力和履行合同受阻的情况，并于疫情结束后按合同约定的期限或合理期限提交最终报告及相关资料。

（3）向发包人申请工期顺延，并做好证据留存工作。本次因疫情导致的工期延误，可作为承包人申请工期顺延的法定事由。《最高人民法院关于审理建设工程施工合同纠纷案件适用法律问题的解释（二）》第六条规定，"当事人约定顺延工期应当经发包人或者监理人签证等方式确认，承包人虽未取得工期顺延的确认，但能够证明在合同约定的期限内向发包人或者监理人申请过工期顺延且顺延事由符合合同约定，承包人以此为由主张工期顺延的，人民法院应予支持。当事人约定承包人未在约定期限内提出工期顺延申请视为工期不顺延的，按照约定处理，但发包人在约定期限后同意工期顺延或者承包人提出合理抗辩的除外。"因此，主张工期顺延的举证责任在大多数情况下由承包人承担。对此，承包人应当结合当地疫情情况、政府文件等内容，搜集、整理客观的证据材料，证明本次新型冠状病毒性肺炎疫情对施工合同工期产生的影响，严格按照合同约定的步骤向发包人提出工期顺延的申请或索赔报告，并应注意每个步骤的时效及行为要求。如：时间节点、资料要求、接收对象等，确保工期顺延申请的合规性、有效性。需要注意的是，如承包人提出工期顺延申请后，发包人未确认的，承包人应完整保存上述证据，做好后续因工期延误可能发生的其他索赔事项或纠纷的准备。

施工合同对索赔程序有约定的，由双方按合同约定执行。合同没有约定的，建议参照住房城乡建设部和国家工商行政管理总局制定的《建设工程施工合同示范文本》GF—2017—0201通用条款第19.1条"承包人的索赔"承包人在知道或应当知道索赔事件发生后28天内，向监理人递交索赔意向通知书，承包人未在前述28天内发出索赔意向通知书的，丧失要求追加付款和（或）延长工期的权利；递交索赔意向通知书后，应及时上报索赔报告；索赔事件长期持续的，在索赔事件影响结束后28天内，承包人应向监理人递交最终索赔报告。

（4）根据合同约定的程序及时与发包人协商谈判，合理分担其他各项损失。

（5）采取措施减少因疫情所造成的损失。承包人依据不可抗力向发包人主张免责，承包人仍需积极采取措施防止损失进一步扩大，除非发包人特别要求，承包人应当根据项目所在地疫情情况、政府管控措施、工程项目实际需要等合理控制疫情期间的施工成本，及时撤离不必要的现场人员和机械。经发包人同意留在项目现场必要的人员，承包人应注意留存、保管考勤名单、支出费用等相关材料，作为后续费用增加的索赔依据，否则应由承包人对扩大的损失承担责任。

27. 受疫情影响导致主要工程材料、设备、人工价格波动较大的风险由谁承担？

在新冠肺炎疫情解除后，随着大量工地的集中开工，将可能出现用工紧缺、主要建筑材料需求猛增，继而引起人工单价、设备、材料价格的大幅上涨，一般应按以下原则处理：

（1）人工价格的风险承担。合同中有约定调整方法的，按照合同约定执行；合同中对人工价格风险未约定调整办法或约定的调整办法显失公平的，发承包双方应依据工程的实际情况，依据公平原则协商确定并签订补充协议。

（2）材料设备价格的风险承担。合同中有约定材料设备价格调整方法的，按照合同约定执行；合同中没有约定材料设备价格调整办法的，可依据《建设工程工程量清单计价规范》GB 50500—2013 第 9.8.2 条："承包人采购材料和工程设备的，应在合同中约定主要材料、工程设备价格变化的范围或幅度；当没有约定，且材料、工程设备单价变化超过5%时，超过部分的价格应按照本规范附录 A 的方法计算调整材料、工程设备费"的规定进行调整。合同中约定的设备材料价格调整办法显失公平的，发承包双方应根据工程实际情况及市场因素，依据公平原则，协商后签订补充协议，合理确定材料设备价格的调整办法。

（3）机械使用费的风险承担。合同中有约定机械使用费调整方法的，按照合同约定执行；合同中没有约定机械费价格调整办法的，可依据《建设工程工程量清单计价规范》GB 50500—2013 条文说明第 3.4.2～3.4.4 条"施工机械费的风险可控制在 10%以内，超过者予以调整"的规定进行调整；合同中约定的机械使用费调整办法显失公平的，发承包双方应根据工程实际情况及市场因素，依据公平原则，协商后签订补充协议，合理确定机械使用费的调整办法。

28. 在疫情发生之前招标且还没有定标的工程项目，投标人是否可以在投标有限期内撤销投标文件？

投标人有充分的证据证明本次疫情对投标文件中的建设工期、工程价款等产生实质性影响的，投标人应及时通知招标人，与招标人协商撤销投标文件。投标人在投标有限期内撤销投标文件的，招标人不应没收其投标担保。

29. 疫情发生期间已发中标通知书且还未签订合同的招标项目，如疫情对中标项目的建设工期、工程价款等产生实质性影响的，中标人可采取哪些救济措施？

如果疫情对中标项目的建设工期、工程价款产生重大影响，中标人按中标通知书签订合同将会产生工期违约或经营亏本的情况下，中标人面临是否按招标投标文件和中标通知书的要求签订合同的困难选择。

通常情况下，如果中标人拒绝签订合同，中标人的投标保证金可能被招标人没收，还可能承担招标文件规定的其他责任；如果中标人与招标人协商修改合同条款或另行签订补充协议，则违反了《招标投标法》第四十六条："招标人和中标人应当自中标通知书发出之日起三十日内，按照招标文件和中标人的投标文件订立书面合同。招标人和中标人不得再行订立背离合同实质性内容的其他协议"及《最高人民法院关于审理建设工程施工合同纠纷案件适用法律问题的解释（二）》第十条："当事人签订的建设工程施工合同与招标文件、投标文件、中标通知书载明的工程范围、建设工期、工程质量、工程价款不一致，一方当事人请求将招标文件、投标文件、中标通知书作为结算工程价款的依据的，人民法院应予支持"的规定，招标人与中标人另行签订的与招标文件不一致的合同有可能存在被认定无效、不能作为确定双方权利义务依据的风险。

鉴于存在上述的法律风险，若招标投标双方按疫情前提交的招标投标文件签订施工合同可能导致投标人亏损及违约，建议中标人与招标人进行协商，如中标人不与招标人签订中标合同，则招标人退回中标人投标保证金。招标人可以根据《招标投标法实施条例》第五十五条之规定，按照评标委员会提出的中标候选人名单排序依次确定其他中标候选人为中标人，也可以重新招标。

30. 因疫情导致承包人、发包人逾期办理工程结算的，是否可以免责？

需根据实际情况分析疫情是否对逾期办理工程结算构成不可抗力的免责事由。如为了响应国家防疫抗疫政策要求，企业停工期间无法办理结算工作，合同约定的工程结算期限原则上可以合理延长。但也应考虑到目前无纸化办公和网络支付已非常普及，部分结算工作可以通过网络完成，此时发承包双方不能以疫情为由，故意拖延办理工程结算，主张疫情构成逾期结算不可抗力的一方，应当承担相应地举证责任，无法举证的，应当承担相应的法律责任。

31. 建设工程价款优先受偿权期间，是否可以因疫情中止或中断？

建设工程价款优先受偿权期间，根据《最高人民法院关于审理建设工程施工合同纠纷案件适用法律问题的建设工程司法解释（二）》第二十二条“承包人行使建设工程价款优先受偿权的期限为六个月，自发包人应当给付建设工程价款之日起算”，该期限属于“除斥期间”，根据民法总则第一百九十九条之规定，除斥期间不因任何原因中止、中断。因此，若在疫情影响期间承包人的优先权期限将要届满的，承包人应注意及时主张权利。

32. 疫情期间，承包人延迟支付工资、材料款、专业分包工程款是否可以免责？

承包人支付工资、材料款、专业分包工程价款的义务属于金钱给付义务，即民法上的“金钱债务”，而在线上支付高度发达的今日，金钱债务一般不存在“履行不能”。即使承包人因疫情导致资金紧张，亦仅仅是给付困难而已，并非“履行不能”。若承包人有充分的证据证明确实给付不能，如某些对财务付款流程有严格规定且又处于严格管控的湖北地区的建设单位，确实无法安排财务人员进行付款操作，则亦可酌情考虑适用不可抗力要求免责。

33. 工程符合验收条件，但发包人因疫情原因无法组织验收时，承包人应如何处理？

建议分两种情况讨论：

（1）如在疫情前承包人已申请验收，后因发包人拖延导致疫情发生而无法验收的，则依照《最高人民法院关于审理建设工程施工合同纠纷案件适用法律问题的解释》第十四条第（二）项：“承包人已经提交竣工验收报告，发包人拖延验收的，以承包人提交验收报告之日为竣工日期”的规定，即以承包人提交验收报告之日作为竣工日期。

（2）若工程符合验收条件且疫情发生前发包人未拖延验收，后因疫情原因导致发包人无法组织验收，此时属于受到了不可抗力的影响，发包人不承担延期验收的违约责任，承包人也不承担工期延误的责任，双方应在复工后的合理期限内组织验收。

34. 承包人根据项目所在地的复工防疫措施要求而采取防疫措施的相关问题如何处理？

承包人可根据项目所在地复工防疫措施要求对防疫用品、防疫措施进行细化，做好防疫措施实施方案及费用测算，并提交发包人审核，发承包双方按实际情况做好签证和结算费用。疫情防控费用可列人工程造价，根据《建筑安装工程费用项目组成》的相关规定，建议疫情防控费用可列入安全文明措施项目费并按照安全文明措施项目费支付比例、方式、程序、要求等支付，以保障现场防控措施落实到位。

35. 复工后如发包人要求赶工的，承包人是否有权要求支付赶工费？

如施工合同中有相关不可抗力结束后赶工费用约定的，承包人有权要求发包人支付赶工费，施工合同无约定或约定不明确的，可参考《建设工程施工合同（示范文本）》GF—2017—0201 第 17.3.2 条“不可抗力导致的人员伤亡、财产损失、费用增加和（或）工期延误等后果，由合同当事人按以下原则承担”第（5）项“因不可抗力引起或将引起工期延误，发包人要求赶工的，由此增加的赶工费用由发包人承担”进行处理，发承包双方可通过签订补充协议或以签证的形式确认赶工费用。

36. 怎么应对复工出现的各类问题（包括施工的防疫措施与迎检自检、工地人员管理、第三方人员管理、出现症状和疑似症状以及刚返回人员需要的隔离、劳务用工短缺、相关供应商和咨询服务商的管理、进度款的申请与支付、对内对外的预结算、贷款融资遇到的等问题）？

关于施工的防疫措施与迎检自检、工地人员管理、第三方人员管理、出现症状和疑似症状以及刚返回人员需要的隔离等问题，按照《广东省安全生产委员会办公室、广东省应急管理厅关于切实加强春节后企业复产复工安全生产工作的通知》（粤安办〔2020〕7 号）要求，企业在复工复产时要严格落实本企业疫情防控主体责任，落实检疫查验、健康保护和安全生产措施。经区组织核实，符合以下条件的，方可复工复产：

（1）防控机制到位。企业要制定完善疫情防控工作措施和应急预案，明确各级负责人的疫情防控工作职责和内部责任机制，建立疫情防控管理体系。

（2）员工排查到位。企业要做好员工排查登记，掌握复工复产每名员工的健康状况及过去 14 天的去向，对来自或者去过疫情严重地区的员工建立台账，按规定对其采取健康管理等措施，14 天观察无恙后方可上岗；对仍滞留在疫情严重地区的员工，要劝其暂缓返岗。

（3）设施物资到位。企业要准备必需的红外体温探测仪、消毒水、口罩等疫情防控物资，落实隔离场所。不具备自行设立隔离场所条件的企业，要按照市、区的统一安排，确定具体的隔离观察地点并向所在社区报备。

（4）内部管理到位。企业要做好生产办公场地、员工居住地的通风、消毒和卫生管理等工作，有条件的企业原则上要实施封闭管理和弹性工作制，严禁无关人员进入本单位生产办公场所，每日对所有进入的人员进行体温探测。鼓励实行错峰上下班，采取网上办公、视频会议、分散就餐等措施，降低人员流动和集聚风险。

（5）宣传教育到位。企业要制定疫情防控知识培训计划，在生产办公场所显著位置设置新型冠状病毒感染的肺炎相关防控知识宣传专栏，大力普及相关防控知识，多渠道做好疫情防控宣传教育工作。

企业复工后，仍需严格做好上述防疫措施，有序进行复工。

另外，关于劳务用工短缺问题、相关供应商、咨询服务商的管理、进度款的申请与支付、对内对外的预结算、贷款融资等问题，可按照有关合同履行的参考意见处理。

第四章　新冠肺炎疫情对项目其他关联方的影响及其应对建议

37. 建设工程项目有哪些主要的其他关联方？

除发包方、承包方外，建设工程项目其他关联方主要包括建设工程的勘察人、设计人、造价咨询人、其他咨询人、监理人、分包人、劳务分包人、材料设备类供应商等。

38. 建设工程项目主要的其他关联方受到的影响有哪些?

建设工程项目主要的其他关联方根据其合同工作内容的不同，疫情对其产生的影响存在一定的差异。其中，对于工程勘察人、分包人、劳务分包人而言，其受到的影响和承包人受到的影响是基本一致的，主要是因疫情的不可抗力因素的影响，导致工程现场工作无法开展、工期延误，可能产生人员、机械设备停窝工等其他损失，同时也可能面临人工、材料、机械设备价格波动的价格风险等问题；对于设计人、造价咨询人、全过程或其他咨询人、监理人而言，因其提供的主要工作内容是服务类成果，疫情对其工作的开展可能存在一定的影响，如影响现场实际踏勘、材料的收集或提供、工作内容的增加、人员的复工、服务时间顺延或延长等，具体可结合实际情况进行分析，如确因疫情导致相关合同义务无法履行或继续履行不公平合理的，可考虑适用不可抗力或情势变更的相关规定主张相应权利；对于材料设备类供应商而言，疫情所产生的主要影响是供货义务还能否继续履行、供货时间的延误和材料设备价格波动风险等，材料设备类供应商如确因疫情导致上述问题发生的，可主张适用不可抗力和情势变更的规则进行处理。

39. 发包人与其他关联方的合同争议有哪些分类?

根据最高人民法院《民事案件案由规定》第 100 条的规定，建设工程合同纠纷分为：建设工程勘察合同纠纷；建设工程设计合同纠纷；建设工程施工合同纠纷；建设工程价款优先受偿权纠纷；建设工程分包合同纠纷；建设工程监理合同纠纷；装饰装修合同纠纷；铁路修建合同纠纷以及农村建房施工合同纠纷。勘察、设计、监理、分包类合同纠纷已有相应的案由规定；造价咨询、全过程或其他咨询类合同纠纷，一般可能归于合同纠纷或服务合同纠纷案由；劳务分包类合同纠纷司法实务中基本上都会将其作为建设工程施工合同纠纷或者建设工程分包合同纠纷的一种类型，也可能直接适用劳务合同纠纷来处理；对于材料设备类供应类合同纠纷，按照《建设工程施工合同示范文本》GF—2017—0201 通用条款第 8 条关于材料与设备的规定，材料设备供应商分为发包人自行供应材料设备和承包人负责采购材料设备两种情形，前一种情形供应商与发包人签订买卖合同、后一种情形供应商与承包人签订买卖合同，两种情形都属于买卖合同纠纷，实务中也有部分情形属于融资租赁等合同纠纷（材料设备供应类合同不可抗力的处理建议已在第一章第 9 点中阐述，后续内容中不再赘述）。以上只是大致的案由分类情况，司法实务中会结合合同内容和具体诉讼请求等情况进行确定。

40. 新冠肺炎疫情对项目其他关联方产生影响的处理原则是什么?

与第三章新型冠状病毒性肺炎疫情对承包人的处理原则基本一致，基本上是适用不可抗力以及情势变更的法律规定进行处理。合同文本、合同专用条款有约定的按照合同约定执行，合同没有约定、约定不明或者约定不能适用的按照可参考相关行业惯例（示范合同文本）和交易习惯进行处理。如果疫情直接造成合同部分或全部不能履行，应属不可抗力的范畴，而因疫情或其后续影响造成合同履行明显不公平的，则可能构成情势变更。

41. 新冠肺炎疫情影响下项目其他关联方的索赔依据是什么?

因新冠肺炎疫情防控造成的履行不能、工期延误、损失和费用增加等情形的，工程项目其他关联方可选择适用《合同法》第 117 条“不可抗力”或最高人民法院关于《合同法》的司法解释（二）第 26 条的“情势变更”。但两者对合同履行的影响程度不同，产生的法律效果不同。不可抗力可以产生免责的效果，排除赔偿损失责任，而情势变更则可由法院根据公平原则就双方的权利义务进行合理的调整。相关风险负担条款的规定主张免责或索赔，双方合同有约定的按照合同约定处理，合同没有约定、约定不明或者不能适用的，可以参照建设工程项目相关合同示范文本的相关规定处理，建设行政主管部门针对防疫颁布的建设工程计价的相关规定也可以作为参考依据。双方可以通过补充协议约定处理方法，主张免责或索赔的一方应做好证据收集和保存工作，建议及时主张相应权利。

42. 新冠肺炎疫情影响下发包人与项目其他关联方的争议解决方法有哪些?

在合同已有约定的情况下，双方应遵守诚实信用的基本原则，按合同约定处理疫情引起的各种工期、损失和费用等相关问题，避免争议的发生。在合同没有约定导致争议的情况下，建议双方参照相关政府行业主管部门的指导文件、相关示范文本的条款、司法机关发布的审理意见等进行协商，在达成一致意见后签订补充协议，双方也可在相关政府主管部门的主持下进行调解。前述方法若不能实现争议解决的，建议采取争议评审的方法快速解决，例如委托中国行为法学会法治服务（建筑工程）中心的专家评审进行调解，争取在项目复工前达成一致。非重大的、不可调和的争议，不建议直接采取耗时较长的仲裁或诉讼的争议解决方式。

43. 新冠肺炎疫情影响下项目其他关联方的处理程序是什么?

疫情发生和防疫如对其他关联方的合同履行构成不可抗力的，可按照合同中约定的不可抗力相关的条款或参照相关建设工程相关合同示范文本中不可抗力规定的程序条款进行处理。处理程序及内容主要分为不可抗力的确认、不可抗力的通知、不可抗力后果的承担三部分。

建议首先进行内部评议，即根据《合同法》第 117 条的规定，分析判断合同不能履行或暂时不能履行的情况，及是否与疫情的发生具有直接因果关系，以及受影响的程度，如果确因疫情不可抗力造成，再根据《合同法》第 118 条的规定，及时通知合同相对方限制或不能履行合同的情况，同时收集证明不可抗力发生和不可抗力造成损失的证据，在确认并收集不可抗力及相关损失证据的基础上，应及时就新冠肺炎疫情构成合同履行的不可抗力及其防控造成的损失和费用增加向合同相对方发出通知，并与合同相对方确认不可抗力发生的事实及损失费用情况等。主张存在不可抗力及损失的一方需提供不可抗力事件发生、不可抗力与其损失及费用增加的因果关系、损失及增加费用的具体内容等有关材料及证据。对不可抗力后果的承担，根据《合同法》第 94 条、第 117 条的规定，部分或全部免除责任。对于确实因不可抗力影响合同不能履行的，可以根据《合同法》第 94 条的规定，通知解除合同。

建议其他关联方仔细查阅已签订合同的条款约定，特别是关于不可抗力和情势变更风险负担的相关约定。当合同义务无法履行或继续履行明显不公平合理时，仔细判断是否与疫情发生和防控有直接关系，是否存在自身违约行为导致延误后发生疫情的。并在此基础上及时收集证据，按合同或参照本章后述处理建议中分担的原则，及时通知合同相对方，主张免除或减免责任，对工期、损失和费用进行索赔。

对违反《合同法》第 117 条、第 118 条规定，不属于不可抗力造成的合同未履行，或违反及时通知和减损义务造成的损失，仍可依法索赔。

44. 发包人与工程勘察人纠纷的处理建议是什么？

首先应根据发包人和建设工程勘察人的合同约定进行处理，若合同没有约定、约定不明或不能适用的，可参照《建设工程勘察合同示范文本》GF—2016—0203 通用条款第 7 条、第 8 条以及第 10 条的约定进行处理，即因不可抗力发生的费用及延误的工期由双方按以下方法分别承担：

（1）发包人和勘察人人员伤亡由合同双方自行负责，并承担相应费用；

（2）勘察人的机械设备损坏及停工损失，由勘察人承担；

（3）停工期间，勘察人应发包人要求留在作业现场的必要管理费用由发包人承担；

（4）作业场地发生的清理、修复费用由发包人承担；

（5）因此延误的工期应相应顺延。

45. 发包人与建设工程设计人纠纷的处理建议是什么？

首先应根据发包人与建设工程设计人签订的合同约定进行处理，若无合同约定、约定不明或不能适用的，可参照《建设工程设计合同示范文本（房屋建筑工程）》GF—2015—0209 通用条款第 11 条、第 15 条以及《建设工程设计合同示范文本（专业建设工程）》GF—2015—0210 通用条款第 11 条、第 15 条的规定进行处理。

如果设计人认为有理由提出增加合同价款和/或延长设计周期的事项，除了合同专用条款对期限另有约定外，设计人应于该事项发生后的 5 天内书面通知发包人。除合同专用条款对期限另有约定外，在该事项发生后 10 的天内，设计人应向发包人提供设计人要求的书面声明，其中包括设计人关于因该事项引起的合同价款和设计周期变化的详细计算。除专用合同条款对期限另有约定外，发包人应在接到设计人书面声明后的 5 天内书面答复。逾期未答复的，视为发包人同意设计人关于增加合同价款和/或延长设计周期的要求。

不可抗力引起的后果及造成的损失由合同当事人按照法律规定及合同约定各自承担。不可抗力发生前已完成的工程设计费应当按照合同约定进行支付。

不可抗力发生后，合同当事人均应采取措施尽量避免和减少损失的扩大，任何一方没有采取有效措施导致损失扩大的，应对扩大的损失承担责任。

因合同一方迟延履行合同义务，在迟延履行期间遭遇不可抗力的，不能免除其违约责任。

46. 发包人与建设工程造价咨询人纠纷的处理建议是什么？

首先应根据发包人与建设工程造价咨询人签订的合同约定进行处理，若无合同约定、约定不明或不能适用的，可参照《建设工程造价咨询合同示范文本》GF—2015—0212 通用条款第 6 条的约定进行处理。

结合因不可抗力导致合同解除的损失分担原则，因不可抗力导致咨询人履行合同期限延长、内容增加或者提供咨询服务延迟的，应按照合理分担的原则处理。因不可抗力导致服务期限延长或提供咨询服务延迟的，双方互不追究责任；因不可抗力导致咨询工作内容增加的，委托人应当支付增加工作内容的酬金。

合同解除后，委托人应当按照合同约定向咨询人支付已完成部分的酬金。因不可抗力导致合同解除的，首先应按照合同当事人在专用条件中的约定处理。除不可抗力外，因非咨询人原因导致的合同解除，其损失由发包人承担。因咨询人原因导致的合同解除，按照违约责任处理。

47. 对发包人与建设工程咨询人（建设工程造价咨询人以外的咨询人）纠纷的处理建议是什么？

（1）住房城乡建设部、广东省住房城乡建设厅尚未正式发布工程咨询服务合同示范文本，发包人与建设工程咨询人应根据双方签订的工程咨询服务合同中有关不可抗力的条款进行处理，若无合同约定、约定不明或不能适用的，可参考中国工程咨询协会发布的《工程咨询服务合同范本（试行）》（中咨协业〔2015〕73号）合同文本中第11条关于不可抗力的规定进行处理。

发生不可抗力事件后，咨询合同项下受不可抗力影响的义务在不可抗力造成的延误期间自动中止，其履行期限应自动延长，延长期间为中止的期间，双方无须为此承担违约责任。如果发生不可抗力事件，致使不能实现合同目的的，双方均可以解除合同，自解除合同的书面通知到达对方时合同解除，双方无须向对方承担违约责任。

提出受不可抗力影响的一方应及时书面通知对方，并且在随后的15日内向对方提供不可抗力发生和持续期间的充分证据。提出受不可抗力影响的一方，还应尽合理努力排除不可抗力对履行合同造成的影响。

发生不可抗力后，双方应进行磋商，寻求合理的解决方案，并且要尽一切努力将不可抗力造成的损失降低到最小范围。

（2）项目实施全过程咨询服务的，发包人与建设工程咨询人应根据双方签订的工程咨询服务合同中有关不可抗力的条款执行，合同无相关约定或约定不明确的，可参考住房城乡建设部建市监函〔2018〕9号文件发布的《建设工程咨询服务合同示范文本》（征求意见稿）第25条、第26条进行处理。

如果发包人或承包商使服务受到障碍或延误导致服务工作量的增加或工作时间的延长，则：

1）工程咨询方应将此情况与可能产生的影响通知客户；

2）此增加部分应被视为"附加的服务"；

3）完成服务的时间应相应地予以延长。

如果出现按照咨询合同约定工程咨询方不应负责的情况，以及使工程咨询方无法负责或不能履行全部或部分服务时，工程咨询方应立即通知客户。

在此情况下如果不得已暂停某些服务时，则该类服务的完成期限应予延长，直至此种情况消失。还应再加上不超过42天的一个合理期限用于恢复服务。

如果履行某些服务的速度不得已减慢，则该类服务的完成期限由于此种情况的发生可能要给予延长。

根据上述第25条和第26条概括，因不可抗力使工程咨询方无法负责或不能履行全部或部分服务时，工程咨询方应立即通知客户，服务的完成期限应予延长，因不可抗力导致服务工作量增加的，客户应支付咨询人增加部分的费用。

48. 发包人（委托人）与建设工程监理人纠纷的处理建议是什么？

针对发包人与建设工程监理人之间因不可抗力发生的索赔，首先应根据发包人与建设工程监理人签订的合同约定进行处理，若无合同约定、约定不明或不能适用的，可参照《建设工程监理合同示范文本》GF—2012—0202通用条款第4.3条、第6.3.5条的规定进行处理。一般处理原则如下：

（1）因不可抗力导致监理合同全部或部分不能履行时，双方各自承担其因此而造成的损失、损害。

（2）因不可抗力致使监理合同部分或全部不能履行时，一方应立即通知另一方，可暂停或解除本合同。

（3）因不可抗力，双方可暂停履行监理相关活动。因不可抗力导致监理人增加工作内容的，发包人应支付增加内容的费用。

49. 承包人和分包人纠纷的处理建议是什么？

首先应根据承包人与分包人签订的合同约定进行处理，若无合同约定、约定不明或不能适用的，可参照《建设工程施工专业分包合同示范文本》（2014年征求意见稿）通用条款第22.2条的约定进行处理。因承包人与分包人就不可抗力的影响分担风险之后，由承包人承担的责任，承包人可依据承包人与发包人之间的合同主张由发包人承担。另，分包人亦可参考《建设工程工程量清单计价规范》GB 50500—2013第9.10条不可抗力的相关规定或《建设工程施工合同示范文本》GF—2017—0201通用条款第17条的相关规定，对于其中规定由发包人承担的风险，分包人可主张承包人承担。

一般情形下，不可抗力风险由分包合同当事人按以下原则分担：

（1）永久工程、已运至施工场地的材料和工程设备的损坏，以及因分包工程损坏造成的第三人人员伤亡和财产损失由承包人承担；

（2）分包人施工设备的损坏由分包人承担；

（3）承包人和分包人承担各自人员伤亡和财产的损失；

（4）因不可抗力影响分包人履行合同约定义务的，应当顺延工期，由此导致分包人的停工损失由分包人承担；

（5）因不可抗力引起或将引起工期延误，承包人要求赶工的，由此增加的赶工费用由承包人承担；

（6）分包人在停工期间按照承包人要求照管和清理分包工程的费用由承包人承担。

50. 工程承包人（施工总承包人或专业工程承（分）包人）和劳务分包人纠纷的处理建议是什么？

首先应根据工程承包人（施工总承包人或专业工程承（分）包人）和劳务分包人之间的合同约定进行处理，若无合同约定、约定不明或不能适用的，可参照《建设工程施工劳务分包合同示范文本》GF—2003—0214通用条款第29条、《建设工程劳务分包合同示范文本》（2014年征求意见稿）通用条款第15.3条的规定进行处理。

因不可抗力事件导致的费用增加和延误的工作时间由双方按以下办法分担：

（1）工程本身的损害、因工程损害导致第三人人员伤亡和财产损失以及运至施工场地用于劳务作业的材料和待安装的设备的损害由工程承包人承担；

（2）工程承包人和劳务分包人的人员伤亡由其所在单位负责，并承担相应费用；

（3）劳务分包人自有机械设备损坏及停工损失，由劳务分包人自行承担；

（4）工程承包人提供给劳务分包人使用的机械设备损坏，由工程承包人承担，但停工损失由劳务分包人自行承担；

（5）停工期间，劳务分包人应工程承包人要求留在施工场地的必要管理人员及费用支出由工程承包人承担；

（6）工程所需清理、修复费用，由工程承包人承担；

（7）因此延误的工作时间相应顺延；

（8）因不可抗力引起或将引起作业期限延误，承包人要求赶工的，由此增加的赶工费用由承包人承担。

另外，参照《建设工程施工劳务分包合同示范文本》GF—2003—0214 通用条款第 13 条“劳务分包人在施工现场内使用的安全保护用品（如安全帽、安全带及其他保护用品），由劳务分包人提供使用计划，经工程承包人批准后，由工程承包人负责供应”及《建设工程劳务分包合同示范文本》（2014 年征求意见稿）通用条款 5.1.1 条“承包人应认真执行安全技术规范，严格遵守安全制度，制定安全防护措施，提供安全防护设备”的规定，疫情发生后相关行政主管部门针对防疫颁布的直接发放给劳工的防疫费用应该专项列支给劳务分包人。

附　　件

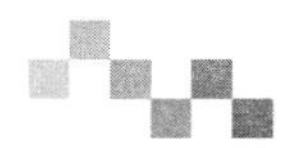

粤建标函〔2018〕2738号文附件：两个系统的操作手册

广东省建设工程造价纠纷处理系统
申请人操作指南

目　　录

一、系统简介

广东省建设工程造价纠纷处理系统是免费向我省建设项目各参与方开放的，本系统的推出旨在将传统的通过来电、来函、来访等方式申请处理工程计价中存在的争议问题的业务工作转移至互联网上，使工程造价纠纷处理工作留痕留迹、存档建库，充分体现工程造价管理机构高质高效和阳光透明的服务。

二、系统受理范围

广东省行政区域内合同双方在工程计价中存在争议且需要工程造价管理机构出具函件予以明确的事项，均可通过系统申请受理。

三、申请人在系统申请争议问题应提供的资料

1. 建设工程造价纠纷处理系统的咨询函、承诺函。咨询函、承诺函由申请人登录建设工程造价纠纷处理系统，在纠纷处理申请界面填写相关资料，申请人应在系统上如实填写争议的具体事项、当事人双方的争议焦点、事实和理由依据，由系统生成的PDF格式咨询函和承诺函，并加盖争议双方单位公章扫描上传到纠纷处理系统；

2. 与争议内容有关的建设工程盖章合同扫描件；

3. 经双方确认的，与争议内容有关的施工图设计文件和施工组织方案（如有）；

4. 经双方确认的，与争议内容有关的设计变更等其他证明资料（如有）。

注意：所有资料全部通过建设工程造价纠纷处理系统上传到相关证明资料里，资料提供人应对所提供资料的真实有效性负责。

四、不予受理情形

1. 工程所在地不在广东省行政区域内的；

2. 仅合同一方申请的；

3. 未经合同双方及纠纷涉及相关方（如财政评审、咨询、监理、设计等）盖章共同申请的；

4. 省、市工程造价管理机构已经做出计价争议调解决定，且争议相关方同意调解意见的；

5. 已向人民法院提请诉讼的；

6. 已向仲裁机构提请仲裁的；

7. 涉及司法、纪检、监察、审计等工作的；

8. 法律法规另有规定需要保密的。

注意：其中涉及司法、纪检、监察、审计等工作的，或者法律法规另有规定需要保密的，仍按现有模式由主办部门线下径直向工程所在地造价管理机构提出书面申请。

五、终止驳回情形

1. 申请人明确表示双方已协商解决，终止争议咨询；

2. 纠纷系统专家要求申请人补充资料的，而申请人在收到短信通知要求上传资料的十个工作日未上传相关资料的，系统将自动驳回申请人的咨询；

3. 申请人未提供上述应提供的资料，经专家要求补充资料，三次补充上传的资料都不匹配且无相关合理说明的，系统将驳回申请人的咨询。

4. 经系统驳回的纠纷不得再次申请。

六、系统征信管理

资料提供人应对所提供资料的真实有效性负责。提供虚假信息的个人、公司将列入“黑名单”，提交到相关部门记录在诚信评价体系中，并公布于广东省建设工程标准定额站，其中虚假信息不仅于个人信息、项目信息、相关单位信息、提交的相关证明资料信息。

七、系统处理流程

纠纷处理系统已将省市工程造价行业的业务骨干收录建成建设工程造价纠纷处理系统专家库，并建立三级审核机制，运行流程如下：

（1）工程计价争议相关各方，由一方代表注册系统账号在线填写各方认可的争议内容、各自观点以及上传相关证明资料等，上传成功后其他争议相关方则可通过系统发送的咨询码进行登录查看；

（2）系统将在专家库随机抽取一位专家作为经办人，由经办人按工程造价纠纷处理规定和程序核实情况，审核资料真实性、有效性以及完整性，并草拟回复意见提交给审核人；

（3）审核人由系统在专家库中随机抽取两位专家，审核经办人草拟的回复意见及其相关支撑依据的完整性、真实性、合理性，并提出审核意见；

（4）复核人由系统在复核专家中随机抽取一位专家，复核经办人的回复意见及审核人的审核意见，并做进一步的解读释疑，形成征求意见稿提交到省标定站；

（5）省标定站审定征求意见稿，依据充足，则拟稿复函，按内部管理程序盖章扫描，上传到系统并同步公布到省标定站公众号平台，若依据不足，则驳回经办人补充依据。

注意：工程计价争议相关各方应按系统要求补充、完善资料，可实现在线上随时查阅进度情况，下载复函，全程事项均可在线上办理。

纠纷处理系统流程图如图 7-1 所示。

八、申请人系统操作指南

1. 线上申请阶段：账号申请及登录

（1）登录入口：登录广东造价信息网（网址：http：//www.gdcost.com/），在网站下方找到“建筑工程造价纠纷处理系统”入口（图 8-1）。

（2）登录及注册：点击“注册”按钮（图 8-2）即进入到注册界面（图 8-3）。根据注册界面指引填写相关内容，确保真实可靠。注册完成后即可在首页进行“登录”操作。若已在广东省建设工程定额动态管理系统注册过的用户可直接登录，无需注册。

（3）注册成功后，在首页登录界面直接输入账号密码登录系统。

（4）登录成功后，若需要修改登录密码，可在界面（图 8-4）右上角点击进入“个人中心”（图 8-5），找到点击“修改密码”可切换至修改密码界面（图 8-6），填写原密码和新密码提交即可。

（5）争议相关方（非申请方）可通过在首页登录界面切换至“咨询码登录”界面（图 8-7）输入短信收取到的咨询码登录，无需申请注册便可查看该争议调解咨询的进展与详情。

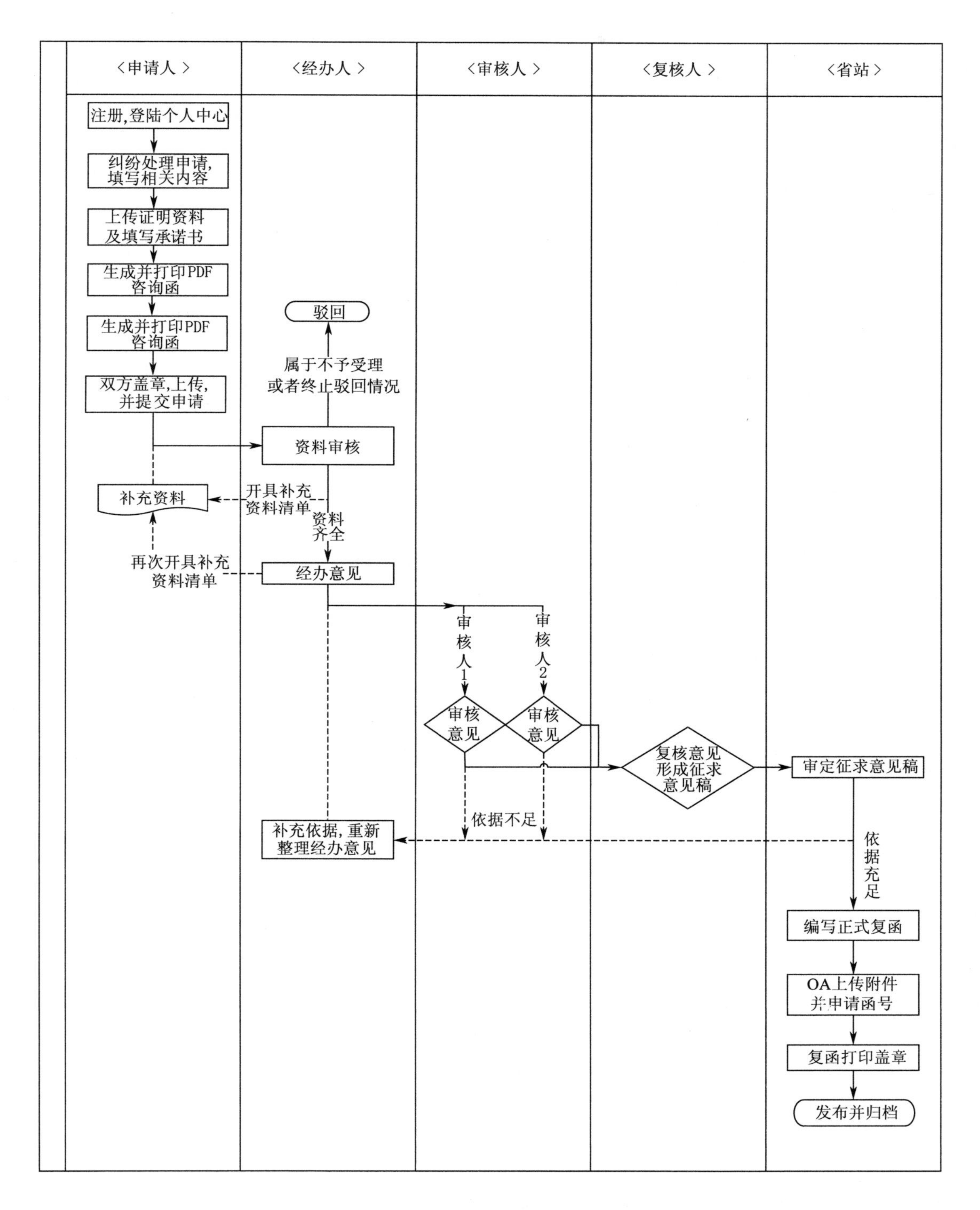

图 7-1 纠纷处理系统流程图

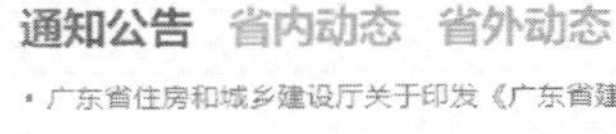

- 广东省住房和城乡建设厅关于印发《广东省建设工程计价依... 2019-01-15
- 广东省住房和城乡建设厅关于广东省建设工程定额动态管理... 2018-11-29
- 关于发布《广东省传统建筑工程劳务市场用工价格分析报告... 2020-03-30
- 关于广东省建设工程定额动态管理系统定额咨询问题的解答... 2020-03-12
- 关于发布《广佛城市轨道交通工程劳务市场用工价格分析报... 2020-02-27
- 关于开展网络学习讲座的通知 2020-02-24

造价图表（已停更）

主要钢材 —○— 圆钢 Φ20 —○— 螺纹钢 HRB400 20MM —○— 镀锌钢卷 1.0MM

5,000 4,500 4,000 3,500 3,000 2,500 2,000

2015年1季度 2015年3季度 2016年1季度 2016年3季度

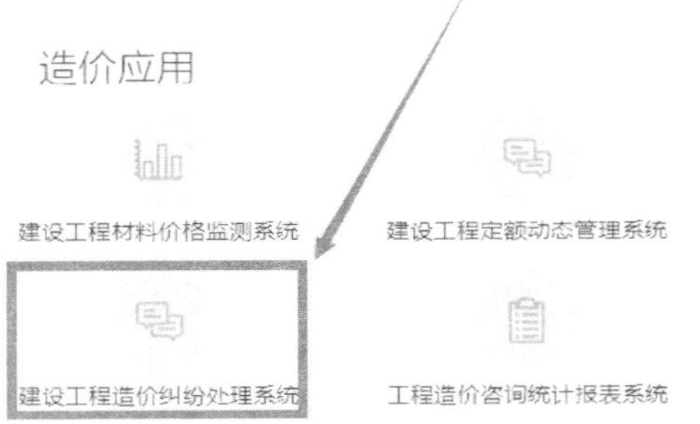

造价改革

造价改革百堂课

计价依据

计价依据库 计价运用

图 8-1

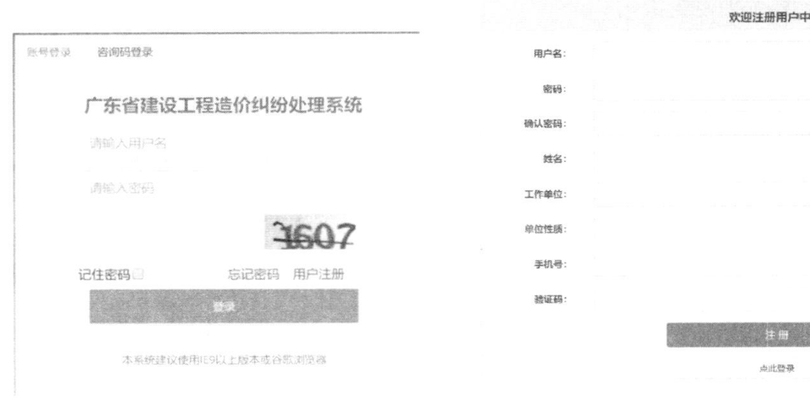

图 8-2

图 8-3

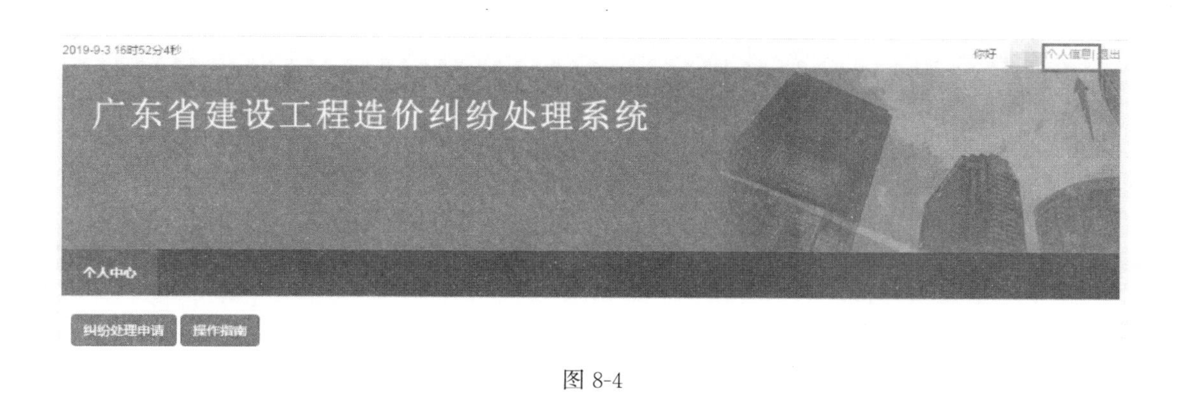

图 8-4

图 8-5

图 8-6

2. 线上申请阶段：填写纠纷申请

（1）登录成功后，即可在系统主界面（图 8-8），点击“纠纷处理申请”进入填写申请界面。

图 8-7

图 8-8

（2）依次如实填写全部信息，带“*”号为必填项（图 8-9），其中建设单位、施工单位的相关信息须准确，手机号应为双方代表的手机号，用于接受系统发出的提醒短信。

（3）若有其他单位亦参与此纠纷，则可通过“添加其他单位”进行增加（图 8-9）。

（4）【争议内容及争议各方意见】填写同一纠纷类型的纠纷内容，若同一个工程存在多个纠纷类型，可点击“增加争议内容”进行增加（图 8-10）。双方应针对同一争议内容呈现各自的意见，应做到有理有据有结论。

（5）“保存”：申请过程中页面下方“保存”按钮（图 8-11），可随时保存已填写的申请内容，以免出现浏览器闪退等意外现象导致填写信息丢失。

（6）“上传合同”及“上传相关证明资料”（图 8-11）：上传相关证明资料以供专家处理纠纷时作为参考依据。例如，若合同为相关证明资料之一，上传资料时无需将整份合同扫描上传，只需上传与纠纷有关的相关章节内容即可。

（7）“填写承诺书”：申请页面保存后，即会出现“填写承诺书”按钮，如图 8-12 所示。点击“填写承诺书”，即可进入到图 8-13 界面，只需将建设单位及施工单位的申请代表人身份证填入，并上传相关证明资料（纠纷申请代表人身份证明文件）后点击“确定”即可。

（8）保存后未提交之前，均可于“个人中心”找到该申请点击“修改”（图 8-14）进行修改及补充。

申请信息填写

你是哪一方？ ◉施工方 ○建设方

标题

工程名称

工程概况

合同签订时间 请选择日期 合同开工时间 请选择日期

合同竣工时间 请选择日期 工程所在地 广州市

工程阶段 ◉项目前期阶段 ○招标采购阶段 ○合同履行阶段 ○竣工结算阶段 ○其他

发包方式 ◉公开招标 ○邀请招标 ○直接发包 ○其他

计价方式 ◉清单计价 ○定额计价 ○其他

主要单位 添加其他单位

建设单位	单位名称*	必填	联系人*	必填
	联系人手机*	必填	邮箱*	必填
施工单位	单位名称*	必填	联系人*	必填
	联系人手机*	必填	邮箱*	必填

图 8-9

争议内容及争议各方意见：

争议专业：☑建筑与装饰专业 ☐安装专业 ☐市政专业 ☐园林专业 ☐装配式 ☐轨道交通 ☐房屋修缮 ☐其他

争议类型：☑计价依据应用 ☐合同争议 ☐其他

☑定额套用 ☐措施费 ☐其他费用 ☐取费 ☐清单计价规范 ☐工程量计算

争议内容*： 请填写争议内容

建设单位意见*： 请填写建设单位意见

施工单位意见*： 请填写施工单位意见

增加争议内容 删除

图 8-10

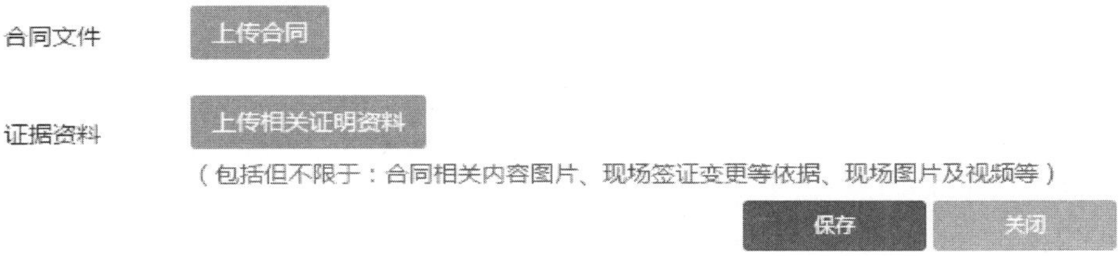

合同文件 上传合同

证据资料 上传相关证明资料

（包括但不限于：合同相关内容图片、现场签证变更等依据、现场图片及视频等）

保存 关闭

图 8-11

3. 线上申请阶段：提交纠纷申请

（1）填写完成且保存后，系统可根据填写内容自动申请咨询函格式，点击“生成 pdf 咨询函”完成咨询函下载并保存（图 8-15），下载的咨询函中包括了咨询函以及双方的承诺书。

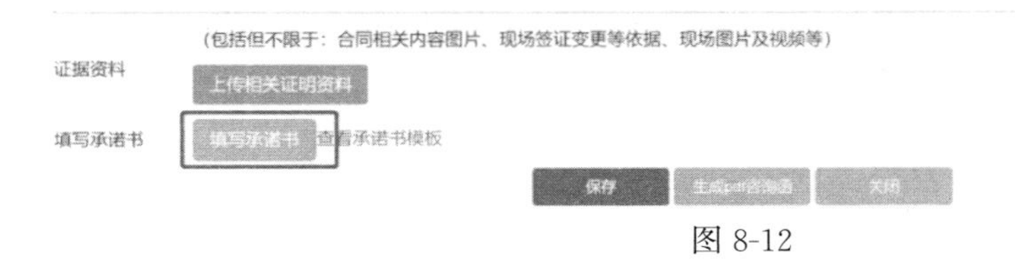

图 8-12

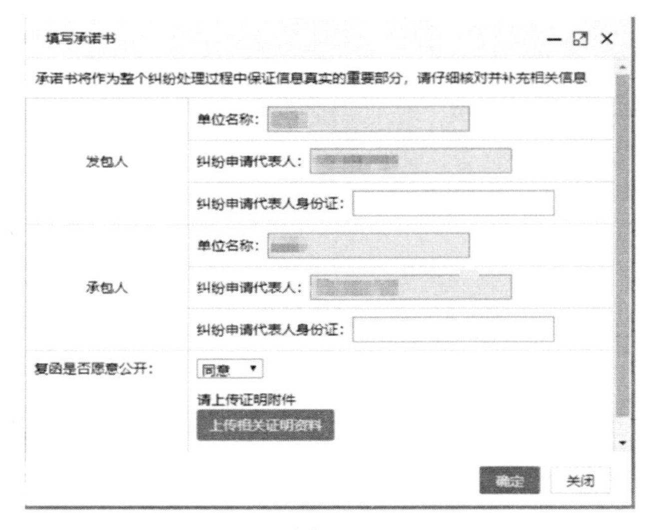

图 8-13

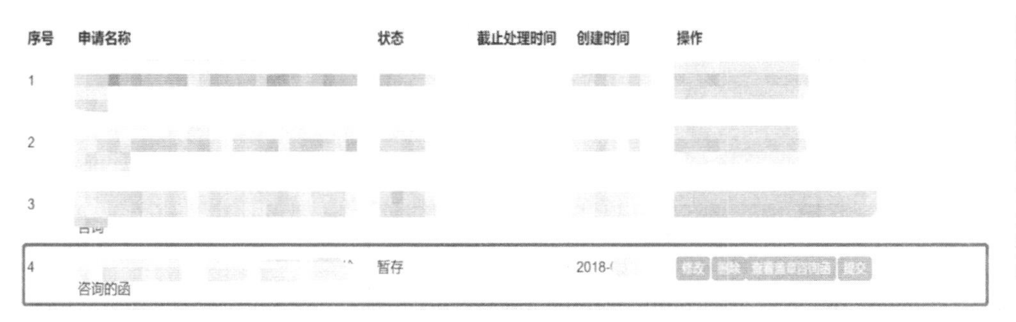

图 8-14

（2）将下载后的咨询函（包括承诺书）打印，并在双方盖章后重新于“个人中心”界面点击“上传盖章咨询函”（图 8-16），进入咨询函及承诺函上传界面（图 8-17），点击上传盖章咨询函，带页面显示咨询函后，确定即上传成功。此时上传应将盖章的咨询函、承诺书合并后上传。

（3）上传成功后点击“提交”即完成申请（图 8-18）。

4. 线上申请阶段：补全资料

申请提交成功后，专家会根据纠纷申请内容判断咨询函中附上的相关证明文件内容是否达到支撑开具纠纷处理意见的要求，若不足以支撑，则专家会开具补充资料清单给申请方，申请方根据补充资料清单补充相关内容即可。

图 8-15

图 8-16

图 8-17

（1）在“个人中心”页面找到状态为“补充资料中”的申请，点击“上传补充证据”按钮进入资料补充界面（图 8-19）。

（2）根据专家开具的补充资料清单完成资料的补充，点击“选择”（图 8-20）。选择上传文件确认后即上传，补充的资料显示“未确定补充”状态，点击“确认补充”即可完成资料补充。

图 8-18

图 8-19

补充资料

文件名称	上传文件	上传时间	状态	操作
		2020-03-24	未确定补充	选择
			未确定补充	选择
		2020-03-24	未确定补充	选择
			未确定补充	选择

确认补充　取消

图 8-20

5. 查看最终复函

登录个人中心后（图 8-21），点击“下载回复函”即可下载保存最终复函。

图 8-21

广东省建设工程定额动态管理平台

用户手册

广东省建设工程标准定额站
二〇一八年七月

目　　录

1 平台简介

广东省定额动态管理平台是面向于广东省造价从业人员开放的，将现有定额在线化，便民化，是一个集查阅定额，咨询定额，反馈定额，编制定额、发布定额于一体的综合化平台。广东省定额动态管理平台的推出，使数据来源更真实、数据种类更丰富、数据积累更快速，充分体现市场决定价格的作用（图 1-1）。

查询定额
咨询定额
反馈定额
编制定额
发布定额

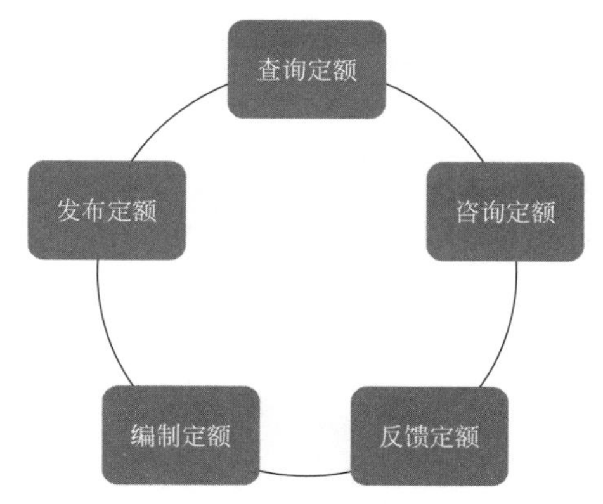

图 1-1　广东省建设工程定额动态管理平台五大核心功能

2 定额使用者操作指南

2.1 账号申请及登录

（1）首次登录先注册：登录 http://dedt.gdcost.com 网站，点击“注册”按钮（图 2-1）即进入到注册界面（图 2-2）。若已经在广东省建设工程造价纠纷处理平台注册过的用户可直接登录，无需注册。

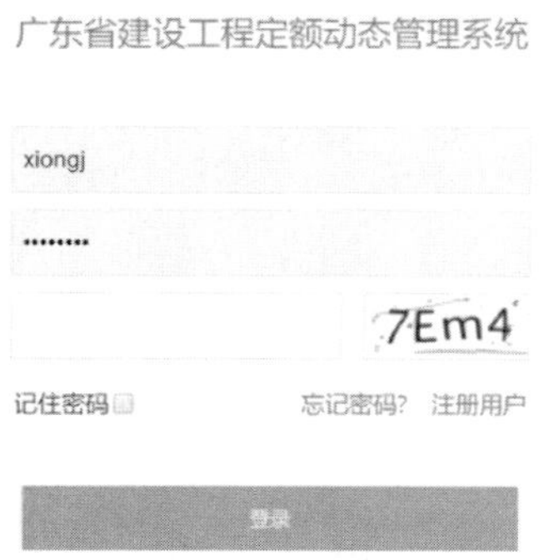

广东省建设工程定额动态管理系统
xiongj
7Em4
记住密码
忘记密码？ 注册用户
登录

图 2-1

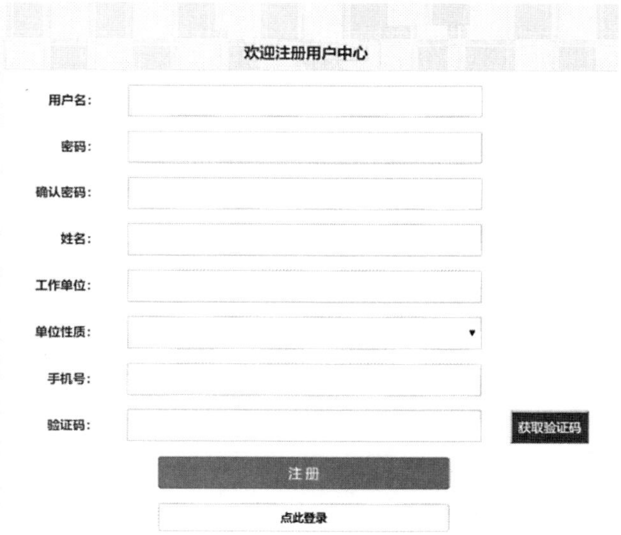

欢迎注册用户中心
用户名：
密码：
确认密码：
姓名：
工作单位：
单位性质：
手机号：
验证码：
获取验证码
注 册
点此登录

图 2-2

根据注册界面指引填写相关内容，确保真实可靠。注册完成后即可在首页进行“登录”操作。

（2）注册成功后，在首页登录界面直接输入账号密码登录系统。

（3）登录后界面如图 2-3 所示。

图 2-3

2.2 查看定额及明细

（1）按专业及章节进行浏览定额子目，如图 2-4 所示。

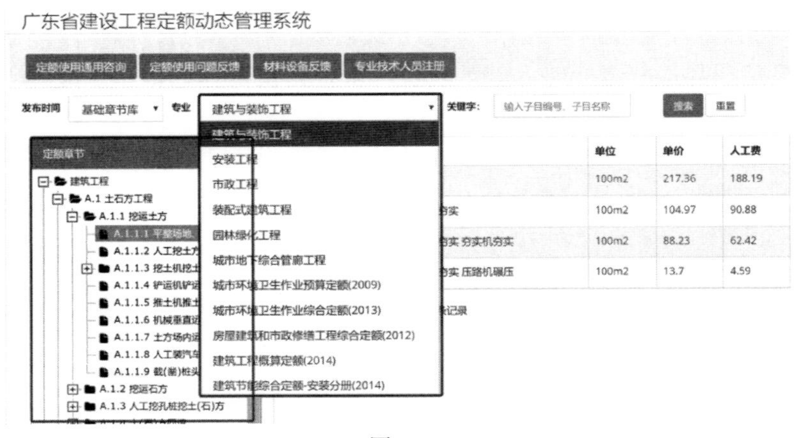

图 2-4

（2）输入关键字或编码快速检索定额子目，如图 2-5 所示。

（3）查看子目明细可点击操作栏中按钮，即可查看子目工作内容及明细，如图 2-6 所示。

（4）点击操作栏中按钮，可对当前选中的子目进行反馈，如图 2-7 所示。

（5）点击操作栏中按钮，可对当前选中的子目含量进行评价，如图 2-8 所示。

图 2-5

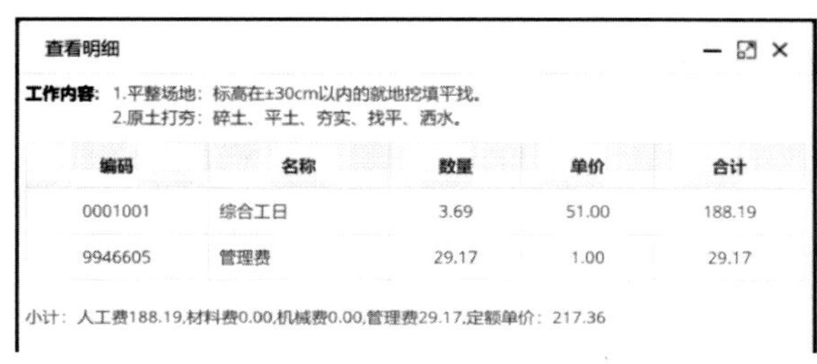

图 2-6

图 2-7

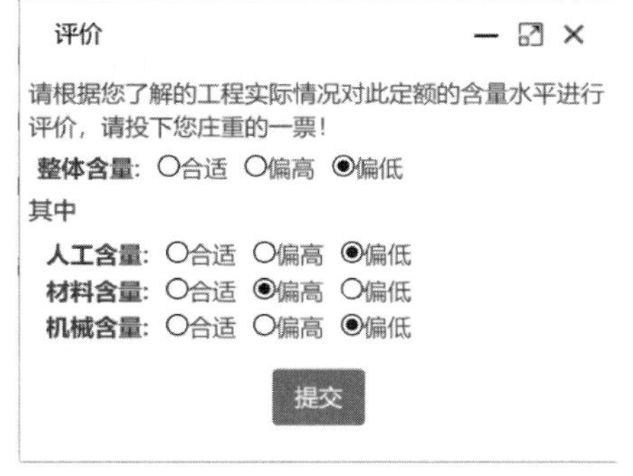

图 2-8

2.3 定额使用疑问咨询

（1）在定额的使用过程中对定额存在疑问，需要咨询时，可点击“定额使用通用咨询”，如图 2-9 所示。

图 2-9

（2）在弹出的对话框，如图 2-10 所示，填写需要咨询的具体问题，“确认”即可。

图 2-10

2.4 定额问题反馈

当存在定额含量数据与实际有差距或建议补充新定额时，可点击“定额使用问题反馈”按钮进行反馈，如图 2-11 所示。

图 2-11

（1）“补充定额”反馈：选择对应的反馈章节，在反馈类型中选择“补充定额”，输入反馈内容以及支撑反馈内容成立的相关证明资料，填写完成后提交即完成反馈，如图 2-12 所示。

（2）含量水平反馈：将反馈类型选择为“含量水平定义”，在定额章节中选择或通过

图 2-12

“查询子目”快速定位需反馈的子目，输入反馈内容以及支撑反馈内容成立的相关证明资料，填写完成后提交即完成反馈，如图 2-13 所示。

图 2-13

2.5 材料设备问题反馈

（1）如图 2-14 所示，点击“材料设备反馈”即可进入材料设备反馈界面（图 2-15）。

（2）增加分类：可选择增加“一级”或“二级”类别，并依次输入类别编码、类别名称、新增理由以及相关依据文件后提交即可完成反馈，如图 2-16 所示。

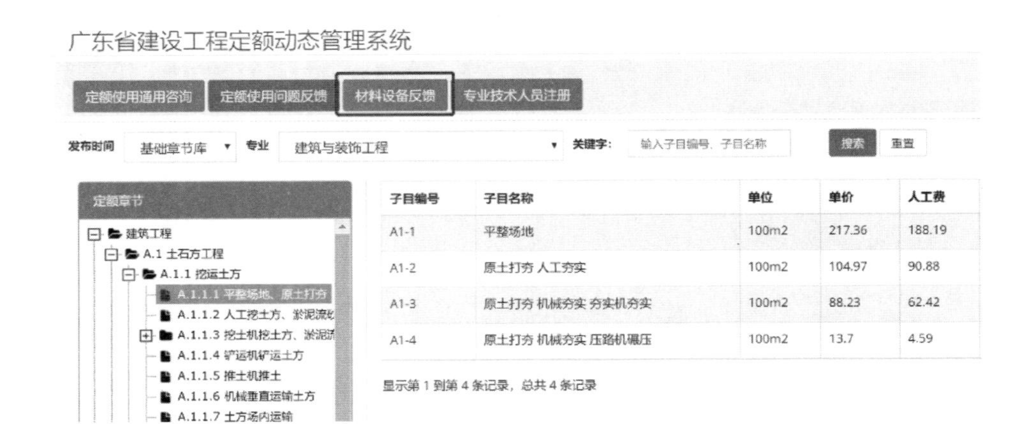

图 2-14

图 2-15

增加分类

选择类别: ◉一级类别 ○二级类别

类别编码: 按国家标准，一级类别为2位数字编码

类别名称:

新增理由:

上传依据附件: 上传文件

提交

图 2-16

（3）增加材料设备：在对应的“一级”及“二级”类别下，依次输入材设编码、材设

名称、材设型号、材设单位、新增理由以及相关依据文件后提交即可完成反馈，如图2-17所示。

增加材料

一级类别: 00 人工　二级类别: 0001 综合人工

所属专业: 广东省建筑与装饰工程综合定额(2010)

材设编码:　材设名称:

材设型号:　材设单位:

新增理由:

上传依据附件: 上传文件

提交

图 2-17

（4）作废材料设备：选择需要反馈的作废材料，点击“作废材料按钮”（图 2-15），在弹出的对话框（图 2-18）中输入作废材料原因以及上传相关依据文件后提交即可完成反馈。

作废材料

作废材料:木折叠门

作废材料原因：

上传相关附件: 上传文件

提交　取消

图 2-18

3 定额编制者操作指南

3.1 账号申请及登录

（1）按照第 2.1 节（1）～（3）完成账号的注册及登录。

（2）登录后，点击“专业技术人员注册”，如图 3-1 所示，进入专家申请界面，如实填写提交即可。

图 3-1

（3）经过管理员审批通过后，再次登录 http：//dedt. gdcost. com 网站即可进入编制人员界面，如图 3-2 所示。

图 3-2

3.2 根据编制任务编制定额

（1）编制任务获取：省站会根据定额反馈、新技术新工艺等推出制定动态的编制任务，并从专家库中挑选专家组建定额编制组。

（2）登录后即可查看“我的编制任务”，如图 3-3 所示，点击进入编制任务，编制完成后点击提交任务。

（3）填写定额的基本信息：任务信息界面（如图 3-4）点击“编制定额基础信息”，

进入“编制定额基础信息”界面（图 3-5），填写定额编码、定额单位、定额名称、工作内容后提交即可完成基础信息的编制。

我的编制任务
任务状态
全部
完成时间
至
关键字
搜索
重置
序号
任务内容
任务要求
分配时间
状态
完成时间
操作
1
2018-06-12 17:38:43
编制中
2018-06-28 00:00:00
2
2018-06-12 17:52:44
编制中
2018-05-25 00:00:00
3
开始测试编辑定额
在10天之前编制完成
2018-04-23 11:52:04
编制中
2018-04-30 00:00:00
显示第 1 到第 3 条记录，总共 3 条记录
进入编辑任务
完成并提交任务

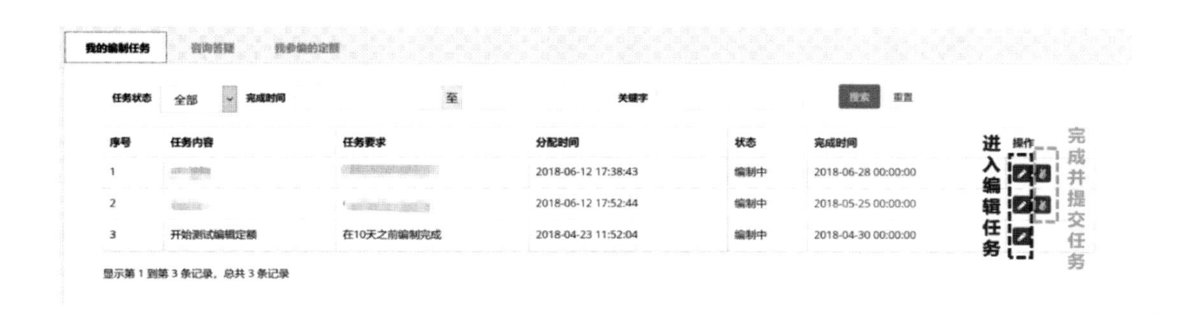

图 3-3

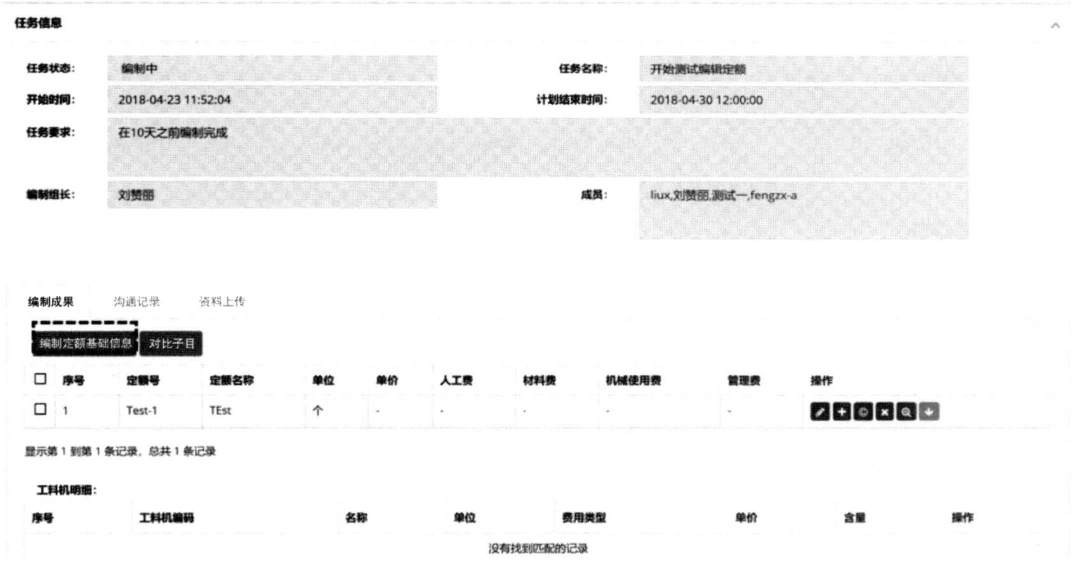

任务信息
任务状态：
编制中
任务名称：
开始测试编辑定额
开始时间：
2018-04-23 11:52:04
计划结束时间：
2018-04-30 12:00:00
任务要求：
在10天之前编制完成
编制组长：
刘赞丽
成员：
liux,刘赞丽,测试一,fengzx-a
编制成果
沟通记录
资料上传
编制定额基础信息
对比子目
序号
定额号
定额名称
单位
单价
人工费
材料费
机械使用费
管理费
操作
1
Test-1
TEst
个
显示第 1 到第 1 条记录，总共 1 条记录
工料机明细：
序号
工料机编码
名称
单位
费用类型
单价
含量
操作
没有找到匹配的记录

图 3-4

（4）添加定额子目对应的工料机：点击按钮，在弹出的“编制子目对应的工料机”（图 3-6）界面选取定额子目所需的工料机，可支持多选。

（5）输入工料机的含量：在相应的工料机含量栏中输入对应定额单位的工料机含量，如图 3-7 所示。

（6）组内沟通：在本平台即可实现与编制组内成员进行组内沟通以及编制依据资料上传，如图 3-8、图 3-9 所示。

（7）子目行操作栏中对应按钮说明，如图 3-10 所示。

编制定额基础信息 ×

定额编号 （范围要求：1-10）

定额单位

定额名称

工作内容

提交

图 3-5

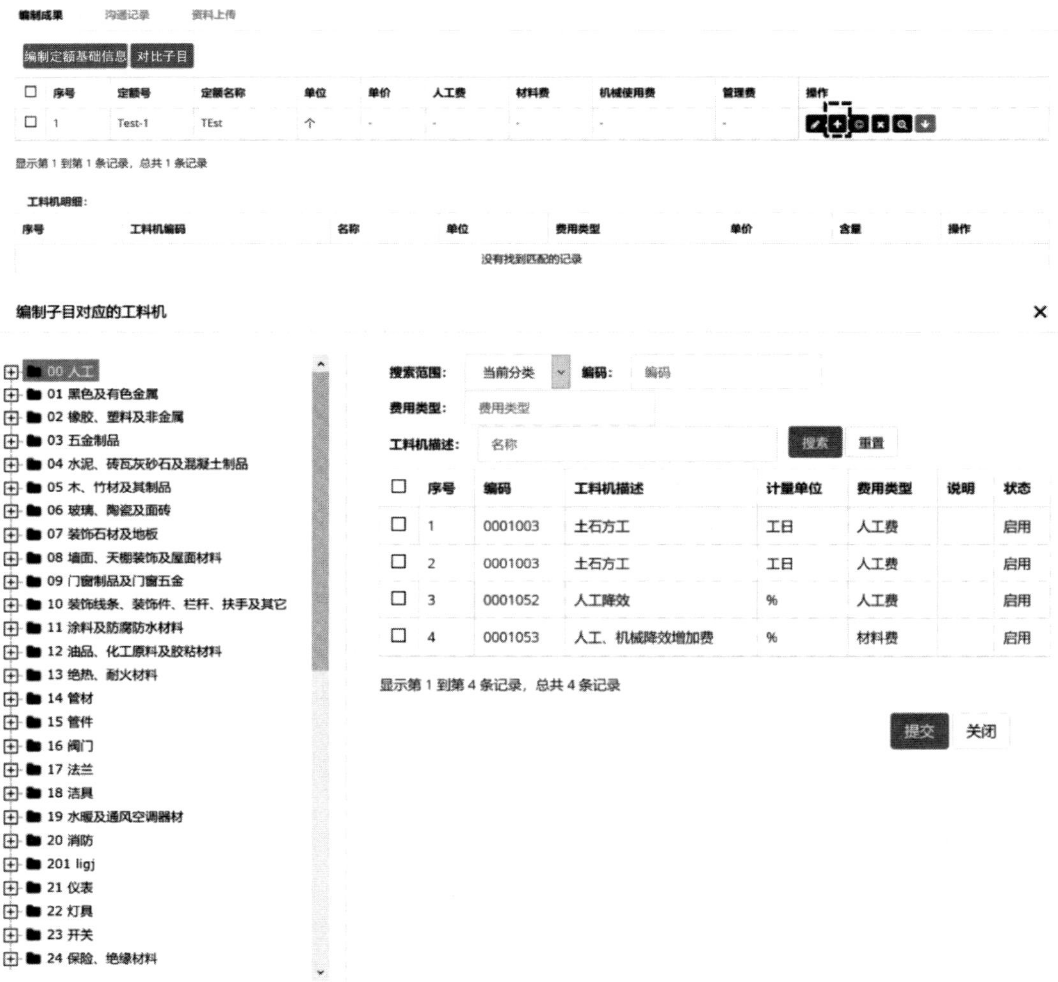

编制成果　沟通记录　资料上传

编制定额基础信息　对比子目

序号	定额号	定额名称	单位	单价	人工费	材料费	机械使用费	管理费	操作
1	Test-1	TEst	个	-	-	-	-	-	

显示第 1 到第 1 条记录，总共 1 条记录

工料机明细：

序号	工料机编码	名称	单位	费用类型	单价	含量	操作
没有找到匹配的记录							

编制子目对应的工料机 ×

00 人工
01 黑色及有色金属
02 橡胶、塑料及非金属
03 五金制品
04 水泥、砖瓦灰砂石及混凝土制品
05 木、竹材及其制品
06 玻璃、陶瓷及面砖
07 装饰石材及地板
08 墙面、天棚装饰及屋面材料
09 门窗制品及门窗五金
10 装饰线条、装饰件、栏杆、扶手及其它
11 涂料及防腐防水材料
12 油品、化工原料及胶粘材料
13 绝热、耐火材料
14 管材
15 管件
16 阀门
17 法兰
18 洁具
19 水暖及通风空调器材
20 消防
201 ligj
21 仪表
22 灯具
23 开关
24 保险、绝缘材料

搜索范围：当前分类　编码：编码

费用类型：费用类型

工料机描述：名称　搜索　重置

序号	编码	工料机描述	计量单位	费用类型	说明	状态
1	0001003	土石方工	工日	人工费		启用
2	0001003	土石方工	工日	人工费		启用
3	0001052	人工降效	%	人工费		启用
4	0001053	人工、机械降效增加费	%	材料费		启用

显示第 1 到第 4 条记录，总共 4 条记录

提交　关闭

图 3-6

图 3-7

图 3-8

图 3-9

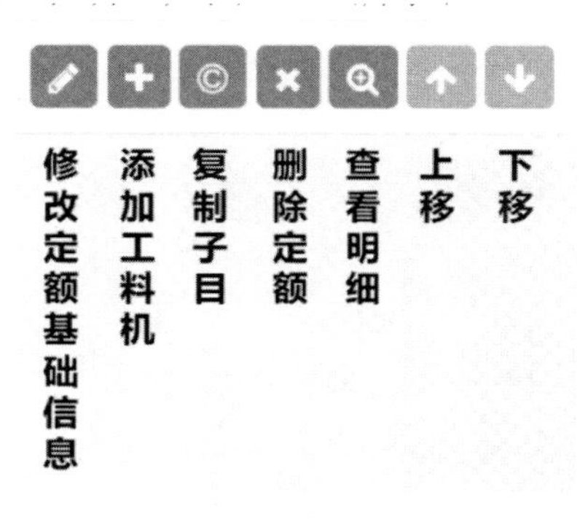

图 3-10

3.3 定额咨询答疑

（1）答疑任务获取：省站会根据定额咨询情况分配给相关编制人员。

（2）咨询答疑：选中问题状态为“未回复”的咨询（图 3-11），点击操作栏按钮进入回复界面（图 3-12），回复相关内容即可。

图 3-11

图 3-12

3.4 切换为“定额使用者”界面

若编制人员想要和定额使用者一样，进行定额查询、反馈等，可点击“定额使用工作台”切换至对应界面，如图 3-13 所示。

图 3-13

4 管理员操作指南

4.1 账号登录

使用管理员账号及密码登录后即可进入定额动态维护系统（图 4-1）。

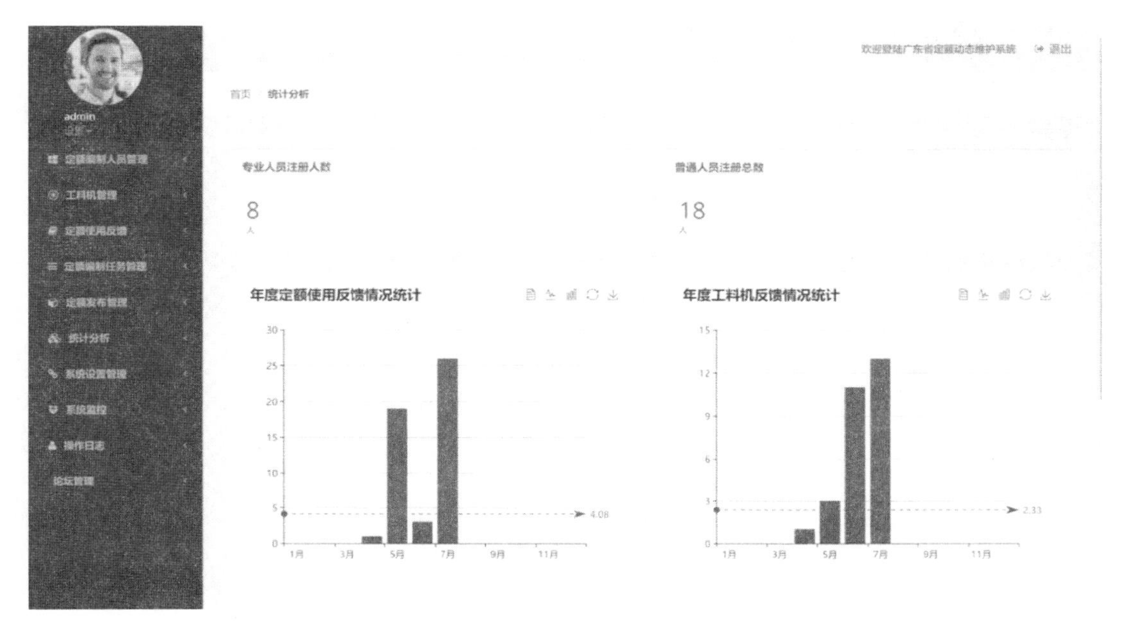

图 4-1

4.2 定额编制人员管理

通过【定额编制人员管理】模块，管理员可以了解编制人员申请及组成情况。

（1）编制人员列表：可查看现有的编制人员名单，如图 4-2 所示，并可根据专业、学历、工作年限、单位性质等进行精确筛选。

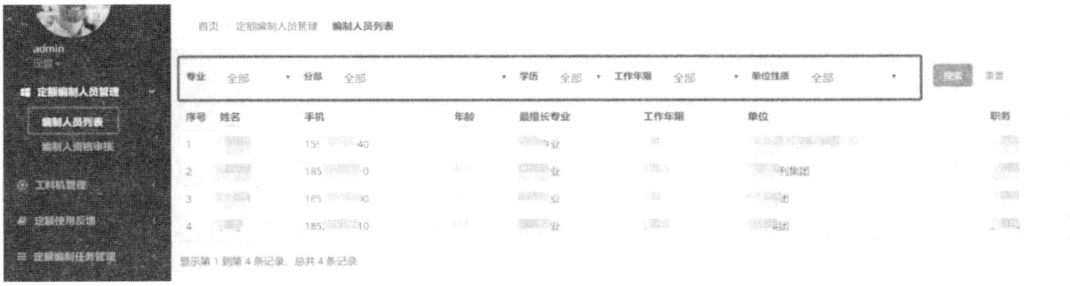

图 4-2

（2）编制人资格审核：对提交专家申请的人员进行审核，如图 4-3 所示，点击按钮，可查看申请的详细资料（图 4-4），并开具审核意见，选择“通过”或“不通过”。

（3）管理员应定期组织申请资料及成果文件审查，完成专家申请人资料审核及删除现已不符合资格的已通过审核的专家。

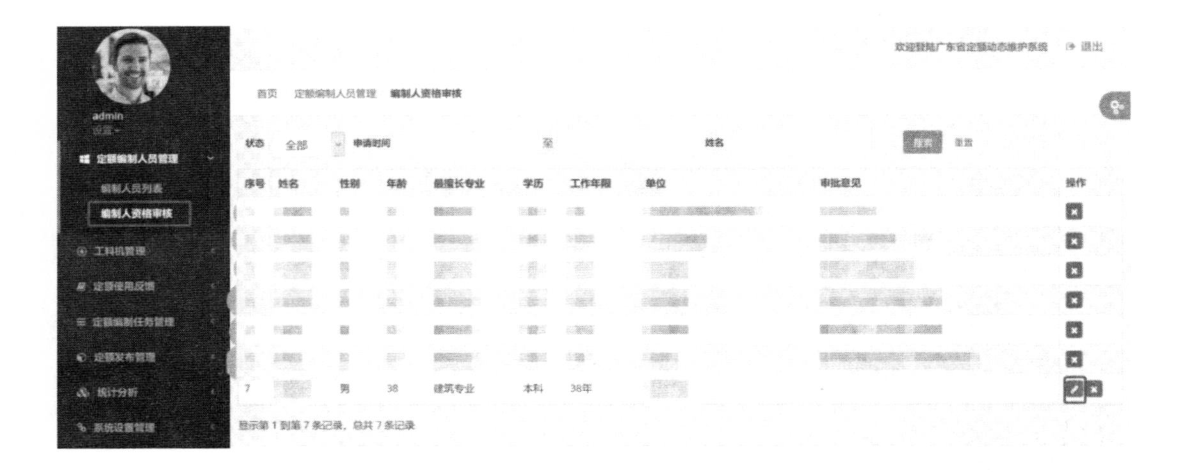

图 4-3

图 4-4

4.3 工料机管理

本模块主要用于对组成定额的工料机库进行维护管理以及接受使用者对于工料机的反馈等。

（1）工料机管理：在当前界面可展示不同时期发布的定额对应的工料机库，如图 4-5 所示，根据不同发布期的工料机库可进行“添加类别”“添加材料”“删除材料”“作废材料”的操作。

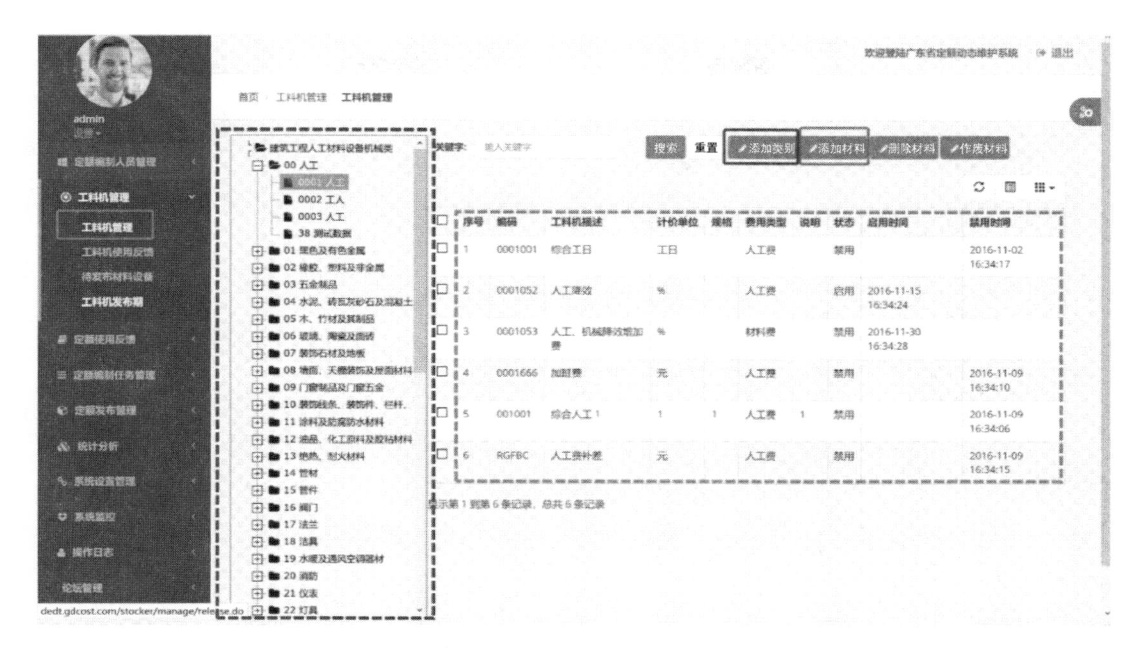

图 4-5

添加类别：点击“添加类别”，弹出图 4-6 对话框，可根据相关要求填入编码以及类别名。

添加材料：点击“添加材料”，弹出图 4-7 对话框，按照实际情况填写后提交即可。

删除材料及作废材料：在点击相应功能前，应选中待删除或作废的材料，再进行删除及作废的操作。

删除材料与作废材料的区别：作废材料还可以再次启用，而删除则为永久删除。

图 4-6

（2）工料机使用反馈：为定额使用人员通过第 2.5 节操作对工料机库的反馈汇总及管理界面，按照反馈类别汇总为“新增类别”“新增材设”“作废材设”，如图 4-8 所示。

操作栏对应按钮功能详解：

图 4-7

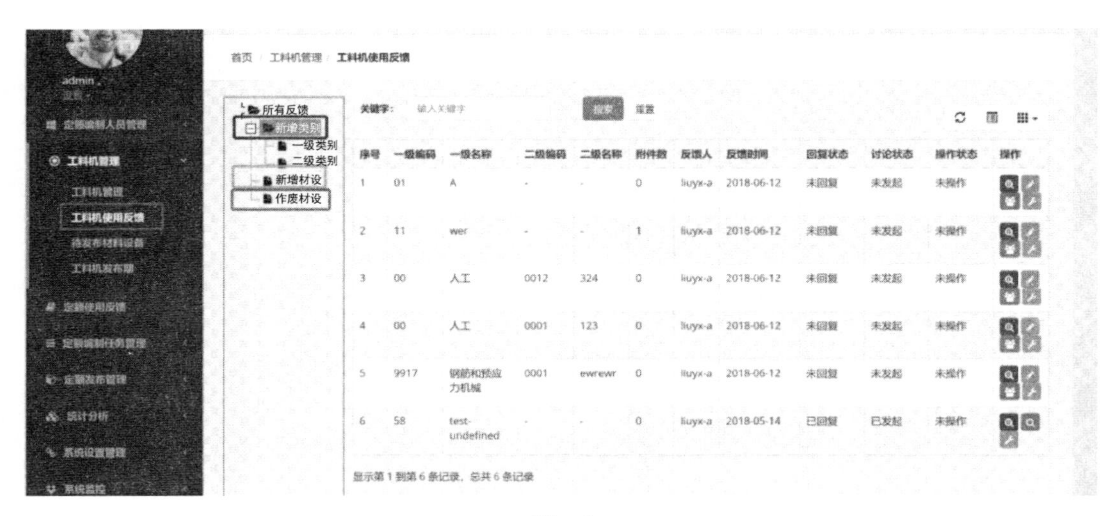

图 4-8

查看反馈详情：查看定额使用者反馈的详细情况（图 4-9）。

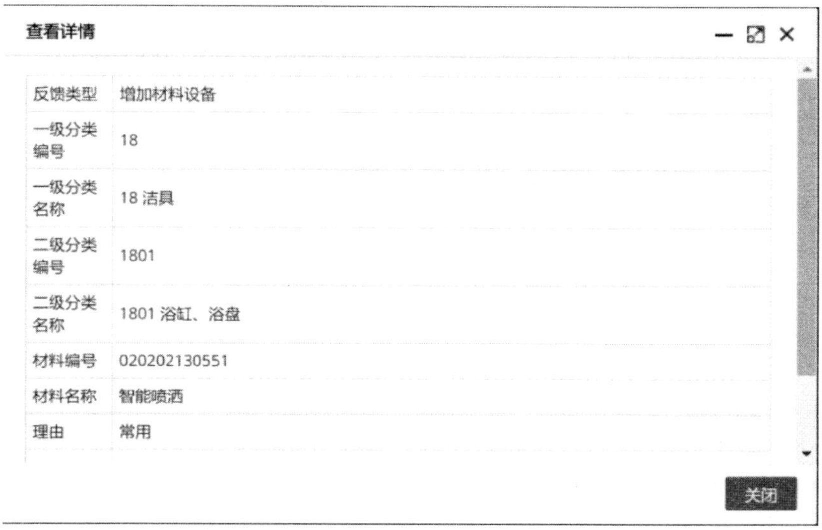

查看详情
反馈类型 增加材料设备
一级分类编号 18
一级分类名称 18 洁具
二级分类编号 1801
二级分类名称 1801 浴缸、浴盘
材料编号 020202130551
材料名称 智能喷洒
理由 常用
关闭

图 4-9

回复：有必要时，针对定额使用者反馈信息进行回复（图 4-10）。

回复
回复内容
请输入回复内容
提交

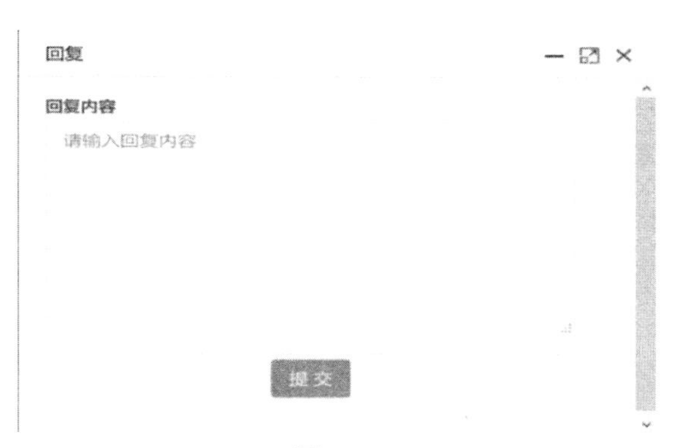

图 4-10

发起讨论：对于具有争议的反馈，可在专业人员论坛中发起相关讨论（图 4-11），了解是否具有普遍性，具备合理性等。

发起讨论
确定发起讨论后，将会在专业人员论坛中生成讨论主题！
论坛主题
请输入论坛主题
提交

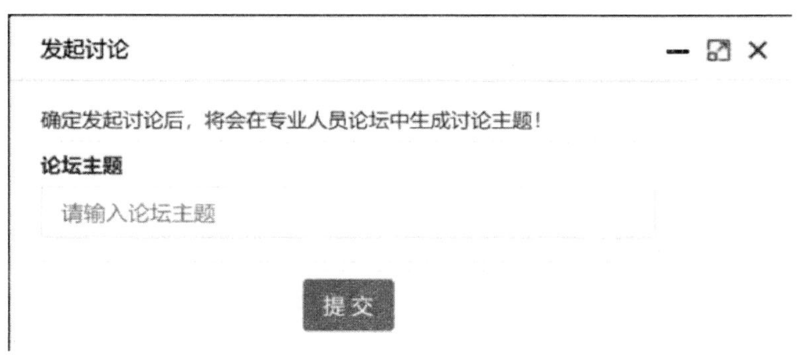

图 4-11

执行操作：对于有价值的反馈可通过“执行操作”将其纳入待发布资源池中，以备参考或发布，如图 4-12 所示。

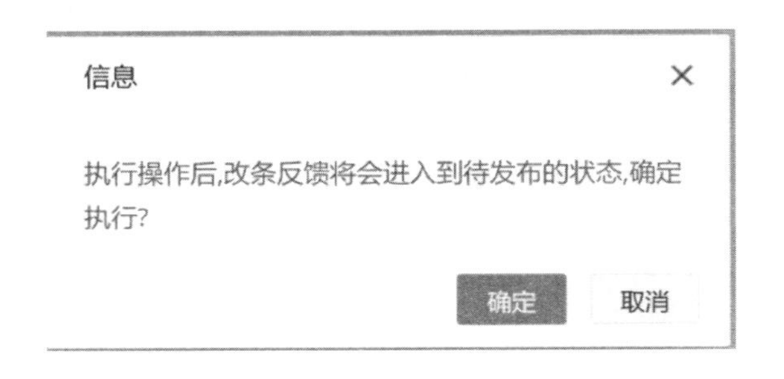

图 4-12

（3）待发布材料设备：有价值的反馈信息经过筛选后进入待发布材料设备池，经过专家讨论或论证后，选择需要发布的材料设备，点击“发布”即可，如图 4-13 所示。

图 4-13

（4）工料机发布期：本界面主要用于维护各发布期的工料机价格，管理员可通过“导出 Excel”“导入价格”“复制价格”等进行批量的价格操作，亦可在系统中对每条工料机的价格进行“编辑价格”，如图 4-14 所示。

图 4-14

4.4 定额使用反馈

本模块主要作用在于对定额使用过程中遇到问题咨询及反馈进行管理。

（1）问题咨询列表：对应的是定额使用人员通过第 2.3 节操作反馈的定额使用疑问咨询汇总，如图 4-15 所示。

管理员可根据咨询问题的情况进行以下操作：

图 4-15

发送给编制人进行回复：点击该按钮，进入图 4-16 对话框，勾选本次咨询回复的专家，点击“确定”即可。

发布到论坛供专业人员进行讨论。

删除本条咨询。

图 4-16

（2）使用反馈列表：对应的是定额使用人员通过第 2.4 节操作反馈的定额使用问题反馈汇总，如图 4-17 所示。

管理员可根据反馈的情况进行以下操作：

查看反馈内容：查看反馈的详细内容。

回复：根据反馈内容给出相应的回复。

转需求池：经过对反馈内容的分析，认为其具有一定的价值，但待讨论商榷时，可转入需求池待下一步研讨论证。

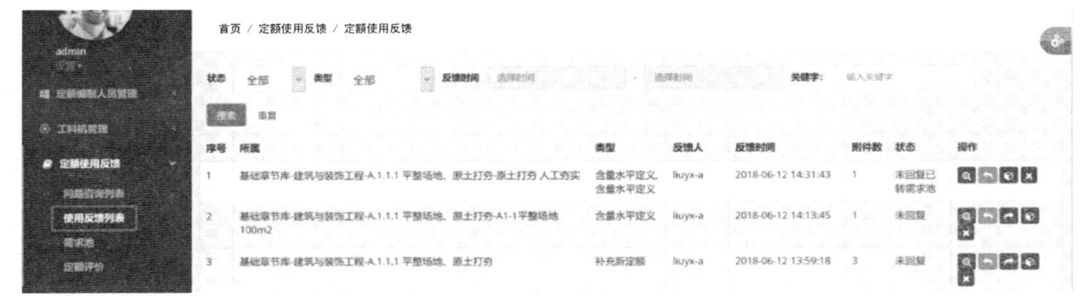

图 4-17

生成编制需求：经过对反馈内容的分析，认为其反馈完善、理由合理，无需经过再次研讨论证，即可使用本功能。

删除：针对一些无价值或在公开平台已处理的反馈可进行删除处理。

（3）需求池：管理员经过上一步在“反馈列表”中进行“转需求池”操作后，该反馈进入到“需求池”界面。管理员可定期组织专家对需求池内反馈进行研讨论证，对其进行筛选讨论，将有价值的反馈进行补充，使其合理化、具体化，并“生成编制需求”，如图 4-18 所示。

图 4-18

（4）定额评价：在本界面可看到每条定额收到的整体、人工、材料、机械含量打分情况，如图 4-19 所示，其分数来自于定额使用人员在第 2.2 节的操作。

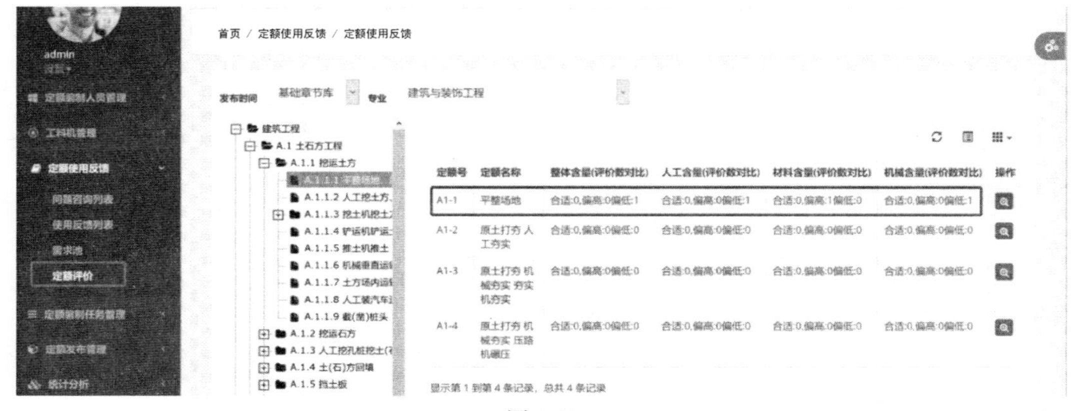

图 4-19

4.5 定额编制任务管理

本模块主要作用在于新增定额编制需求任务并对任务进行分配。

（1）编制需求管理：管理员应定期查看已收集的需求，动态的制定编制任务，点击“生成编制任务”（图 4-20），即可组建编制小组并对任务进行分配，如图 4-21 所示。此处需求来源为第 4 节中进行了第（2）、（3）步“生成编制需求”的反馈内容。

图 4-20

新增编制小组

小组名称

选择组长

选择组员

提交,短信通知编制人 取消

图 4-21

（2）编制任务管理：了解已分配的编制任务安排情况及进展，如图 4-22 所示。

图 4-22

4.6 定额发布管理

本模块主要是针对已完成编制的定额内容的发布管理。

（1）已提交定额：本界面均为对已编制完成并提交的定额，如图 4-23 所示。点击操作按钮，弹出“编辑定额”对话框（图 4-24），对其进行审核，审核后可选择☑定稿或发布征求意见。

图 4-23

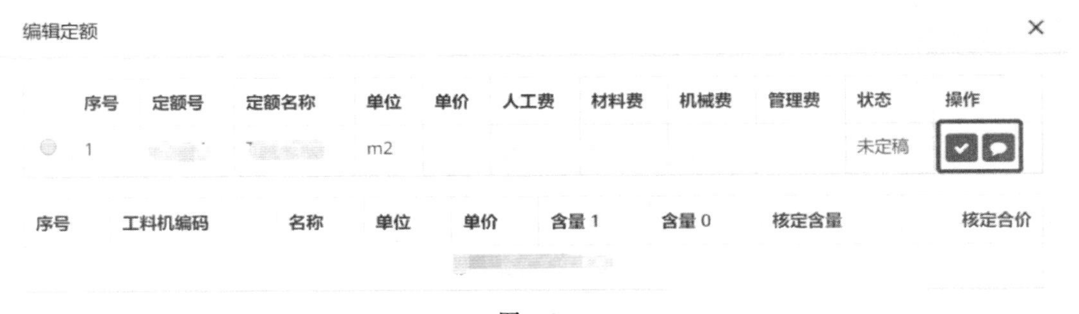

图 4-24

（2）征求意见稿定额：在“已提交定额”界面发布征求意见的定额在此显示，综合征求意见的内容，可选中待发布的定额，点击“定额待发布”即可转入“待发布定额”池，如图 4-25 所示。

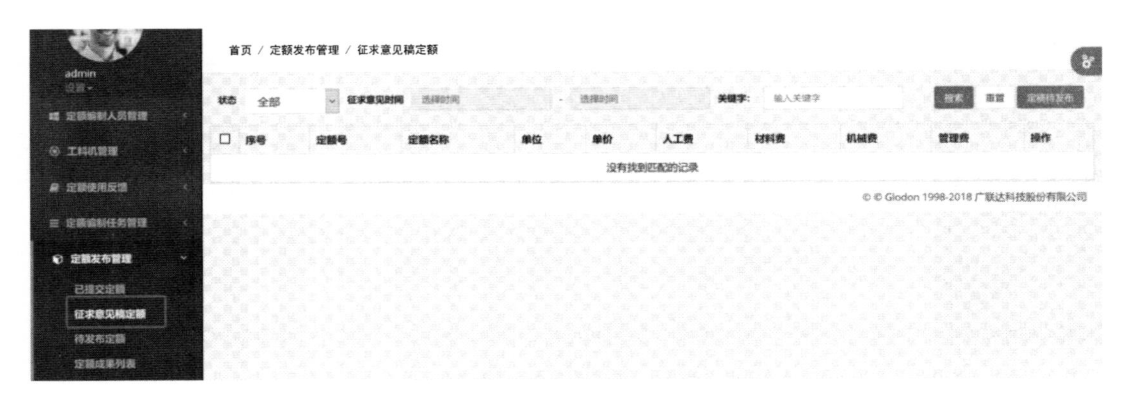

图 4-25

（3）待发布定额：审核后定稿的定额在此显示，可选中需发布的定额对其进行发布，如图 4-26 所示。

（4）定额成果列表：已发布的定额均在此显示，如图 4-27 所示。

图 4-26

图 4-27

4.7 系统设置管理

本模块主要是用户、菜单、权限等系统设置内容进行管理。

(1) 用户管理（图 4-28）：可通过本界面实现管理权限的设置。选择对应需要设置为管理员的账号，点击“编辑按钮”，弹出对话框（图 4-29），将其用户类型及用户角色选择为“管理员”并提交，即可完成设置。

图 4-28

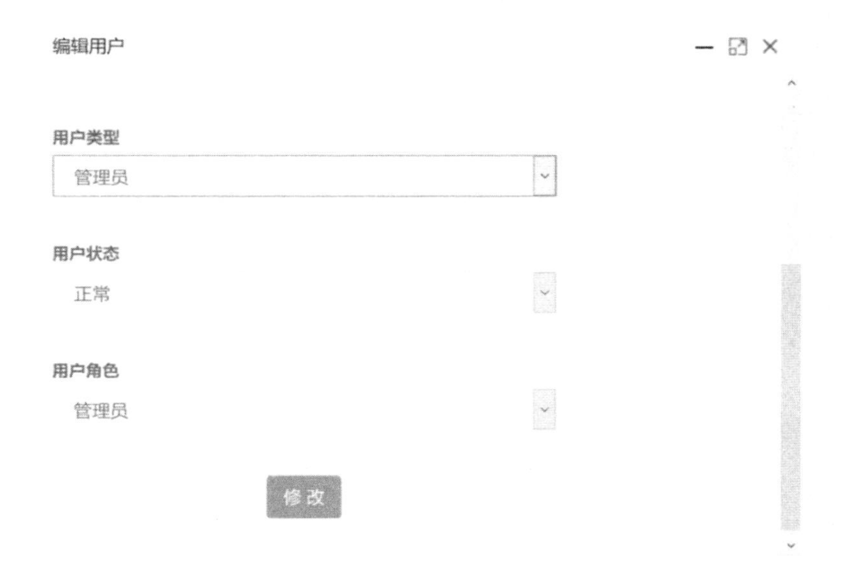

图 4-29

（2）角色管理（图 4-30）：可对本系统中所有角色类型的权限进行设置并授权。

图 4-30

（3）发布期管理：由于定额及工料机在本平台实现动态化管理，在本界面可以进行根据其时间进行发布期的命名以作区分，如图 4-31 所示，可以“新增发布期”来完成发布期的新建。

图 4-31

4.8 论坛管理

在第 4 章中，管理员所有发起讨论的帖子均汇总于此模块中，可分别进行查看每条帖子后回复的情况以及“结贴”两种操作，如图 4-32 所示。

图 4-32